全国计算机技术与软件专业技术资格（水平）考试指定用书

网络工程师
2018至2022年试题分析与解答

计算机技术与软件专业技术资格考试研究部　主编

U0299211

清华大学出版社
北京

内 容 简 介

网络工程师考试是计算机技术与软件专业技术资格（水平）考试的中级职称考试，是历年各级考试报名的热点之一。本书汇集了从 2018 上半年到 2022 下半年的所有试题和权威的解析，欲参加考试的考生认真读懂本书的内容后，将会更加深入理解考试的出题思路，发现自己的知识薄弱点，使学习更加有的放矢，对提升通过考试的信心会有极大的帮助。

本书适合参加网络工程师考试的考生备考使用。

图书在版编目（CIP）数据

网络工程师 2018 至 2022 年试题分析与解答 / 计算机
技术与软件专业技术资格考试研究部主编. -- 北京：清
华大学出版社, 2024.9. -- (全国计算机技术与软件专
业技术资格（水平）考试指定用书). -- ISBN 978-7
-302-67424-5

Ⅰ. TP393-44

中国国家版本馆 CIP 数据核字第 2024NE4061 号

责任编辑：杨如林　　邓甄臻
封面设计：杨玉兰
责任校对：胡伟民
责任印制：刘　菲

出版发行：清华大学出版社

网　　　址：https://www.tup.com.cn，https://www.wqxuetang.com
地　　　址：北京清华大学学研大厦 A 座　　　　邮　编：100084
社 总 机：010-83470000　　　　　　　　　　邮　购：010-62786544
投稿与读者服务：010-62776969，c-service@tup.tsinghua.edu.cn
质量反馈：010-62772015，zhiliang@tup.tsinghua.edu.cn

印 装 者：大厂回族自治县彩虹印刷有限公司
经　　销：全国新华书店
开　　本：185mm×230mm　　印　张：21　　防伪页：1　　字　数：525 千字
版　　次：2024 年 10 月第 1 版　　　　　　印　次：2024 年 10 月第 1 次印刷
定　　价：79.00 元

产品编号：103161-01

前　言

根据国家有关的政策性文件，全国计算机技术与软件专业技术资格（水平）考试（以下简称"计算机软件考试"）已经成为计算机软件、计算机网络、计算机应用、信息系统、信息服务领域高级工程师、工程师、助理工程师（技术员）国家职称资格考试。而且，根据信息技术人才年轻化的特点和要求，报考这种资格考试不限学历与资历条件，以不拘一格选拔人才。现在，软件设计师、程序员、网络工程师、数据库系统工程师、系统分析师、系统架构设计师和信息系统项目管理师等资格的考试标准已经实现了中国与日本互认，程序员和软件设计师等资格的考试标准已经实现了中国和韩国互认。

计算机软件考试规模发展很快，年报考规模已超过 100 万人，至今累计报考人数超过 900 万。

计算机软件考试已经成为我国著名的 IT 考试品牌，其证书的含金量之高已得到社会的公认。计算机软件考试的有关信息见网站www.ruankao.org.cn中的资格考试栏目。

对考生来说，学习历年试题分析与解答是理解考试大纲的最有效、最具体的途径之一。

为帮助考生复习备考，计算机技术与软件专业技术资格考试研究部汇集了网络工程师 2018 至 2022 年的试题分析与解答，以便于考生测试自己的水平，发现自己的弱点，更有针对性、更系统地学习。

计算机软件考试的试题质量高，包括了职业岗位所需的各个方面的知识和技术，不但包括技术知识，还包括法律法规、标准、专业英语、管理等方面的知识；不但注重广度，而且还有一定的深度；不但要求考生具有扎实的基础知识，还要具有丰富的实践经验。

这些试题中，包含了一些富有创意的试题，一些与实践结合得很好的试题，一些富有启发性的试题，具有较高的社会引用率，对学校教师、培训指导者、研究工作者都是很有帮助的。

由于编者水平有限，时间仓促，书中难免有错误和疏漏之处，诚恳地期望各位专家和读者批评指正，对此，我们将深表感激。

编者
2024 年 4 月

目　录

第1章 2018上半年网络工程师上午试题分析与解答

试题（1）

浮点数的表示分为阶和尾数两部分。两个浮点数相加时，需要先对阶，即 <u>（1）</u>（n 为阶差的绝对值）。

（1）A. 将大阶向小阶对齐，同时将尾数左移 n 位

      B. 将大阶向小阶对齐，同时将尾数右移 n 位

      C. 将小阶向大阶对齐，同时将尾数左移 n 位

      D. 将小阶向大阶对齐，同时将尾数右移 n 位

试题（1）分析

本题考查数据表示和运算知识。

浮点数的尾数和阶在表示时都规定了位数，而且尾数为纯小数，阶为纯整数。例如，若尾数为 8 位，阶为 4 位，设 x 的尾数为 0.11010110、阶为 0011，表示数值 0.11010110×2^3，也就是 110.10110；设 y 的尾数为 0.10101011，阶为 0110，表示 0.10101011×2^6，即 101010.11，那么 $x+y=110001.01110=0.11000101 \times 2^6$。

两个浮点数进行相加或相减运算时，需要先对阶，也就是小数点对齐后进行运算。

如果大阶向小阶对齐，以上面的 y 为例，则需要将其表示为 101.01011×2^3，在尾数为纯小数的情况下，整数部分（权值高）的 101 会被丢弃，这在 y 的表示上造成较大的表示误差，相加运算后的结果误差也大。

若是小阶向大阶对齐，则需将上例中的 x 表示为 0.00011010110×2^6，则其中权值较低的末尾 3 位 110 会丢弃，相加运算后结果的误差也较小，所以对阶时令阶小的数向阶大的数对齐，方式为尾数向右移，也就是丢弃权值较低的位，在高位补 0。

参考答案

（1）D

试题（2）、（3）

计算机运行过程中，遇到突发事件，要求 CPU 暂时停止正在运行的程序，转去为突发事件服务，服务完毕，再自动返回原程序继续执行，这个过程称为 <u>（2）</u>，其处理过程中保存现场的目的是 <u>（3）</u>。

（2）A. 阻塞   B. 中断   C. 动态绑定   D. 静态绑定

（3）A. 防止丢失数据   B. 防止对其他部件造成影响

      C. 返回去继续执行原程序   D. 为中断处理程序提供数据

试题（2）、（3）分析

本题考查计算机系统的基础知识。

中断是指处理机处理程序运行中出现的紧急事件的整个过程。程序运行过程中，系统外

部、系统内部或者现行程序本身若出现紧急事件，处理机立即中止现行程序的运行，自动转入相应的处理程序（中断服务程序），待处理完后，再返回原来的程序运行，这整个过程称为程序中断。

参考答案

（2）B　　（3）C

试题（4）

著作权中，___(4)___ 的保护期不受限制。

（4）A．发表权　　　　B．发行权　　　　C．署名权　　　　D．展览权

试题（4）分析

根据《中华人民共和国著作权法》和《计算机软件保护条例》的规定，计算机软件著作权的权利自软件开发完成之日起产生，保护期为 50 年。保护期满，除开发者身份权以外，其他权利终止。开发者身份权（也称为署名权）。开发者身份权是指作者为表明身份在软件作品中署自己名字的权利。署名可有多种形式，既可以署作者的姓名，也可以署作者的笔名，或者作者自愿不署名。对一部作品来说，通过署名即可对作者的身份给予确认。我国著作权法规定，如无相反证明，在作品上署名的公民、法人或非法人单位为作者。因此，作品的署名对确认著作权的主体具有重要意义。开发者的身份权不随软件开发者的消亡而丧失，且无时间限制。

参考答案

（4）C

试题（5）

王某是某公司的软件设计师，完成某项软件开发后按公司规定进行软件归档，以下有关该软件的著作权的叙述中，正确的是 ___(5)___ 。

（5）A．著作权应由公司和王某共同享有

　　　B．著作权应由公司享有

　　　C．著作权应由王某享有

　　　D．除署名权以外，著作权的其他权利由王某享有

试题（5）分析

根据题干所述，王某开发的软件属于职务软件作品，即在公司任职期间为执行本公司工作任务所开发的计算机软件作品。《计算机软件保护条例》第十三条做出了明确的规定，即公民在单位任职期间所开发的软件，如果是执行本职工作的结果，即针对本职工作中明确指定的开发目标所开发的，或者是从事本职工作活动所预见的结果或自然的结果；则该软件的著作权属于该单位。

参考答案

（5）B

试题（6）、（7）

海明码是一种纠错码，其方法是为需要校验的数据位增加若干校验位，使得校验位的值决定于某些被校位的数据，当被校数据出错时，可根据校验位的值的变化找到出错位，从而

纠正错误。对于 32 位的数据，至少需要增加　(6)　个校验位才能构成海明码。

以 10 位数据为例，其海明码表示为 $D_9D_8D_7D_6D_5D_4P_4D_3D_2D_1P_3D_0P_2P_1$ 中，其中 D_i（$0 \leqslant i \leqslant 9$）表示数据位，$P_j$（$1 \leqslant j \leqslant 4$）表示校验位，数据位 D_9 由 P_4、P_3 和 P_2 进行校验（从右至左 D_9 的位序为 14，即等于 8+4+2，因此用第 8 位的 P_4、第 4 位的 P_3 和第 2 位的 P_2 校验），数据位 D_5 由　(7)　进行校验。

（6）A. 3　　　　　　　　B. 4　　　　　　　　C. 5　　　　　　　　D. 6

（7）A. P_4P_1　　　　　　B. P_4P_2　　　　　　C. $P_4P_3P_1$　　　　D. $P_3P_2P_1$

试题（6）、（7）分析

本题考查计算机系统的基础知识。

海明码的构成方法是在数据位之间的特定位置上插入 k 个校验位，通过扩大码距来实现检错和纠错。设数据位是 n 位，校验位是 k 位，则 n 和 k 必须满足以下关系：

$$2^k - 1 \geqslant n + k$$

题中数据为 32 位，则 k 至少取 6，才满足上述关系。

海明码的编码规则如下。

设 k 个校验位为 $P_k, P_{k-1}, \cdots, P_1$，$n$ 个数据位为 $D_{n-1}, D_{n-2}, \cdots, D_1, D_0$，对应的海明码为 $H_{n+k}, H_{n+k-1}, \cdots, H_1$，那么：

①P_i 在海明码的第 2^{i-1} 位置，即 $H_j = P_i$，且 $j = 2^{i-1}$，数据位则依序从低到高占据海明码中剩下的位置。

②海明码中的任何一位都是由若干个校验位来校验的。其对应关系如下：被校验的海明位的下标等于所有参与校验该位的校验位的下标之和，而校验位由自身校验。

题目中数据位 D_5 由 P_4P_2 进行校验，因为 D_5 自右至左数是第 10 位（10=8+2），P_4P_2 分别位于自右至左数的第 8 位和第 2 位。

参考答案

（6）D　　（7）B

试题（8）

流水线的吞吐率是指单位时间流水线处理的任务数，如果各段流水的操作时间不同，则流水线的吞吐率是　(8)　的倒数。

（8）A. 最短流水段操作时间　　　　　　B. 各段流水的操作时间总和

　　　C. 最长流水段操作时间　　　　　　D. 流水段数乘以最长流水段操作时间

试题（8）分析

本题考查计算机系统的基础知识。

吞吐率是指单位时间内流水线处理机流出的结果数。对指令而言，就是单位时间内执行的指令数。如果流水线的子过程所用时间不一样，则吞吐率 p 应为最长子过程的倒数，即

$$p = 1 / \max \{\Delta t_1, \Delta t_2, \cdots, \Delta t_m\}$$

参考答案

（8）C

试题（9）、（10）

某软件项目的活动图如下图所示，其中顶点表示项目里程碑，连接顶点的边表示包含的活动，边上的数字表示活动的持续天数，则完成该项目的最少时间为 __(9)__ 天。活动 EH 和 IJ 的松弛时间分别为 __(10)__ 天。

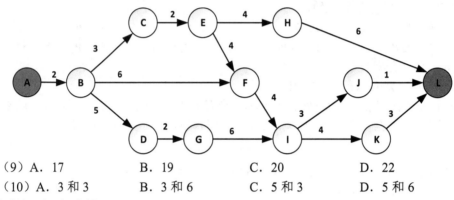

（9）A. 17　　　　　　B. 19　　　　　　C. 20　　　　　　D. 22

（10）A. 3 和 3　　　　B. 3 和 6　　　　C. 5 和 3　　　　D. 5 和 6

试题（9）、（10）分析

本题考查软件项目管理的基础知识。

活动图是描述一个项目中各个工作任务相互依赖关系的一种模型，项目的很多重要特性可以通过分析活动图得到，如估算项目完成时间，计算关键路径和关键活动等。

根据上图计算出关键路径为 A-B-C-E-F-I-K-L 和 A-B-D-G-I-K-L，其长度为 22 天。

假设活动 AB 的最早开始时间是从第 1 天开始，则活动 EH 的最早开始时间是第 8 天开始，最晚开始时间为第 13 天，因此松弛时间为 5 天。活动 IJ 的最早开始时间从第 16 天开始，最晚开始时间为 19，因此松弛时间为 3 天。

参考答案

（9）D　　（10）C

试题（11）

以下关于曼彻斯特编码的描述中，正确的是 __(11)__ 。

（11）A. 每个比特都由一个码元组成　　　　B. 检测比特前沿的跳变来区分 0 和 1

　　　　C. 用电平的高低来区分 0 和 1　　　　D. 不需要额外传输同步信号

试题（11）分析

本题考查编码技术。

曼彻斯特编码是以太网中采用的编码技术，其编码特点是每个比特中间都有跳变，中间的跳变用作同步时钟，同时也用来表示数据。

参考答案

（11）D

试题（12）

100BASE-TX 交换机，一个端口通信的数据速率（全双工）最大可以达到 __(12)__ 。

（12）A. 25Mb/s　　　　B. 50Mb/s　　　　C. 100Mb/s　　　　D. 200Mb/s

试题（12）分析

本题考查交换机速率相关技术。

100BASE-TX 交换机，一个端口通信的数据速率（全双工）最大可以达到 200Mb/s。

参考答案

（12）D

试题（13）

快速以太网标准 100BASE-FX 采用的传输介质是　（13）　。

（13）A．同轴电缆　　　　　　　　　　　B．无屏蔽双绞线

　　　C．CATV 电缆　　　　　　　　　　D．光纤

试题（13）分析

本题考查快速以太网标准 100BASE-FX。

快速以太网标准 100BASE-FX 采用的传输介质是光纤。

参考答案

（13）D

试题（14）

按照同步光纤网传输标准（SONET），OC-1 的数据速率为　（14）　Mb/s。

（14）A．51.84　　　　B．155.52　　　　C．466.96　　　　D．622.08

试题（14）分析

本题考查同步光纤网传输标准（SONET）。

按照同步光纤网传输标准（SONET），OC-1 的数据速率为 51.84Mb/s。

参考答案

（14）A

试题（15）

关于单模光纤，下面的描述中错误的是　（15）　。

（15）A．芯线由玻璃或塑料制成

　　　B．比多模光纤芯径小

　　　C．光波在芯线中以多种反射路径传播

　　　D．比多模光纤的传输距离远

试题（15）分析

本题考查单模光纤相关特点。

光纤都是由玻璃或塑料纤维制成。单模光纤比多模光纤芯径小，单一路径直线传播，从而比多模光纤的传输距离远。

参考答案

（15）C

试题（16）

路由器通常采用　（16）　连接以太网交换机。

（16）A．RJ-45 端口　　　　　　　　　　B．Console 端口

　　　　C．异步串口　　　　　　　　　　　　D．高速同步串口

试题（16）分析

　　本题考查路由器接口特性。

　　路由器连接以太网交换机的是以太接口，即 RJ-45 端口。

参考答案

　　（16）A

试题（17）

　　在相隔 20km 的两地间通过电缆以 100Mb/s 的速率传送 1518 字节长的以太帧，从开始发送到接收完数据需要的时间约是　（17）　（信号速率为 200m/μs）。

　　（17）A．131μs　　　　　B．221μs　　　　　C．1310μs　　　　　D．2210μs

试题（17）分析

　　本题考查信号传输中的传输与传播时间。

　　$T_f = (1518 \times 8)/(100 \times 10^6) = 121\mu s$

　　$T_p = 20000/200 = 100\mu s$

　　故总时间为 $T_f + T_p = 221\mu s$。

参考答案

　　（17）B

试题（18）

　　VLAN 之间的通信通过　（18）　实现。

　　（18）A．二层交换机　　B．网桥　　　　　C．路由器　　　　　D．中继器

试题（18）分析

　　本题考查 VLAN 通信原理。

　　不同的 VLAN 之间需借助路由器（或三层交换机）来实现报文的转发。

参考答案

　　（18）C

试题（19）

　　HFC 接入网采用　（19）　传输介质接入住宅小区。

　　（19）A．同轴电缆　　B．光纤　　　　　C．5 类双绞线　　　D．无线介质

试题（19）分析

　　本题考查 HFC 接入网技术原理。

　　HFC 接入网采用光纤传输介质接入住宅小区，然后采用同轴电缆入户。

参考答案

　　（19）B

试题（20）

　　TCP 协议中，URG 指针的作用是　（20）　。

　　（20）A．表明 TCP 段中有带外数据

　　　　　B．表明数据需要紧急传送

　　C．表明带外数据在 TCP 段中的位置

　　D．表明 TCP 段的发送方式

试题（20）分析

　　本题考查 TCP 协议的基本原理。

　　TCP 协议首部有许多字段来实现 TCP 的功能，其中 URG 字段是表明 TCP 的数据段中有紧急报文，URG 指针指出了紧急报文在数据字段中的位置。

参考答案

　　（20）C

试题（21）

　　RARP 协议的作用是　（21）　。

　　（21）A．根据 MAC 查 IP　　　　　　　B．根据 IP 查 MAC

　　　　　C．根据域名查 IP　　　　　　　　D．查找域内授权域名服务器

试题（21）分析

　　本题考查 RARP 协议的原理。

　　RARP 协议的作用是根据 MAC 地址查 IP 地址。

参考答案

　　（21）A

试题（22）

　　E1 载波的基本帧由 32 个子信道组成，其中子信道　（22）　用于传送控制信令。

　　（22）A．CH0 和 CH2　　　　　　　　　B．CH1 和 CH15

　　　　　C．CH15 和 CH16　　　　　　　　D．CH0 和 CH16

试题（22）分析

　　本题考查 E1 载波的基本原理。

　　E1 载波的基本帧由 32 个子信道组成，其中子信道 CH0 和 CH16 用于传送控制信令。

参考答案

　　（22）D

试题（23）

　　以太网的数据帧封装如下图所示，包含在 IP 数据报中的数据部分最长应该是　（23）　字节。

目标 MAC 地址	源 MAC 地址	协议类型	IP 头	数据	CRC

　　（23）A．1434　　　　　B．1460　　　　　C．1480　　　　　D．1500

试题（23）分析

　　本题考查以太帧的格式。

　　以太网的数据帧中，包含在 IP 数据报中的数据部分最长应该是 1480 字节。

参考答案

　　（23）C

试题（24）、（25）

ARP 协议用于查找 IP 地址对应的 MAC 地址，若主机 hostA 的 MAC 地址为 aa-aa-aa-aa-aa-aa，主机 hostB 的 MAC 地址为 bb-bb-bb-bb-bb-bb。

由 hostA 发出的查询 hostB 的 MAC 地址的帧格式如下图所示，则此帧中的目标 MAC 地址为__(24)__，ARP 报文中的目标 MAC 地址为__(25)__。

目标 MAC 地址	源 MAC 地址	协议类型	ARP 报文	CRC

（24）A．aa-aa-aa-aa-aa-aa   B．bb-bb-bb-bb-bb-bb
     C．00-00-00-00-00-00   D．ff-ff-ff-ff-ff-ff

（25）A．aa-aa-aa-aa-aa-aa   B．bb-bb-bb-bb-bb-bb
     C．00-00-00-00-00-00   D．ff-ff-ff-ff-ff-ff

试题（24）、（25）分析

本题考查 ARP 协议的工作模式。

ARP 协议用于查找 IP 地址对应的 MAC 地址，某 PC 进行 ARP 解析时，过程如下：

①首先查看本地 ARP 缓存，看是否有被查询的 IP 地址对应的记录，如果有，直接返回解析结果。

②如果本地缓存中没有相关记录，主机向整个网络发送广播报文，由于是广播报文，故报文中目标 MAC 地址为 ff-ff-ff-ff-ff-ff；该广播报文中封装了 ARP 报文，ARP 报文有其格式，由于此时尚不知道目的主机的 MAC 地址，故此时目的 MAC 地址用 00-00-00-00-00-00 替代。

③当主机接收到请求报文后，进行 2 步操作，先将报文中的源 IP 地址与 MAC 地址存入本地缓存，然后查看自己是不是被请求的主机，如果是，用 ARP 报文格式封装自己的 IP 与 MAC 信息，采用单播方式进行响应。

参考答案

（24）D   （25）C

试题（26）

在 RIP 协议中，默认__(26)__秒更新一次路由。

（26）A．30   B．60   C．90   D．100

试题（26）分析

本题考查 RIP 路由协议的工作模式。

RIP 协议是距离矢量路由协议，每隔 30 秒向邻居进行一次路由广播，更新路由表信息。

参考答案

（26）A

试题（27）

以下关于 OSPF 的描述中，错误的是__(27)__。

（27）A．根据链路状态法计算最佳路由

    B．用于自治系统内的内部网关协议

    C．采用 Dijkstra 算法进行路由计算

　　　　　D．OSPF 网络中用区域 1 来表示主干网段

试题（27）分析

本题考查 OSPF 路由协议的工作模式。

OSPF 协议是链路状态路由协议，它与 RIP 均属于自治系统内的内部网关协议，采用 Dijkstra 算法进行路由计算，根据链路状态法计算最佳路由，存储整个网络的路由拓扑图，当网络中的链路状态发生改变时向整个网络发送路由更新信息。OSPF 网络中用区域 0 来表示主干网段。

参考答案

（27）D

试题（28）

以下关于 RIP 与 OSPF 的说法中，错误的是　（28）　。

（28）A．RIP 定时发布路由信息，而 OSPF 在网络拓扑发生变化时发布路由信息

　　　　　B．RIP 的路由信息发送给邻居，而 OSPF 路由信息发送给整个网络路由器

　　　　　C．RIP 采用组播方式发布路由信息，而 OSPF 以广播方式发布路由信息

　　　　　D．RIP 和 OSPF 均为内部路由协议

试题（28）分析

本题考查 RIP 与 OSPF 路由协议的基本原理。

RIP 与 OSPF 路由协议的区别如下：

①RIP 每隔 30 秒定时发布路由信息，而 OSPF 在网络拓扑发生变化时发布路由信息。

②RIP 的路由信息仅发送给每个路由器的邻居，而 OSPF 路由信息发送给整个网络路由器。

③RIP 通过广播 UDP 报文来交换路由信息，每隔 30 秒发送一次路由信息更新。每 RIP 提供跳跃计数（hop count）作为尺度来衡量路由距离，跳跃计数是一个包，到达目标所必须经过的路由器；OSPF 由多种报文格式，以广播方式发布链路状态信息。

④RIP 和 OSPF 均为内部路由协议用以进行自治系统内路由计算。

参考答案

（28）C

试题（29）、（30）

在路由器 R2 上采用命令　（29）　得到如下所示结果。

R2>

…

R　　192.168.1.0/24 [120/1] via 212.107.112.1, 00:00:11, Serial2/0

C　　192.168.2.0/24 is directly connected, FastEthernet0/0

212.107.112.0/30 is subnetted, 1 subnets

C　　212.107.112.0 is directly connected, Serial2/0

R2>

其中标志"R"表明这条路由是　（30）　。

（29）A．show routing table　　　　　　　　B．show ip route

  C．ip routing　　　　　　　　　　D．route print

（30）A．重定向路由　　　　　　　　　B．RIP 路由

  C．接收路由　　　　　　　　　　D．直接连接

试题（29）、（30）分析

  本题考查路由器命令。

  在路由器中采用命令 show ip route 查看路由表，标志"R"表明这条路由是由 RIP 协议进行路由计算的。

参考答案

  （29）B　　（30）B

试题（31）

  在 Linux 中，使用 Apache 发布 Web 服务时默认 Web 站点的目录为　（31）　。

（31）A．/etc/httpd　　　　　　　　　B．/var/log/httpd

  C．/var/home　　　　　　　　　　D．/home/httpd

试题（31）分析

  本题考查 Linux 中 Web 服务器的相关知识。

  在 Linux 中，一般使用 Apache 作为 Web 服务器，其站点主目录是/home/httpd。

  httpd.conf 是 Linux 中 Apache Web 服务的配置文件。

参考答案

  （31）D

试题（32）

  在 Linux 中，要更改一个文件的权限设置可使用　（32）　命令。

（32）A．attrib　　　　B．modify　　　　C．chmod　　　　D．change

试题（32）分析

  本题考查 Linux 操作系统中有关文件访问权限管理命令的概念。

  Linux 对文件的访问设定了 3 级权限：文件所有者、同组用户和其他用户。对文件的访问设定了 3 种处理操作：读取、写入和执行。chmod 命令用于改变文件或目录的访问权限，这是 Linux 系统管理员最常用到的命令之一。默认情况下，系统将新创建的普通文件的权限设置为-rw-r-r--，将每一个用户所有者目录的权限都设置为 drwx------。根据需要可以通过命令修改文件和目录的默认存取权限。只有文件所有者或超级用户 root 才有权用 chmod 改变文件或目录的访问权限。

参考答案

  （32）C

试题（33）

  在 Linux 中，负责配置 DNS 的文件是　（33）　，它包含了主机的域名搜索顺序和 DNS 服务器的地址。

（33）A．/etc/hostname　　　　　　　　B．/dev/host.conf

  C．/etc/resolv.conf　　　　　　　　D．/dev/name.conf

试题（33）分析

在 Linux 操作系统中，/etc/hostname 文件包含了 Linux 系统的主机名称，包括完全的域名；/etc/host.conf 文件指定如何解析主机域名，Linux 通过解析库来获得主机名对应的 IP 地址；/etc/resolv.conf 文件负责配置 DNS，它包含了主机的域名搜索顺序和 DNS 服务器的地址。

参考答案

（33）C

试题（34）

主域名服务器在接收到域名请求后，首先查询的是　（34）　。

（34）A．本地 hosts 文件　　　　　　　B．转发域名服务器

　　　C．本地缓存　　　　　　　　　　D．授权域名服务器

试题（34）分析

本题考查域名解析的相关知识。

主域名服务器在接收到域名请求后，查询顺序是本地缓存、hosts 文件、本地数据库、转发域名服务器。

参考答案

（34）C

试题（35）

主机 host1 对 host2 进行域名查询的过程如下图所示，下列说法中正确的是　（35）　。

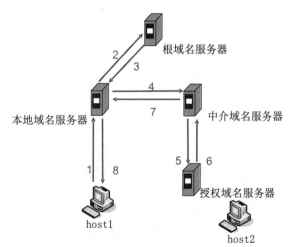

（35）A．本地域名服务器采用迭代算法

　　　B．中介域名服务器采用迭代算法

　　　C．根域名服务器采用递归算法

　　　D．授权域名服务器采用何种算法不确定

试题（35）分析

本题考查域名解析的相关知识。

本地服务器在本地数据库查找不到记录时，查找转发域名服务器直到返回结果，所以采

用递归算法；中介域名服务器在本地数据库查找不到记录时，查找授权域名服务器直到返回结果，故采用递归算法；根域名服务器在找不到结果时返回中介域名服务器地址，故采用迭代算法；授权域名服务器在自己数据库中查找到了结果，故采用何种算法不确定。

参考答案

（35）D

试题（36）

自动专用 IP 地址（APIPA），用于当客户端无法获得动态地址时作为临时的主机地址，以下地址中属于自动专用 IP 地址的是   （36）   。

（36）A．224.0.0.1   B．127.0.0.1   C．169.254.1.15   D．192.168.0.1

试题（36）分析

本题考查专用 IP 地址的相关知识。

自动专用 IP 地址（APIPA）为 169.*.*.*，是当客户端无法获得动态地址时分配的临时的主机地址。

参考答案

（36）C

试题（37）

在 DNS 的资源记录中，A 记录   （37）   。

（37）A．表示 IP 地址到主机名的映射   B．表示主机名到 IP 地址的映射

　　　 C．指定授权服务器   　　　　　　D．指定区域邮件服务器

试题（37）分析

本题考查 DNS 的资源记录的相关知识。

在 DNS 的资源记录中，A 记录表示主机名到 IP 地址的映射。

参考答案

（37）B

试题（38）

DHCP 客户端通过   （38）   方式发送 DHCPDiscovey 消息。

（38）A．单播   B．广播   C．组播   D．任意播

试题（38）分析

本题考查 DHCP 协议的相关知识。

在 DNS 的资源记录中，A 记录表示主机名到 IP 地址的映射。

参考答案

（38）B

试题（39）

FTP 协议默认使用的数据端口是   （39）   。

（39）A．20   B．80   C．25   D．23

试题（39）分析

本题考查 FTP 协议的相关知识。

FTP 协议采用 2 条 TCP 连接来进行文件传输，其中 1 条默认使用的端口是 20，进行数据传输，另 1 条默认使用的端口是 21，进行连接控制。

参考答案

（39）A

试题（40）、（41）

在安全通信中，A 将所发送的信息使用　（40）　进行数字签名，B 收到该消息后可利用　（41）　验证该消息的真实性。

（40）A．A 的公钥　　　　B．A 的私钥　　　　C．B 的公钥　　　　D．B 的私钥

（41）A．A 的公钥　　　　B．A 的私钥　　　　C．B 的公钥　　　　D．B 的私钥

试题（40）、（41）分析

本题考查数字签名方面的基础知识。

数字签名与人们手写签名的作用一样，为通信的 A、B 双方提供服务，使得 A 向 B 发送签名消息 P，以达到以下几个目的：

①B 可以验证消息 P 确实来源于 A。

②A 以后不能否认发送过 P。

③B 不能编造或者改变消息 P。

基于公钥的数字签名技术，是通信的 A、B 双方，发送方 A 使用自己的私钥，对将所要发送的信息生成签名，接收方 B 使用 A 的公钥对信息进行解密验证，以确认消息确实是来源于发送方 A。

参考答案

（40）B　　（41）A

试题（42）

攻击者通过发送一个目的主机已经接收过的报文来达到攻击目的，这种攻击方式属于　（42）　攻击。

（42）A．重放　　　　B．拒绝服务　　　　C．数据截获　　　　D．数据流分析

试题（42）分析

本题考查网络攻击的基础知识。

重放攻击（Replay Attacks）又称重播攻击、回放攻击，是指攻击者发送一个目的主机已接收过的包，来达到欺骗系统的目的，主要用于身份认证过程，破坏认证的正确性。重放攻击可以由发起者，也可以由拦截并重发该数据的敌方进行。攻击者利用网络监听或者其他方式盗取认证凭据，之后再把它重新发给认证服务器。重放攻击在任何网络通信过程中都可能发生，是黑客常用的攻击方式之一。

拒绝服务攻击就是攻击者想办法让目标机器停止提供服务，是黑客常用的攻击手段之一。其实对网络带宽进行的消耗性攻击只是拒绝服务攻击的一小部分，只要能够对目标造成麻烦，使某些服务被暂停甚至主机死机，都属于拒绝服务攻击。攻击者进行拒绝服务攻击，实际上让服务器实现两种效果：一是迫使服务器的缓冲区满，不接收新的请求；二是使用 IP 欺骗，迫使服务器把非法用户的连接复位，影响合法用户的连接。

数据截获攻击也叫数据包截获攻击，是通过使用网络抓包技术，在局域网或者无线网络中，截获经过网络中的数据包，对其加以分析，以获取有价值的信息的一种攻击方式。

数据流分析攻击是一种被动攻击方式，攻击者通过对流经网络传输介质的数据流量的长期观察和分析，得出网络流量变化的规律，并综合外部的信息进行分析，以获取与之相关的情报信息。

参考答案

（42）A

试题（43）

网络管理员调试网络，使用　　(43)　　命令来持续查看网络连通性。

（43）A．ping 目标地址 -g　　　　　　　　B．ping 目标地址 -t

　　　　C．ping 目标地址 -r　　　　　　　　D．ping 目标地址 -a

试题（43）分析

本题考查网络管理命令的基础知识。

ping 命令是网络管理命令中的一种常见命令，基于 ICMP 协议，用于测试网络的连通性。通常情况下，直接使用 ping 目的 IP 地址/目的主机名的格式来发送请求报文测试与目的主机的连通性。默认情况下发送 4 个请求报文，目的主机接收到请求报文后，会返回应答报文，否则系统返回超时信息。

在网络管理员调试网络时，通常需要持续地向目的主机发送请求报文，以测试网络的连通情况。可在 ping 命令后使用相应的参数。ping 命令的参数及其作用如下所示：

　　　　-t　　　　　　　　　　ping 指定的主机，直到停止。

若要查看统计信息并继续操作 - 请输入 Control-Break；

若要停止 - 请输入 Control-C。

-a	将地址解析成主机名。
-n count	要发送的回显请求数。
-l size	发送缓冲区大小。
-f	在数据包中设置"不分段"标志(仅适用于 IPv4)。
-i TTL	生存时间。
-v TOS	服务类型(仅适用于 IPv4。该设置已不赞成使用，且对 IP 标头中的服务字段类型没有任何影响)。
-r count	记录计数跃点的路由(仅适用于 IPv4)。
-s count	计数跃点的时间戳(仅适用于 IPv4)。
-j host-list	与主机列表一起的松散源路由(仅适用于 IPv4)。
-k host-list	与主机列表一起的严格源路由(仅适用于 IPv4)。
-w timeout	等待每次回复的超时时间(毫秒)。
-R	同样使用路由标头测试反向路由(仅适用于 IPv6)。
-S srcaddr	要使用的源地址。
-4	强制使用 IPv4。
-6	强制使用 IPv6。

参考答案

（43）B

试题（44）、（45）

DES 是一种　（44）　加密算法，其密钥长度为 56 位，3DES 是基于 DES 的加密方式，对明文进行 3 次 DES 操作，以提高加密强度，其密钥长度是　（45）　位。

（44）A．共享密钥　　　B．公开密钥　　　C．报文摘要　　　D．访问控制

（45）A．56　　　　　　B．112　　　　　　C．128　　　　　　D．168

试题（44）、（45）分析

本题考查对称加密算法 DES 的基础知识。

1977 年 1 月，美国 NSA 根据 IBM 的专利技术 Lucifer 制定了 DES 加密算法，该加密算法的加密过程是，将明文分成 64 位的块，对每个块进行 19 次变换（替代和换位），其中 16 次变换由 56 位的密钥的不同排列形式控制，最后产生 64 位的密文块。

1977 年，Diffie 和 Hellman 设计了 DES 解密机。只要知道一小段明文和对应密文，该机器就可以在一天之内穷尽测试 2^{56} 种不同的密钥。为了提高 DES 的加密强度，设计了三重 DES（Triple-DES），是一种 DES 的改进算法。它使用两把密钥对报文做 3 次 DES 加密，效果相当于将 DES 密钥的长度加倍，克服了 DES 密钥长度短的缺点。这样密钥的长度增长到 168 位，但 168 位长度的密钥已经超出了实际需要，因此在第一层和第三层中使用相同的密钥，产生的密钥长度为 112 位。

参考答案

（44）A　　（45）B

试题（46）、（47）

SNMP 协议实体发送请求和应答报文的默认端口号是　（46）　，采用 UDP 提供数据报服务，原因不包括　（47）　。

（46）A．160　　　　　B．161　　　　　C．162　　　　　D．163

（47）A．UDP 数据传输效率高

　　　B．UDP 面向连接，没有数据丢失

　　　C．UDP 无须确认，不增加主机重传负担

　　　D．UDP 开销小，不增加网络负载

试题（46）、（47）分析

本题考查 SNMP 协议的工作原理。

SNMP 协议实体发送请求和应答报文的默认端口号是 161，采用 UDP 提供数据报服务，原因包括 UDP 数据传输效率高、UDP 无须确认，不增加主机重传负担、UDP 开销小，不增加网络负载等优点；面向连接，没有数据丢失是 TCP 的优点。

参考答案

（46）B　　（47）B

试题（48）

SNMP 代理收到一个 GET 请求时，如果不能提供该对象的值，代理以　（48）　响应。

（48）A．该实例的上个值   B．该实例的下个值
　　　C．Trap 报文   D．错误信息

试题（48）分析

本题考查 SNMP 协议的工作原理。

SNMP 代理收到一个 GET 请求时，如果不能提供该对象的值，代理以该实例的下个值响应。

参考答案

（48）B

试题（49）

某客户端可以 ping 通同一网段内的部分计算机，原因可能是 ___（49）___ 。

（49）A．本机 TCP/IP 协议不能正常工作
　　　B．本机 DNS 服务器地址设置错误
　　　C．本机网络接口故障
　　　D．网络中存在访问过滤

试题（49）分析

本题考查 ping 命令的相关知识。

某客户端可以 ping 通同一网段内的部分计算机，首先可排除 TCP/IP 协议不能正常工作及网络接口故障原因；若本机 DNS 服务器地址设置错误，存在域名解析问题，但不存在部分通部分不通的问题，因此最有可能的是网络中存在访问过滤。

参考答案

（49）D

试题（50）

在 TCP 协议中，用于进行流量控制的字段为___（50）___。

（50）A．端口号   B．序列号   C．应答编号   D．窗口

试题（50）分析

本题考查 TCP 协议的相关知识。

在 TCP 协议中，用于进行流量控制的字段为窗口，窗口字段中存放的是本方接收缓存中剩余空间大小，即对方端最多能发送的字节数。

参考答案

（50）D

试题（51）

HDLC 协议中，若监控帧采用 SREJ 进行应答，表明采用的差错控制机制为 ___（51）___ 。

（51）A．后退 N 帧 ARQ   B．选择性拒绝 ARQ
　　　C．停等 ARQ   D．慢启动

试题（51）分析

本题考查 HDLC 协议的相关知识。

HDLC 协议中,若监控帧采用 SREJ 进行应答,表明采用的差错控制机制为选择性拒绝 ARQ。

参考答案

（51）B

试题（52）

以下地址中用于组播的是___（52）___。

（52）A．10.1.205.0　　　　　　　　　　B．192.168.0.7

　　　C．202.105.107.1　　　　　　　　D．224.1.210.5

试题（52）分析

本题考查 IP 地址的相关知识。

10.1.205.0 为 A 类地址，同时也是私网地址；192.168.0.7 是 C 类私网地址；202.105.107.1 是 C 类地址；224.1.210.5 是 D 类地址，即组播地址。

参考答案

（52）D

试题（53）

下列 IP 地址中，不能作为源地址的是___（53）___。

（53）A．0.0.0.0　　　　　　　　　　　B．127.0.0.1

　　　C．190.255.255.255/24　　　　　　D．192.168.0.1/24

试题（53）分析

本题考查 IP 地址的相关知识。

0.0.0.0 在 DHCP 申请 IP 地址的报文中作为源地址；127.0.0.1 是本地回送地址，既可以作为源地址，又可作为目的地址；192.168.0.1/24 是私网地址，既可以作为源地址，又可作为目的地址；190.255.255.255/24 是 190.255.255.255/24 网络内的广播地址，只能作为目的地址，不能作为源地址。

参考答案

（53）C

试题（54）、（55）

某公司网络的地址是 192.168.192.0/20，要把该网络分成 32 个子网，则对应的子网掩码应该是___（54）___，每个子网可分配的主机地址数是___（55）___。

（54）A．255.255.252.0　　　　　　　　B．255.255.254.0

　　　C．255.255.255.0　　　　　　　　D．255.255.255.128

（55）A．62　　　　　B．126　　　　　C．254　　　　　D．510

试题（54）、（55）分析

本题考查 IP 地址的相关知识。

将网络地址 192.168.192.0/20 分成 32 个子网，需要主机部分的高 5 位作为子网号，故划分后的子网掩码为 25 位，即子网掩码为 255.255.255.128。此时每个子网的可用主机数为 126 个。

参考答案

（54）D　　（55）B

试题（56）

使用 CIDR 技术把 4 个 C 类网络 110.217.128.0/22、110.217.132.0/22、110.217.136.0/22 和 110.217.140.0/22 汇聚成一个超网，得到的地址是 (56) 。

(56) A. 110.217.128.0/18   B. 110.217.128.0/19

      C. 110.217.128.0/20   D. 110.217.128.0/21

试题（56）分析

本题考查 IP 地址的相关知识。

110.217.128.0/22 对应的二进制为 **01101110 11011001 1000000**000000000。

110.217.132.0/22 对应的二进制为 **01101110 11011001 1000010**000000000。

110.217.136.0/22 对应的二进制为 **01101110 11011001 1000100**000000000。

110.217.140.0/22 对应的二进制为 **01101110 11011001 1000110**000000000。

故这 4 个网络汇聚之后的超网为 **01101110 11011001 1000000**000000000，子网掩码长度为 20 位，即 110.217.128.0/20。

参考答案

(56) C

试题（57）

如果 IPv6 头部包含多个扩展头部，第一个扩展头部为 (57) 。

(57) A. 逐跳头部   B. 路由选择头部

      C. 分段头部   D. 认证头部

试题（57）分析

本题考查 IPv6 地址的相关知识。

如果 IPv6 头部包含多个扩展头部，第一个扩展头部为逐跳头部。

参考答案

(57) A

试题（58）

用于生成 VLAN 标记的协议是 (58) 。

(58) A. IEEE802.1q   B. IEEE802.3   C. IEEE802.5   D. IEEE802.1d

试题（58）分析

本题考查 VLAN 协议的相关知识。

IEEE802.1q 定义了 VLAN 帧标记的格式。

参考答案

(58) A

试题（59）

两个站点采用二进制指数后退算法进行避让，3 次冲突之后再次冲突的概率是 (59) 。

(59) A. 0.5   B. 0.25   C. 0.125   D. 0.0625

试题（59）分析

本题考查 CSMA/CD 及二进制指数后退算法的相关知识。

两个站点采用二进制指数后退算法进行避让，1 次冲突之后两个站点均在{0,1}中去选择一个数来确定避让的时间，再次冲突的概率是 0.5，2 次冲突之后两个站点均在{0,1,2,3}中去选择一个数来确定避让的时间，再次冲突的概率是 0.25，3 次冲突之后两个站点均在{0,1,2,3,4,5,6,7}中去选择一个数来确定避让的时间，再次冲突的概率是 0.125。

参考答案

（59）C

试题（60）

在 CSMA/CD 以太网中，数据速率为 100Mb/s，网段长 2km，信号速率为 200m/μs，则此网络的最小帧长是　（60）　比特。

（60）A．1000　　　　B．2000　　　　C．10 000　　　　D．200 000

试题（60）分析

本题考查以太网最小帧长的相关知识。

最小帧长的计算如下：

$2 \times T_p \times R = 2 \times (2000\text{m}/200\text{m/μs}) \times 100 \times 10^6 \text{b/s} = 2000\text{b}$。

参考答案

（60）B

试题（61）

下列快速以太网物理层标准中，使用 5 类无屏蔽双绞线作为传输介质的是　（61）　。

（61）A．100BASE-FX　　　　　　B．100BASE-T4

　　　C．100BASE-TX　　　　　　D．100BASE-T2

试题（61）分析

本题考查快速以太网标准的相关知识。

快速以太网有 3 种标准，其中 100BASE-FX 采用光纤作为传输介质，编码方式为 4B5B NRZI；100BASE-T4 采用传统 3 类双绞线作为传输介质，编码方式为 8B6T；100BASE-TX 采用 5 类无屏蔽双绞线作为传输介质，编码方式为 MLT-3。

参考答案

（61）C

试题（62）

在 802.11 中采用优先级来进行不同业务的区分，优先级最低的是　（62）　。

（62）A．服务访问点轮询

　　　B．服务访问点轮询的应答

　　　C．分布式协调功能竞争访问

　　　D．分布式协调功能竞争访问帧的应答

试题（62）分析

本题考查无线局域网中帧间间隔、无线局域网不同帧优先级的相关知识。

无线局域网中通过帧间间隔来区分不同帧发送的优先级，有 3 类帧间间隔：短帧间间隔，通常是应答帧、请求发送帧和同意发送帧，这类帧间间隔时间最短，优先级最高；点协调功能帧间间隔，用于对站点的轮询，帧间间隔处于中间，相应优先级比短帧间间隔低；分布式协调功能帧间间隔，用于发送数据，需要争用并避免冲突，帧间间隔时间最长，相应优先级最低。

参考答案

（62）C

试题（63）

以下关于网络布线子系统的说法中，错误的是__（63）__。

（63）A．工作区子系统指终端到信息插座的区域

　　　　B．水平子系统实现计算机设备与各管理子系统间的连接

　　　　C．干线子系统用于连接楼层之间的设备间

　　　　D．建筑群子系统连接建筑物

试题（63）分析

本题考查网络综合布线系统的相关知识。

综合布线系统通常有 6 个子系统，其中工作区子系统指终端到信息插座的区域，管理子系统实现计算机设备与各管理子系统间的连接，干线子系统用于连接楼层之间的设备间，建筑群子系统连接建筑物。

参考答案

（63）B

试题（64）

在路由器执行__（64）__命令可以查看到下面信息。

```
*down: administratively down
^down: standby
(l): loopback
(s): spoofing
The number of interface that is UP in Physical is 4
The number of interface that is DOWN in Physical is 2
The number of interface that is UP in Protocol is 4
The number of interface that is DOWN in Protocol is 2

Interface              IP Address/Mask    Physical   Protocol
GigabitEthernet0/0/0   12.0.0.1/30        up         up
GigabitEthernet0/0/1   unassigned         down       down
GigabitEthernet0/0/2   unassigned         down       down
LoopBack0              1.1.1.1/32         up         up(s)
LoopBack10             172.16.0.1/24      up         up(s)
NULL0                  unassigned         up         up(s)
```

（64）A．display current-configuration　　　　B．display ip interface brief

　　　　C．display stp brief　　　　　　　　　　D．display rip 1 route

试题（64）分析

本题考查交换机和路由器的相关知识。

结果中显示了各接口的基本信息，所以命令为 display ip interface brief 。

参考答案

（64）B

试题（65）、（66）

下图所示的网络拓扑中配置了 RIP 协议，且 RIP 协议已更新完成，下表所示为 AR2 路由器上查看到的路由信息。

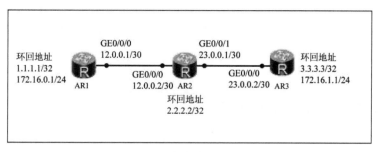

网络拓扑图

AR2 的路由信息表

```
Route Flags: R - relay, D - download to fib
--------------------------------------------------------------------
Routing Tables: Public
        Destinations : 14      Routes : 15

Destination/Mask       Proto   Pre   Cost    Flags NextHop      Interface

        1.0.0.0/8        RIP    100    1       D   12.0.0.1     GigabitEthernet0/0/0
        2.2.2.2/32       Direct   0    0       D   127.0.0.1    LoopBack0
        3.0.0.0/8        RIP    100    1       D   23.0.0.2     GigabitEthernet0/0/1
       12.0.0.0/30       Direct   0    0       D   12.0.0.2     GigabitEthernet0/0/0
       12.0.0.2/32       Direct   0    0       D   127.0.0.1    GigabitEthernet0/0/0
       12.0.0.3/32       Direct   0    0       D   127.0.0.1    GigabitEthernet0/0/0
       23.0.0.0/30       Direct   0    0       D   23.0.0.1     GigabitEthernet0/0/1
       23.0.0.1/32       Direct   0    0       D   127.0.0.1    GigabitEthernet0/0/1
       23.0.0.3/32       Direct   0    0       D   127.0.0.1    GigabitEthernet0/0/1
      127.0.0.0/8        Direct   0    0       D   127.0.0.1    InLoopBack0
      127.0.0.1/32       Direct   0    0       D   127.0.0.1    InLoopBack0
127.255.255.255/32       Direct   0    0       D   127.0.0.1    InLoopBack0
      172.16.0.0/16      RIP    100    1       D   12.0.0.1     GigabitEthernet0/0/0
                         RIP    100    1       D   23.0.0.2     GigabitEthernet0/0/1
255.255.255.255/32       Direct   0    0       D   127.0.0.1    InLoopBack0
```

从查看到的路由信息可以判断　　(65)　，造成故障的原因是　　(66)　。

（65）A．在 AR2 上 ping 172.16.0.1 丢包

　　　 B．在 AR1 上 ping 3.3.3.3 丢包

　　　 C．在 AR1 上 ping 172.16.1.1 丢包

　　　 D．在 AR3 上 ping 1.1.1.1 丢包

（66）A．在 AR1 上环回地址 172.16.0.1 配置错误

      B．在 AR3 上环回地址 172.16.1.1 配置错误

      C．RIPv1 不支持无类网络

      D．RIPv2 不支持无类网络

试题（65）、（66）分析

本题考查路由器命令及相关配置。

由于网络 172.16.0.0、3.0.0.0、1.0.0.0 都进行了 RIP 声明，而网络 172.16.1.0 没有进行 RIP 声明，故在 AR1 上 ping 172.16.1.1 会丢包。

参考答案

（65）C　　（66）C

试题（67）

下面关于路由器的描述中，正确的是　（67）　。

（67）A．路由器中串口与以太口必须是成对的

      B．路由器中串口与以太口的 IP 地址必须在同一网段

      C．路由器的串口之间通常是点对点连接

      D．路由器的以太口之间必须是点对点连接

试题（67）分析

本题考查路由器的相关知识。

路由器中串口与以太口分别用在广域网连接和以太网连接，它们之间没有关联，不必成对出现；路由器中串口与以太口的 IP 地址通常在不同网段；路由器的串口之间通常是点对点连接；路由器的以太口之间通常是点对多点连接。

参考答案

（67）C

试题（68）

PGP 的功能中不包括　（68）　。

（68）A．邮件压缩　　　　　　　　　B．发送者身份认证

      C．邮件加密　　　　　　　　　D．邮件完整性认证

试题（68）分析

本题考查 PGP 的功能。

PGP 提供了加密和数字签名功能，签名用于进行数据源身份认证和报文完整性认证。

参考答案

（68）A

试题（69）

如果 DHCP 客户端发现分配的 IP 地址已经被使用，客户端向服务器发出　（69）　报文，拒绝该 IP 地址。

（69）A．DHCP Release　　　　　　B．DHCP Decline

      C．DHCP Nack　　　　　　　　D．DHCP Renew

试题（69）分析

本题考查 DHCP 协议的相关知识。

DHCP Release 是客户端释放地址时发送的报文；如果 DHCP 客户端发现分配的 IP 地址已经被使用，客户端向服务器发出 DHCP Decline 报文，拒绝该 IP 地址；DHCP Renew 是客户端重新申请地址时发送的报文；DHCP Nack 是服务器取消为客户机分配的地址是发送的报文。

参考答案

（69）B

试题（70）

在层次化园区网络设计中，___（70）___是汇聚层的功能。

（70）A．高速数据传输　　　　　　　　B．出口路由

　　　　C．广播域的定义　　　　　　　　D．MAC 地址过滤

试题（70）分析

本题考查层次型网络设计中各层的功能。

高速数据传输和出口路由是核心层的功能；MAC 地址过滤是接入层功能；广播预定义是汇聚层功能。

参考答案

（70）C

试题（71）～（75）

With circuit switching, a ___（71）___ path is established between two stations for communication. Switching and transmission resources within the network are ___（72）___ for the exclusive use of the circuit for the duration of the connection. The connection is ___（73）___: Once it is established, it appears to attached devices as if there were a direct connection. Packet switching was designed to provide a more efficient facility than circuit switching for ___（74）___ data traffic. Each packet contains some portion of the user data plus control information needed for proper functioning of the network. A key distinguishing element of packet-switching networks is whether the internal operation is datagram or virtual circuit. With internal virtual circuits, a route is defined between two endpoints and all packets for that virtual circuit follow the ___（75）___ route. With internal datagrams, each packet is treated independently, and packets intended for the same destination may follow different routes.

（71）A．unique　　　　B．dedicated　　　　C．nondedicated　　　D．independent

（72）A．discarded　　　B．abandoned　　　C．reserved　　　　D．broken

（73）A．indistinct　　　B．direct　　　　　C．indirect　　　　D．transparent

（74）A．casual　　　　B．bursty　　　　　C．limited　　　　　D．abundant

（75）A．same　　　　　B．different　　　　C．single　　　　　D．multiple

参考译文

使用电路交换技术，在两个站点之间建立一条专用的通路。在该链接存在期间，网络内

的交换和传输资源完全为该电路的使用而保留。这个连接是透明的：一旦建立起连接，对与之相连的设备来说，好像存在一条直接连接一样。分组交换可在突发通信中提供比电路交换更高效的解决方案。每个分组都由一部分用户数据及控制信息组成，这些控制信息是网络正常工作所必需的。内部操作采用的是数据报还是虚电路是区分分组交换网的一个关键要素。使用虚电路方式时，在两个端点之间定义了一条路由，该虚电路的所有分组都沿着同一路由前进。使用数据报方式时，各分组被独立处理，终点相同的分组可能会沿不同的路由前进。

参考答案

（71）B　（72）C　（73）D　（74）B　（75）A

第2章　2018上半年网络工程师下午试题分析与解答

试题一（共20分）

　　阅读以下说明，回答问题1至问题3，将解答填入答题纸对应的解答栏内。

【说明】

　　某单位网络拓扑结构如图1-1所示。

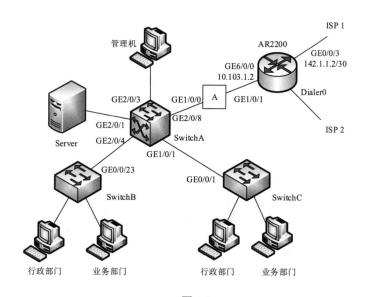

图1-1

【问题1】（10分）

　　1. 结合网络拓扑图1-1，将SwitchA业务数据规划表1-1中的内容补充完整。

　　2. 根据表1-1中的ACL策略，业务部门不能访问__（5）__网段。

【问题2】（4分）

　　根据表1-1及图1-1可知，在图1-1中为了保护内部网络，实现包过滤功能，位置A应部署__（6）__设备，其工作在__（7）__模式；

【问题3】（6分）

　　根据图1-1所示，公司采用两条链路接入Internet，其中，ISP 2是__（8）__链路。路由器AR2200的部分配置如下：

detect-group 1

detect-list 1 ip address 142.1.1.1

timer loop 5

ip route-static 0.0.0.0 0.0.0.0 Dialer 0 preference 100

ip route-static 0.0.0.0 0.0.0.0 142.1.1.1 preference 60　　detect-group 1

由以上配置可知,用户默认通过 （9） 访问 Internet,该配置片段实现的网络功能是 （10） 。

（8）备选答案：

　　A．以太网　　　　　　　　　　B．PPPoE

（9）备选答案

　　A．ISP1　　　　　　　　　　　B．ISP2

表 1-1

项目	VLAN	IP 地址	接口
上行三层接口	VLAN100	10.103.1.1	GE2/0/8
业务部门接入网关	VLAN200	10.107.1.1	GE2/0/4、GE1/0/1
行政部门接入网关	VLAN203	10.106.1.1	GE2/0/4、GE1/0/1
管理机接入网关	VLAN202	10.104.1.1	（1）
缺省路由	目的地址/掩码： （2） ；下一跳： （3）		
DHCP	接口地址池： VLANIF200：10.107.1.1/24 VLANIF202：10.104.1.1/24 VLANIF203：10.106.1.1/24		
DNS	114.114.114.114		
ACL	编号：3999；名称：control 规则：所有匹配下面源 IP 和目的 IP 的数据流都拒绝 协议类型：IP 源 IP：10.106.1.1/24；10.107.1.1/24 目的 IP：10.104.1.1/24 应用接口： （4）		

试题一分析

　　本题考查小型企业组网方案的构建,包括网络数据规划、网络安全策略和出口路由配置等基本知识和应用。

【问题 1】

　　应通过图 1-1 与表 1-1 的对应关系填写相应内容,包括管理机的对应网关的对应接口;内部用户上网的缺省路由以及在 SwitchA 上配置 ACL 要实现的功能等内容。要求考生能看懂数据规划的基本内容。

　　ACL 是保证网络安全最重要的核心策略之一,配置 ACL 后,可以限制网络流量,允许特定设备访问,指定转发特定端口数据包等。从表 1-1 给出的 ACL 策略,业务部门的用户不能访问用于网络管理的网段。

【问题2】

保护内部网络，实现包过滤是防火墙的基本功能。防火墙一般工作在三种模式下：路由模式、透明模式、混合模式。如果防火墙以第三层对外连接（接口具有 IP 地址），则认为防火墙工作在路由模式下；若防火墙通过第二层对外连接（接口无 IP 地址），则防火墙工作在透明模式下；若防火墙同时具有工作在路由模式和透明模式的接口（某些接口具有 IP 地址，某些接口无 IP 地址），则防火墙工作在混合模式下。

【问题3】

图 1-1 给出的网络拓扑已经指明该网络采用双出口链路，那么内部用户访问 Internet 时必然面临路由选择的问题，题目中给出了路由策略的配置，默认情况下通过优先级小的链路转发数据。

在图 1-1 中出口 ISP2 链路标注 Dialer0 说明该链路接口是拨号接口，即 PPPOE 链路。

参考答案

【问题1】

1.

（1）GE2/0/3

（2）0.0.0.0/0.0.0.0

（3）10.103.1.2

（4）VLAN200、VLAN203

2.

（5）管理/10.104.1.0

【问题2】

（6）防火墙

（7）透传/透明/混合

【问题3】

（8）B

（9）A

（10）出口路由选择策略/路由策略/出口路由选择等相同含义的答案均可

试题二（共 20 分）

阅读以下说明，回答问题 1 至问题 4，将解答填入答题纸对应的解答栏内。

【说明】

某企业网络拓扑如图 2-1 所示，无线接入区域安装若干无线 AP（无线访问接入点）供内部员工移动设备连接访问互联网，所有 AP 均由 AC（无线控制器）统一管控。请结合下图，回答相关问题。

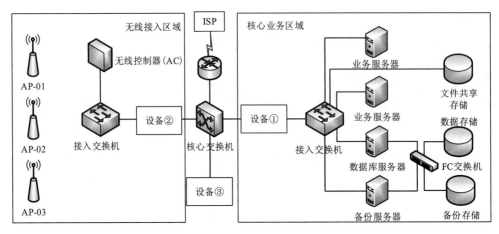

图 2-1

【问题 1】（6 分）

部分无线用户反映 WLAN 无法连接，网络管理员登录 AC 查看日志，日志显示 AP-03 掉线无法管理，造成该故障可能的原因包括：　(1)　、　(2)　、　(3)　。

(1)～(3) 备选答案（每空限选一项，不得重复）：

    A. AP 与 AC 的连接断开

    B. AP 断电

    C. AP 未认证

    D. 由于自动升级造成 AC、AP 版本不匹配

    E. AC 与核心交换机连接断开

    F. 该 AP 无线接入用户数达到上限

【问题 2】（4 分）

网管在日常巡检中发现，数据备份速度特别慢，经排查发现：

- 交换机和服务器均为千兆接口，接口设置为自协商状态。
- 连接服务器的交换机接口当前速率为 100Mb/s，服务器接口当前速率为 1000Mb/s。

造成故障的原因包括：　(4)　、　(5)　；处理措施包括：　(6)　、　(7)　。

(4)～(5) 备选答案（每空限选一项，不得重复）：

    A. 物理链路中断　　　　　　　　B. 网络适配器故障

    C. 备份软件配置影响速率　　　　D. 网线故障

(6)～(7) 备选答案（每空限选一项，不得重复）：

    A. 检查传输介质　　　　　　　　B. 检查备份软件的配置

    C. 重启交换机　　　　　　　　　D. 更换网络适配器

【问题 3】（6 分）

常见的无线网络安全隐患有 IP 地址欺骗、数据泄露、　(8)　、　(9)　、网络通信被窃听等；为保护核心业务数据区域的安全，网络管理员在设备①处部署　(10)　实现核心业务区域边界防护；在设备②处部署　(11)　实现无线用户的上网行为管控；在设备③处

部署 __(12)__ 分析检测网络中的入侵行为；为加强用户安全认证，配置基于 __(13)__ 的 RASIUS 认证。

　　（8）～（9）备选答案（每空限选一项，选项不能重复）：
　　　A．端口扫描　　　　　　　　　B．非授权用户接入
　　　C．非法入侵　　　　　　　　　D．sql 注入攻击
　　（13）备选答案：
　　　A．IEEE802.11　　　　　　　　B．IEEE802.1x

【问题 4】（4 分）

　　1. 常见存储连接方式包括直连式存储（DAS）、网络接入存储（NAS）、存储区域网络（SAN）等，图 2-1 中，文件共享存储的连接方式为 __(14)__ ，备份存储的连接方式为 __(15)__ 。

　　2. 存储系统的 RAID 故障恢复机制为数据的可靠保障，请简要说明 RAID2.0 较传统 RAID 在重构方面有哪些改进。

试题二分析

　　本题考查局域网的故障排查和安全防范的相关知识及应用。

　　此类题目要求考生熟悉局域网的部署方式，了解局域网的常见故障，并具备解决故障和进行网络安全防护的基本能力，并了解基础的存储系统知识。要求考生具有局域网和存储系统管理的实际经验。

【问题 1】

　　根据图 2-1 的网络拓扑和题干描述，从 AC 日志可判断，由于 AP 和 AC 的连接断开造成该故障发生，造成 AP 和 AC 连接断开的原因较多，如 AP 断电、AP 故障、AC 和 AP 版本不匹配、AC 和 AP 连接的网络链路故障等，因此选择 A、B、D 选项。

【问题 2】

　　从故障检查情况来看，自适应模式下，两端接口速率分别为百兆和千兆，造成故障的原因一般为适配器故障或者网络连接线故障，特别是水晶头接触不好造成网络故障的情况较为常见，而网络链路中断和备份软件的配置并不会使得网络接口降速，故造成故障的原因应该选择 B、D 选项；根据故障的判断，应检查网络链路和服务器网络适配器。如果存在故障，应该立即更换，也可以在交换机的故障接口上重新协商有可能会解决故障，而重启交换机会影响到其他系统的正常运行，所以在网络运维中如非必要，尽量不用重启交换机来处理故障。故处理措施应选择 A、D 选项。

【问题 3】

　　无线局域网是计算机网络技术和无线通信技术结合的产物，通过无线访问接入点实现有线网络的快速扩充，组网简单，不受地理位置限制。无线网络在开放的环境中，利用自由空间进行数据传输，非授权用户在无线接入点覆盖范围内，可利用非法手段获取传输数据造成信息泄露，同时受其开放性传输介质影响，极易遭受攻击。常见安全隐患包括：非法入侵、非授权用户接入、数据泄露、通信被窃听等，而端口扫描和 SQL 注入攻击是针对服务器或者业务系统软件的常见攻击手段，故常见的（8）（9）处应该选择 B、C 选项。在网络安全防护中，防火墙（FW）常用于网络区域边界防护，故设备①处应部署防火墙（FW）。上网行为

管理系统主要通过网页访问过滤、网络应用控制、带宽流量管理、内容审计等对内部用户访问互联网时的上网行为管理和管控，故在设备②处部署上网行为管理系统对无线用户的上网行为进行管控。入侵防御系统/入侵检测系统依据行为特征库，对网络传输进行即时监控，发现非法的网络行为，一般旁路接入网络，故在设备③处部署入侵防御系统/入侵检测系统分析检测网络中的入侵行为。IEEE802.1x 是 IEEE（美国电气电子工程师学会）802 委员会制定的一个 LAN 标准，是基于 C/S 的访问控制和认证协议，常用于有线/无线网络用户接入认证，可以限制未授权的用户通过接入交换机的端口访问网络，而 IEEE802.11 是无线局域网通信标准，不具备认证功能，故（13）处应选择 B 选项。

【问题 4】

1. 直连式存储（Direct Attached Storage，DAS）：即直接附加存储，顾名思义，存储设备通过线缆直接与主机系统连接。网络接入存储（Network Attached Storage，NAS）：即网络附加存储，一般由存储机头或者 NAS 存储主机直连或者通过 SAN 交换机连接到存储设备，通过 IP 网络对外提供文件共享服务，NAS 能够支持 NFS、CIFS、FTP 等协议，可实现不同操作系统之间的文件共享。存储区域网络（Storage Area Network，SAN）：通过 FC 交换机或网络交换机将服务器、存储设备连接起来，组成高速的专用存储网络，常见的存储区域网络有 FC-SAN 和 IP-SAN，其中 FC-SAN 为通过光纤通道协议转发 SCSI 协议，而 IP-SAN 通过 TCP 协议转发 SCSI 协议。由此可知，图 2-1 中，文件共享存储的连接方式为网络接入存储（NAS），备份存储的连接方式为存储区域网络（SAN）。

2. RAID：（Redundant Arrays of Independent Disks，独立磁盘冗余阵列）：从其字意可知为独立磁盘构成具有冗余能力的阵列。传统 RAID 不管哪种 RAID 方式，一个 RAID 组基本都由数据盘（数据段 Data Segment+校验段 Parity Segment）+热备盘组成，条带与磁盘进行绑定，如：D1+D2+P 这样由 2 个数据段+1 个校验段组成的条带，需要由 3 块盘承载，某个磁盘坏后，为了保证 xor 之后的一致，必须整盘进行重构，而不去分析该磁盘上哪些数据为垃圾数据，哪些数据为非垃圾数据，造成重构缓慢。而在 RAID2.0 中，条带对承载的磁盘数无具体要求，不再设置热备盘，当某个磁盘坏后，该磁盘上的非垃圾数据块将会被重构到其他磁盘的热备块中去，只要不会产生同一条带内 2 个以上块位于同一磁盘即可，而垃圾数据块并不需要重构，加快了重构速度。

参考答案

【问题 1】

　　　　（1）A　　　　注：（1）～（3）选项不分先后顺序

　　　　（2）B

　　　　（3）D

【问题 2】

　　　　（4）B　　　　注：（4）～（5）选项不分先后顺序

　　　　（5）D

　　　　（6）A　　　　注：（6）～（7）选项不分先后顺序

　　　　（7）D

【问题 3】

（8）B　　　　注：（8）～（9）选项不分先后顺序

（9）C

（10）防火墙/FW

（11）上网行为管理系统

（12）入侵检测系统/IDS/入侵防御系统/IPS

（13）B

【问题 4】

1．（14）网络接入存储（NAS）（1 分）

（15）存储区域网络（SAN）（1 分）

2．RAID2.0 较传统 RAID 的改进：

（1）条带不再与磁盘绑定，而是浮动于磁盘之上。

（2）重构时，对垃圾数据块不重构，加快了重构速度。

（3）RAID2.0 不存在热备盘，重构时，非垃圾数据块被重构到热备块上。

（2 分，回答正确上面 3 点中的任何一点得 2 分）

试题三（共 20 分）

阅读以下说明，回答问题 1 至问题 6，将解答填入答题纸对应的解答栏内。

【说明】

某单位网络拓扑结构如图 3-1 所示，其中 Web 服务器和 DNS 服务器均采用 Windows Server 2008 R2 操作系统，客户端采用 Windows 操作系统，公司 Web 网站的域名为 www.xyz.com。

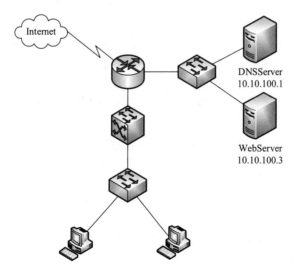

图 3-1

【问题 1】（6 分）

在 DNS 服务器上为 WebServer 配置域名解析时，如图 3-2 所示的"区域名称"是　(1)　；如图 3-3 所示的新建主机的"名称"是　(2)　，"IP 地址"是　(3)　。

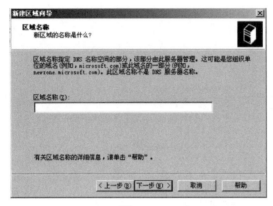

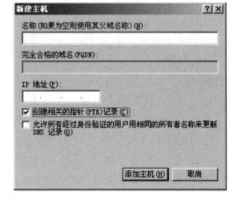

图 3-2　　　　　　　　　　　　　　　图 3-3

【问题 2】（4 分）

域名查询有正向查询和反向查询两种，其中正向查询的作用是　(4)　。

在配置 DNS 时默认情况下开启反向查询，若不希望对 www.xyz.com 进行反向查询，可在图 3-3 所示的图中做何操作？　(5)　。

【问题 3】（2 分）

在 Intranet 中，当客户端向 DNS 服务器发出解析请求后，没有得到解析结果，则　(6)　进行解析。

（6）备选答案：

A．查找本地 hosts 文件　　　　　　B．查找授权域名服务器
C．查找根域名服务器　　　　　　　D．使用 NetBIOS 名字解析

【问题 4】（2 分）

要测试 DNS 服务器是否正常工作，在客户端可以采用的命令是　(7)　或　(8)　。

（7）～（8）备选答案：

A．ipconfig　　　B．nslookup　　　C．ping　　　D．netstat

【问题 5】（4 分）

在 Windows 命令行窗口中使用　(9)　命令可显示当前 DNS 缓存，使用　(10)　命令刷新 DNS 解析器缓存。

【问题 6】（2 分）

随着公司业务发展，Web 访问量逐渐增大，访问 Web 服务器延时较大，为改善用户访问体验，可采用　(11)　。

A．增加网络带宽　　　　　　　　　B．在 Web 服务器上添加虚拟主机
C．在路由器上设置访问策略　　　　D．添加一台 Web 服务器

试题三分析

本题考查 DNS 服务器和 Web 服务器的相关理论和配置。

【问题 1】

已知公司 Web 网络的域名是 www.xyz.com，则主机名为 www，区域名称为 xyz.com。由图 3-1 可知 WebServer 的 IP 地址是 10.10.100.3。

【问题 2】

域名查询有正向查询和反向查询两种，正向查询的作用是用域名查询相应的 IP 地址，反向查询的作用是用 IP 地址查询相应的域名。PTR 记录可以把 IP 地址解析成域名，因此去掉"创建相关的指针（PTR）记录"复选框即关闭反向查询功能。

【问题 3】

NetBIOS 名称解析即将 NetBIOS 名称映射成 IP 地址。

【问题 4】

ipconfig 用于显示当前的 TCP/IP 配置的设置值，用来检验人工配置的 TCP/IP 设置是否正确。nslookup 用于查询 DNS 的记录，是用来查询 Internet 域名信息或诊断 DNS 服务器问题的工具。利用 ping 命令可以检查网络是否连通，用于分析和判定网络故障。netstat 是控制台命令，作为一个监控 TCP/IP 网络的工具，它可以显示路由表、实际的网络连接以及每一个网络接口设备的状态信息。

【问题 5】

在 Windows 命令行窗口中，ipconfig/displaydns 命令表示显示当前 DNS 缓存，ipconfig/flushdns 命令表示刷新 DNS 解析器缓存。

【问题 6】

当 Web 访问量增大时，增加网络带宽、添加虚拟主机和在路由器上设置访问策略都不能解决 Web 服务器延时的问题，只有增加 Web 服务器数量才能根本解决这个问题。

参考答案

【问题 1】

（1）xyz.com

（2）www

（3）10.10.100.3

【问题 2】

（4）用域名查询对应的 IP 地址（2 分）

（5）去掉"创建相关的指针（PTR）记录"复选框（2 分）

【问题 3】

（6）D

【问题 4】

（7）B　　（7）、（8）答案可互换

（8）C

【问题 5】

（9）ipconfig/displaydns

（10）ipconfig/flushdns

【问题 6】

（11）D

试题四（共 15 分）

阅读以下说明，回答问题 1 至问题 3，将解答填入答题纸对应的解答栏内。

【说明】

某企业的网络结构如图 4-1 所示。Router 作为企业出口网关。该企业有两个部门 A 和 B，为部门 A 和 B 分配的网段地址是：10.10.1.0/25 和 10.10.1.128/25。

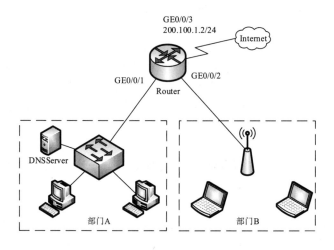

图 4-1

【问题 1】（2 分）

在公司地址规划中，计划使用网段中第一个可用 IP 地址作为该网段的网关地址，部门 A 的网关地址是 （1） ，部门 B 的网关地址是 （2） 。

【问题 2】（10 分）

公司在路由器上配置 DHCP 服务，为两个部门动态分配 IP 地址，其中部门 A 的地址租用期限为 30 天，部门 B 的地址租用期限为 2 天，公司域名为 abc.com，DNS 服务器地址为 10.10.1.2。请根据描述，将以下配置代码补充完整。

部门 A 的 DHCP 配置：

```
......
<Route> (3)
[Router] (4) GigabitEthernet0/0/1
[Router-interface GigabitEthernet0/0/1]ip address 10.10.1.1 255.255.255.128
[Router- interface GigabitEthernet0/0/1]dhcp select (5) //接口工作在全
```

局地址池模式

```
[Router- interface GigabitEthernet0/0/1]  (6)
[Router] ip pool pool1
[Router-ip-pool-pool1] network 10.10.1.0 mask   (7)
[Router-ip-pool-pool1] excluded-ip-address   (8)
[Router-ip-pool-pool1]  (9)  10.10.1.2    //设置 DNS
[Router-ip-pool-pool1]  (10)  10.10.1.1    //设置默认网关
[Router-ip-pool-pool1]  (11)  day 30 hour 0 minute 0
[Router-ip-pool-pool1]  (12)  abc.com
[Router-ip-pool-pool1] quit
......
```
部门 B 的 DHCP 配置略

【问题 3】（3 分）

企业内地址规划为私网地址，且需要访问 Internet 公网，因此，需要通过配置 NAT 实现私网地址到公网地址的转换，公网地址范围为 200.100.1.3～200.100.1.6。连接 Router 出接口 GE0/0/3 的对端 IP 地址为 200.100.1.1/24，请根据描述，将下面的配置代码补充完整。

```
......
[Router]nat address-group 0 200.100.1.3 200.100.1.6
[Router]acl number 2000
[Router-acl-basic-2000]rule 5   (13)  source 10.10.1.0 0.0.0.255
[Router-GigabitEthernet0/0/0]interface GigabitEthernet0/0/3
[Router-GigabitEthernet0/0/1]nat  (14)  2000 address-group 0 no-pat
[Router-GigabitEthernet0/0/1]quit
[Router]ip route-static 0.0.0.0 0.0.0.0   (15)
......
```

试题四分析

本题考查交换机和路由器的基本配置。

此类题目要求考生认真阅读题目，对题目要求认真领会，并理解网络设计和网络规划，弄清楚交换机和路由器每一项配置的目的和意义，并能够熟练掌握交换机、路由器配置的命令和代码。

【问题 1】

该问题主要考查考生的地址规划和地址分配能力。题干上已经给出了 A、B 两个部门所处的网络地址，并要求使用第一个 IP 地址作为该网段的网关地址，对所给出网段进行地址划分并进行子网掩码计算之后，易得出两个部门的网关地址。

【问题 2】

该问题主要考查考生对路由器配置的能力。问题已将 DHCP 服务器的具体配置要求有非常具体、详细的描述，根据具体配置要求，理解配置需求，掌握路由器的配置代码和配置命令，写出响应配置代码。

【问题 3】

该问题主要考查考生对 NAT 的理解和在路由器上配置 NAT 命令的掌握程度。指定转换对象，使用列表来对应转换，并将该转换规则应用于相应接口上的相应方向即可。

参考答案

【问题 1】

(1) 10.10.1.1/25

(2) 10.10.1.129/25

【问题 2】

(3) system-view

(4) interface

(5) global

(6) quit

(7) 255.255.255.128

(8) 10.10.1.2

(9) dns-list

(10) gateway-list

(11) lease

(12) domain-name

【问题 3】

(13) permit

(14) outbound

(15) 200.100.1.1

第3章　2018下半年网络工程师上午试题分析与解答

试题（1）

采用 n 位补码（包含一个符号位）表示数据，可以直接表示数值 　(1)　。

（1）A. 2^n　　　　　　B. -2^n　　　　　　C. 2^{n-1}　　　　　　D. -2^{n-1}

试题（1）分析

本题考查计算机系统硬件知识。

采用 n 位补码（包含一个符号位）表示数据时，用 1 位（最高位）表示数的符号（0 正 1 负），其余 $n-1$ 位表示数值部分。若表示整数，可表示的最大整数的二进制形式为 $n-1$ 个 1（即 $2^{n-1}-1$），可表示的最小整数为 2^{n-1}，即二进制形式为 1 之后跟 $n-1$ 个 0，此时最高位的 1 既表示符号也表示数值。

参考答案

（1）D

试题（2）

以下关于采用一位奇校验方法的叙述中，正确的是 　(2)　。

（2）A. 若所有奇数位出错，则可以检测出该错误但无法纠正错误

　　　B. 若所有偶数位出错，则可以检测出该错误并加以纠正

　　　C. 若有奇数个数据位出错，则可以检测出该错误但无法纠正错误

　　　D. 若有偶数个数据位出错，则可以检测出该错误并加以纠正

试题（2）分析

本题考查计算机系统中数据表示的基础知识。

奇偶校验（Parity Codes）是一种简单有效的校验方法。这种方法通过在编码中增加一位校验位来使编码中 1 的个数为奇数（奇校验）或者为偶数（偶校验），从而使码距变为 2。对于奇校验或偶校验方法，它可以检测代码中奇数位出错的编码，但不能发现偶数位出错的情况，即当合法编码中的奇数位发生了错误时，编码中的 1 变成 0 或 0 变成 1，则该编码中 1 的个数的奇偶性就发生了变化，从而可以发现错误，但是不能确定出错的数据位置，从而无法纠正错误。

参考答案

（2）C

试题（3）

下列关于流水线方式执行指令的叙述中，不正确的是 　(3)　。

（3）A. 流水线方式可提高单条指令的执行速度

　　　B. 流水线方式下可同时执行多条指令

　　　C. 流水线方式提高了各部件的利用率

　　D．流水线方式提高了系统的吞吐率

试题（3）分析

本题考查计算机系统硬件基础知识。

流水（pipelining）技术是把并行性或并发性嵌入到计算机系统里的一种形式，它把重复的顺序处理过程分解为若干子过程，每个子过程能在专用的独立模块上有效地并发工作。显然，对于单条指令而言，其执行过程中的任何一步都不能省却且需按顺序执行，所以"流水线方式可提高单条指令的执行速度"的说法是错误的。

参考答案

（3）A

试题（4）

在存储体系中位于主存与 CPU 之间的高速缓存（Cache）用于存放主存中部分信息的副本，主存地址与 Cache 地址之间的转换工作 　(4)　。

（4）A．由系统软件实现　　　　　　　　B．由硬件自动完成

　　　 C．由应用软件实现　　　　　　　　D．由用户发出指令完成

试题（4）分析

本题考查计算机系统的基础知识。

计算机系统中包括各种存储器，如 CPU 内部的通用寄存器组和 Cache（高速缓存）、CPU 外部的 Cache、主板上的主存储器、主板外的联机（在线）磁盘存储器以及脱机（离线）的磁带存储器和光盘存储器等。不同特点的存储器通过适当的硬件、软件有机地组合在一起形成计算机的存储体系层次结构，位于更高层的存储设备比较低层次的存储设备速度更快、单位比特造价也更高。

其中，Cache 和主存之间的交互功能全部由硬件实现，而主存与辅存之间的交互功能可由硬件和软件结合起来实现。

参考答案

（4）B

试题（5）

在指令系统的各种寻址方式中，获取操作数最快的方式是 　(5)　。

（5）A．直接寻址　　　B．间接寻址　　　C．立即寻址　　　D．寄存器寻址

试题（5）分析

本题考查计算机系统的基础知识。

寻址方式就是处理器根据指令中给出的地址信息来寻找有效地址的方式，是确定本条指令的数据地址以及下一条要执行的指令地址的方法。

直接寻址是一种基本的寻址方法，其特点是：在指令格式的地址字段中直接指出操作数在内存的地址。

间接寻址是相对直接寻址而言的，在间接寻址的情况下，指令地址字段中的形式地址不是操作数的真正地址，而是操作数地址的指示器。

指令的地址字段指出的不是操作数的地址，而是操作数本身，这种寻址方式称为立即寻

址。立即寻址方式的特点是指令执行时间很短，因为它不需要访问内存取操作数，从而节省了访问内存的时间。

当操作数不放在内存中，而是放在 CPU 的通用寄存器中时，是寄存器寻址方式。

参考答案

（5）C

试题（6）

有可能无限期拥有的知识产权是___（6）___。

（6）A．著作权　　　　　　　　　　B．专利权

　　　C．商标权　　　　　　　　　　D．集成电路布图设计权

试题（6）分析

本题考查知识产权的相关知识。

我国著作权法采用自动保护原则。作品一经产生，不论整体还是局部，只要具备了作品的属性即产生著作权，既不要求登记，也不要求发表，也无须在复制物上加注著作权标记。著作权含有人身权和财产权两类。人身权中的署名权、修改权、保护作品完整权无期限；作品发表权及财产权有保护期限。作品的作者是公民的，保护期限至作者死亡之后第 50 年的12 月 31 日；作品的作者是法人、其他组织的，保护期限到作者首次发表后第 50 年的 12 月31 日；但作品自创作完成后 50 年未发表的，不再受著作权法保护。

专利权（Patent Right），简称"专利"，是发明创造人或其权利受让人对特定的发明创造在一定期限内依法享有的独占实施权，是知识产权的一种。专利权具有时间性、地域性及排他性。此外，专利权还具有如下法律特征：（1）专利权是两权一体的权利，既有人身权，又有财产权；（2）专利权的取得须经专利局授予；（3）专利权的发生以公开发明成果为前提；（4）专利权具有利用性，专利权人如不实施或不许可他人实施其专利，有关部门将采取强制许可措施，使专利得到充分利用。

商标权，是指商标所有人对其商标所享有的独占的、排他的权利。在我国由于商标权的取得实行注册原则，因此，商标权实际上是因商标所有人申请、经国家商标局确认的专有权利，即因商标注册而产生的专有权。根据商标法规定，商标权有效期 10 年，自核准注册之日起计算，期满前 12 个月内申请续展，在此期间内未能申请的，可再给予 6 个月的宽展期。续展可无限重复进行，每次续展注册的有效期为 10 年。自该商标上一届有效期满次日起计算。期满未办理续展手续的，注销其注册商标。

集成电路布图设计权是一项独立的知识产权，是权利持有人对其布图设计进行复制和商业利用的专有权利。布图设计权的主体是指依法能够取得布图设计专有权的人，通常称为专有权人或权利持有人。集成电路布图设计权保护期为 10 年，自登记申请或首次投入商业利用之日，以较前者为准；创作完成 15 年后，不受条例保护。

参考答案

（6）C

试题（7）、（8）

某软件项目的活动图如下图所示，其中顶点表示项目里程碑，连接顶点的边表示包含的

活动，边上的数字表示活动的持续时间（天），则完成该项目的最少时间为 ___(7)___ 天。活动 FG 的松弛时间为 ___(8)___ 天。

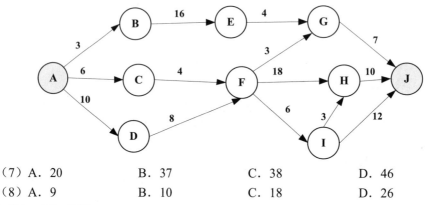

（7）A. 20   B. 37   C. 38   D. 46

（8）A. 9   B. 10   C. 18   D. 26

试题（7）、（8）分析

本题考查软件项目管理的基础知识。

活动图是描述一个项目中各个工作任务相互依赖关系的一种模型，项目的很多重要特性可以通过分析活动图得到，如估算项目完成时间，计算关键路径和关键活动等。

根据上图计算出关键路径为 A-D-F-H-J，其长度为 46。

活动 FG 最早从第 19 天开始，最晚第 37 天开始，因此其松弛时间为 18 天。或者计算出活动 FG 所在的最长路径的长度为 28 天，即路径 A-D-F-G-J，而根据前面计算关键路径长度为 46 天，因此该活动的松弛时间为 46 天–28 天=18 天。

参考答案

（7）D   （8）C

试题（9）

某计算机系统中互斥资源 R 的可用数为 8，系统中有 3 个进程 P1、P2 和 P3 竞争 R，且每个进程都需要 i 个 R，该系统可能会发生死锁的最小 i 值为 ___(9)___。

（9）A. 1   B. 2   C. 3   D. 4

试题（9）分析

本题考查操作系统进程管理信号量方面的基础知识。

选项 A 是错误的。因为每个进程都需要 1 个资源 R，系统为 P1、P2 和 P3 进程各分配 1 个，系统中资源 R 的可用数为 5，P1、P2 和 P3 进程都能得到所需资源而运行结束，故不发生死锁。

选项 B 是错误的。因为 P1、P2 和 P3 进程都需要 2 个资源 R，系统为这 3 个进程各分配 2 个，系统中资源 R 的可用数为 2，P1、P2 和 P3 进程都能得到所需资源而运行结束，故也不发生死锁。

选项 C 是错误的。因为 P1、P2 和 P3 进程都需要 3 个资源 R，假设系统可为 P1、P2 进程各分配 3 个资源 R，为 P3 进程分配 2 个资源 R，那么系统中资源 R 的可用数为 0。尽管系统中资源 R 的可用数为 0，但 P1、P2 进程能得到所需资源而运行结束，并释放资源。此时，系统可将释放的资源分配给 P3 进程，故 P3 也能运行结束。可见系统也不发生死锁。

选项 D 是正确的。因为每个进程都需要 4 个资源 R，假设系统可为 P1、P2 进程各分配 3 个资源 R，为 P3 进程分配 2 个资源 R，那么系统中资源 R 的可用数为 0。此时，P1 和 P2 各需 1 个资源、P3 需要 2 个资源，它们申请资源 R 都得不到满足，故发生死锁。

参考答案

（9）D

试题（10）

以下关于信息和数据的描述中，错误的是　（10）　。

（10）A．通常从数据中可以提取信息　　　B．信息和数据都由数字组成

　　　C．信息是抽象的、数据是具体的　　D．客观事物中都蕴涵着信息

试题（10）分析

信息反映了客观事物的运动状态和方式，数据是信息的物理形式。信息是抽象的，数据是具体的，从数据中可以抽象出信息。信息是指以声音、语言、文字、图像、动画、气味等方式所表示的实际内容，是事物现象及其属性标识的集合，是人们关心的事情的消息或知识，是由有意义的符号组成的。例如，图片信息是一种消息，通常以文字、声音或图像的形式来表现，是数据按有意义的关联排列的结果。

参考答案

（10）B

试题（11）

设信号的波特率为 800Baud，采用幅度－相位复合调制技术，由 4 种幅度和 8 种相位组成 16 种码元，则信道的数据速率为　（11）　。

（11）A．1600 b/s　　　B．2400 b/s　　　C．3200 b/s　　　D．4800 b/s

试题（11）分析

本题考查信道速率的基础知识。

4 种幅度和 8 种相位组成 16 种码元，每个码元表示的数据为 4 比特，故信道的数据速率为 800×4=3200 b/s。

参考答案

（11）C

试题（12）

采用双极型 AMI 编码进行数据传输，若接收的波形如下图所示，出错的是第　（12）　位。

（12）A. 2　　　　　　B. 5　　　　　　C. 7　　　　　　D. 9

试题（12）分析

本题考查信道编码技术。

双极型 AMI 编码技术的特点为用 0 电平表示二进制 0，用正负电平交替跳转表示二进制 1。

参考答案

（12）C

试题（13）

以下关于 DPSK 调制技术的描述中，正确的是　(13)　。

（13）A. 采用 2 种相位，一种固定表示数据"0"，一种固定表示数据"1"

　　　 B. 采用 2 种相位，通过前沿有无相位的改变来表示数据"0"和"1"

　　　 C. 采用 4 种振幅，每个码元表示 2 比特

　　　 D. 采用 4 种频率，每个码元表示 2 比特

试题（13）分析

本题考查信道调制技术。

DPSK 即差分相移键控，采用 2 种相位，通过前沿有无相位的改变来表示数据"0"和"1"。

参考答案

（13）B

试题（14）

下面关于 Manchester 编码的叙述中，错误的是　(14)　。

（14）A. Manchester 编码是一种双相码

　　　 B. Manchester 编码是一种归零码

　　　 C. Manchester 编码提供了比特同步信息

　　　 D. Manchester 编码应用在以太网中

试题（14）分析

本题考查信道编码技术。

Manchester 编码是一种双相码，每个比特中间都已跳变，提供比特同步信息。Manchester 编码应用在以太网中。

参考答案

（14）B

试题（15）

假设模拟信号的频率范围为 2～8MHz，采样频率必须大于　(15)　时，才能使得到的样本信号不失真。

（15）A. 4MHz　　　　B. 6MHz　　　　C. 12MHz　　　　D. 16MHz

试题（15）分析

本题考查模拟信道传输技术。

采样定理为以最高频率 2 倍采样得到的样本信号不失真，因此采样频率必须大于 16MHz。

参考答案

（15）D

试题（16）

设信道带宽为 1000Hz，信噪比为 30dB，则信道的最大数据速率约为　(16)　b/s。

（16）A．10 000　　　　　　B．20 000　　　　　　C．30 000　　　　　D．40 000

试题（16）分析

本题考查信道容量的基础知识。

计算过程如下：

由 $SNR_{DB}=10\log_{10}SNR$，信噪比为 $SNR_{DB}=30dB$，故 $SNR=1000$。

再由 $C=B\log_2(1+SNR)=10\,000b/s$。

参考答案

（16）A

试题（17）

设信道带宽为 5000Hz，采用 PCM 编码，采样周期为 125μs，每个样本量化为 256 个等级，则信道的数据速率为　(17)　。

（17）A．10kb/s　　　　　　B．40kb/s　　　　　　C．56kb/s　　　　　D．64kb/s

试题（17）分析

本题考查 PCM 编码的基础知识。

计算过程如下：

由采样周期为 125μs 得采样次数为 8000 次/s。因此信道的数据速率为 8000×8=64 000b/s。

参考答案

（17）D

试题（18）

使用 ADSL 接入 Internet，用户端需要安装　(18)　协议。

（18）A．PPP　　　　　　　B．SLIP　　　　　　　C．PPTP　　　　　D．PPPoE

试题（18）分析

本题考查 ADSL 的基础知识。

使用 ADSL 接入 Internet，用户端需要安装 PPPoE 协议。

参考答案

（18）D

试题（19）

下列关于 OSPF 协议的说法中，错误的是　(19)　。

（19）A．OSPF 的每个区域（Area）运行路由选择算法的一个实例

　　　B．OSPF 采用 Dijkstra 算法计算最佳路由

　　　C．OSPF 路由器向各个活动端口组播 Hello 分组来发现邻居路由器

　　　D．OSPF 协议默认的路由更新周期为 30 秒

试题（19）分析

本题考查 OSPF 路由协议的相关知识。

OSPF 采用链路状态路由技术，使用 Dijkstra 算法计算最佳路由，使用每个区域（Area）运行路由选择算法的一个实例，各个活动端口组播 Hello 分组来发现邻居路由器。当出现故障或状态发生变化时发送路由更新通知。

参考答案

（19）D

试题（20）～（22）

TCP 使用 3 次握手协议建立连接，以防止 __(20)__ ；当请求方发出 SYN 连接请求后，等待对方回答 __(21)__ 以建立正确的连接；当出现错误连接时，响应 __(22)__ 。

（20）A. 出现半连接　　　　　　　　　B. 无法连接
　　　C. 产生错误的连接　　　　　　　D. 连接失效

（21）A. SYN，ACK　　B. FIN，ACK　　C. PSH，ACK　　D. RST，ACK

（22）A. SYN，ACK　　B. FIN，ACK　　C. PSH，ACK　　D. RST，ACK

试题（20）～（22）分析

本题考查 TCP 协议的相关知识。

TCP 在数据传输前先使用 3 次握手协议建立连接，目的是防止产生错误的连接，期间会出现半连接。无法连接或者连接失效三次握手不能防止。

当请求方发出 SYN 连接请求后，等待对方回答 ACK 以及 SYN 来建立正确的连接。

当出现错误连接时，响应 RST，ACK。

参考答案

（20）C　　（21）A　　（22）D

试题（23）

ARP 协议数据单元封装在 __(23)__ 中传送。

（23）A. IP 分组　　　B. 以太帧　　　C. TCP 段　　　D. ICMP 报文

试题（23）分析

本题考查 ARP 协议的相关知识。

ARP 协议数据单元封装在以太帧中传送。

参考答案

（23）B

试题（24）、（25）

在 BGP4 协议中，路由器通过发送 __(24)__ 报文将正常工作信息告知邻居。当出现路由信息的新增或删除时，采用 __(25)__ 报文告知对方。

（24）A. hello　　　　B. update　　　C. keepalive　　D. notification

（25）A. hello　　　　B. update　　　C. keepalive　　D. notification

试题（24）、（25）分析

本题考查 BGP4 协议的相关知识。

在 BGP4 协议中，路由器通过发送 keepalive 报文将正常工作信息告知邻居。当出现路由信息的新增或删除时，采用 update 报文告知对方。

参考答案

（24）C　　（25）B

试题（26）

RIP 协议默认的路由更新周期是　（26）　秒。

（26）A. 30　　　　　　B. 60　　　　　　C. 90　　　　　　D. 100

试题（26）分析

本题考查 RIP 协议的相关知识。

RIP 协议默认的路由更新周期是 30 秒。

参考答案

（26）A

试题（27）

以下关于 OSPF 协议的叙述中，正确的是　（27）　。

（27）A. OSPF 是一种路径矢量协议

　　　 B. OSPF 使用链路状态公告（LSA）扩散路由信息

　　　 C. OSPF 网络中用区域 1 来表示主干网段

　　　 D. OSPF 路由器向邻居发送路由更新信息

试题（27）分析

本题考查 OSPF 协议的相关知识。

OSPF 是一种链路状态路由协议，向整个网络发送路由更新信息；OSPF 使用链路状态公告（LSA）扩散路由信息，OSPF 网络中用区域 0 来表示主干网段。

参考答案

（27）B

试题（28）、（29）

在 Windows 下，nslookup 命令结果如图所示，ftp.softwaretest.com 的 IP 地址是　（28）　，可通过在 DNS 服务器中新建　（29）　实现。

```
C:\Documents and Settings\user>nslookup  ftp.softwaretest.com
Server：nsl.aaa.com
Address：192.168.21.252

Non-authoritative answer：
Name：nsl.softwaretest.com
Address：10.10.20.1
Aliases：ftp.softwaretest.com
```

（28）A. 192.168.21.252　　　　　　　B. 192.168.21.1

　　　 C. 10.10.20.1　　　　　　　　　 D. 10.10.20.254

（29）A. 邮件交换器　　　　　　　　　 B. 别名

　　　 C. 域　　　　　　　　　　　　　 D. 主机

试题（28）、（29）分析

本题考查 nslookup 命令的使用。

从图中可以看出，为 ftp.softwaretest.com 提供解析的服务器名为 ns1.aaa.com，地址为 192.168.21.252。查询到的信息是：域名 ns1.softwaretest.com，地址 10.10.10.1，别名 ftp.softwaretest.com。

参考答案

（28）C　　（29）B

试题（30）

在 Linux 中，___（30）___命令可将文件按修改时间顺序显示。

（30）A．ls-a　　　　　B．ls -b　　　　　C．ls -c　　　　　D．ls -d

试题（30）分析

本题考查 Linux 操作系统命令的基础知识。

ls 命令的是 list 的前两个英文字母的简写，其作用是显示当前目录中的文件名字。当不使用加参数时它将显示除隐藏文件外的所有文件及目录的名字。

ls 命令的参数及其作用如下表所示。

参数	作用
-a	显示所有文件及目录（ls 内定将文件名或目录名称开头为 "." 的视为隐藏档，不会列出）
-b	把文件名中不可输出的字符用反斜杠加字符编号的形式列出
-c	输出文件的 i 节点的修改时间，并以此排序
-d	将目录像文件一样显示，而不是显示其下的文件
-l	将文件名、型态、权限、拥有者、文件大小等信息列出
-r	将文件以相反次序显示（原定依英文字母次序）
-t	将文件依建立时间的先后次序列出
-A	同-a，但不列出 "."（目前目录）及 ".."（父目录）
-F	在列出的文件名称后加一符号；例如可执行档则加 "*"，目录则加 "/"
-R	若目录下有文件，则以下的文件也都依序列出

参考答案

（30）C

试题（31）

在 Linux 中强制复制目录的命令是___（31）___。

（31）A．cp -f　　　　　B．cp -i　　　　　C．cp -a　　　　　D．cp -l

试题（31）分析

本题考查 Linux 操作系统命令的基础知识。

cp 命令是复制文件和目录。其参数及参数的作用如下表所示。

参数	作用
-a	此选项通常在复制目录时使用，它保留链接、文件属性，并复制目录下的所有内容。其作用等于 dpR 参数组合
-d	复制时保留链接。这里所说的链接相当于 Windows 系统中的快捷方式
-f	覆盖已经存在的目标文件而不给出提示
-i	与-f 选项相反，在覆盖目标文件之前给出提示，要求用户确认是否覆盖，回答 "y" 时目标文件将被覆盖
-p	除复制文件的内容外，还把修改时间和访问权限也复制到新文件中
-r	若给出的源文件是一个目录文件，此时将复制该目录下所有的子目录和文件
-l	不复制文件，只是生成链接文件

题干中 "强制复制" 的意思是在复制粘贴时，覆盖目标文件时不给出提示。

参考答案

（31）A

试题（32）

可以利用　　(32)　　实现 Linux 平台和 Windows 平台之间的数据共享。

（32）A. NetBIOS　　　　　　B. NFS　　　　　　C. Appletalk　　　　　　D. Samba

试题（32）分析

本题考查操作系统服务的基础知识。

在 Windows 平台下，共享文件的协议是 CIFS（Common Internet File System）。在 Linux 平台下，共享文件的协议是 NFS（Network File System）。能够在 Linux 平台和 Windows 平台之间共享文件的协议是 Samba，名字叫作 SMB（Server Message Block），注册名为 Samba。

NetBIOS 是 Network Basic Input/Output System 的缩写，用于在局域网中共享数据。Appletalk 是在 Mac OS 中共享数据的协议。

参考答案

（32）D

试题（33）

关于 Windows 操作系统中 DHCP 服务器的租约，下列说法中错误的是　　(33)　　。

（33）A. 租约期固定是 8 天

　　　　B. 当租约期过去 50%时，客户机将与服务器联系更新租约

　　　　C. 当租约期过去 87.5%时，客户机与服务器联系失败，重新启动 IP 租用过程

　　　　D. 客户机可采用 ipconfig/renew 重新申请地址

试题（33）分析

本题考查 Windows 操作系统中 DHCP 服务器的租约问题。

DHCP 地址的租约期可由服务器设定，默认情况下为 8 天；当租约期过去 50%时，客户机将开始与服务器联系更新租约；当租约期过去 87.5%时，客户机与服务器联系失败，重新启动 IP 租用过程；客户机可采用命令 ipconfig/renew 重新申请地址。

参考答案

（33）A

试题（34）

在配置 IIS 时，IIS 的发布目录　__(34)__ 。

（34）A．只能够配置在 C:\inetpub\wwwroot 上

　　　 B．只能够配置在本地磁盘 C 上

　　　 C．只能够配置在本地磁盘 D 上

　　　 D．既能够配置在本地磁盘上，也能配置在联网的其他计算机上

试题（34）分析

本题考查 Windows 操作系统中 IIS 的配置。

IIS 的发布目录既能够配置在本地磁盘上，也能配置在联网的其他计算机上。

参考答案

（34）D

试题（35）

主机 A 的主域名服务器为 202.112.115.3，辅助域名服务器为 202.112.115.5，域名 www.aaaa.com 的授权域名服务器为 102.117.112.254。若主机 A 访问 www.aaaa.com 时，由 102.117.112.254 返回域名解析结果，则　__(35)__ 。

（35）A．若 202.112.115.3 工作正常，其必定采用了迭代算法

　　　 B．若 202.112.115.3 工作正常，其必定采用了递归算法

　　　 C．102.117.112.254 必定采用了迭代算法

　　　 D．102.117.112.254 必定采用了递归算法

试题（35）分析

本题考查域名解析服务。

主域名服务器工作正常，解析结果是由授权域名服务器返回，故主域名服务器采用了迭代算法。

参考答案

（35）A

试题（36）

关于 DHCPOffer 报文的说法中，　__(36)__ 是错误的。

（36）A．接收到该报文后，客户端即采用报文中所提供的地址

　　　 B．报文源 MAC 地址是 DHCP 服务器的 MAC 地址

　　　 C．报文目的 IP 地址是 255.255.255.255

　　　 D．报文默认目标端口是 68

试题（36）分析

本题考查 DHCPOffer 报文的相关知识。

当 DHCP 服务器接收到客户端的请求后，若能提供 IP 地址，便响应 DHCPOffer 报文，报文中源 MAC 地址是 DHCP 服务器的 MAC 地址，目的 IP 地址是 255.255.255.255，报文默

认目标端口是 68；客户机若想使用该地址，发送 DHCPRequest 报文，接收到服务器的 DHCPAck 响应后才能使用报文中提供的地址。

参考答案

（36）A

试题（37）

在 DNS 服务器中的　(37)　资源记录定义了区域的邮件服务器及其优先级。

（37）A．SOA　　　　　　B．NS　　　　　　　C．PTR　　　　　　D．MX

试题（37）分析

本题考查 DNS 服务器的资源记录。

记录 SOA 指明区域主域名服务器；NS 指明区域授权域名服务器；PTR 为反向查询资源记录；MX 指明区域 SMTP 服务器及其优先级。

参考答案

（37）D

试题（38）

用于配置 DDR（Dial-on-Demand Routing）链路重新建立连接等待时间的命令是　(38)　。

（38）A．dialer timer idle　　　　　　　B．dialer timer compete

　　　C．dialer timer enable　　　　　　D．dialer timer wait-carrier

试题（38）分析

本题考查网络设备配置。

配置 DDR（Dial-on-Demand Routing）链路重新建立连接等待时间的命令是 dialer timer wait-carrier。

参考答案

（38）D

试题（39）

使用　(39)　命令释放当前主机自动获取的 IP 地址。

（39）A．ipconfig/all　　　　　　　　　B．ipconfig/reload

　　　C．ipconfig/release　　　　　　　D．ipconfig/reset

试题（39）分析

本题考查网管命令。

使用 ipconfig/all 命令显示当前主机自动获取的 IP 地址；使用 ipconfig/release 命令释放当前主机自动获取的 IP 地址；使用 ipconfig/renew 命令重新申请 IP 地址。

参考答案

（39）C

试题（40）

通过代理服务器（Proxy Server）访问 Internet 的主要功能不包括　(40)　。

（40）A．突破对某些网站的访问限制　　　B．提高访问某些网站的速度

　　　C．避免来自 Internet 上病毒的入侵　　D．隐藏本地主机的 IP 地址

试题（40）分析

本题考查代理服务器的相关知识。

通过代理服务器（Proxy Server）访问 Internet，可以突破对某些网站的访问限制；提高访问某些网站的速度；隐藏本地主机的 IP 地址。但是不能避免来自 Internet 上病毒的入侵。

参考答案

（40）C

试题（41）

以下关于三重 DES 加密的叙述中，正确的是 （41） 。

（41）A. 三重 DES 加密使用一个密钥进行三次加密

B. 三重 DES 加密使用两个密钥进行三次加密

C. 三重 DES 加密使用三个密钥进行三次加密

D. 三重 DES 加密的密钥长度是 DES 密钥长度的 3 倍

试题（41）分析

本题考查加密算法的基础知识。

DES 全称为 Data Encryption Standard，即数据加密标准，是一种使用密钥加密的块算法，1977 年被美国联邦政府的国家标准局确定为联邦资料处理标准（FIPS），并授权在非密级政府通信中使用，随后该算法在国际上广泛流传开来。

三重 DES 也叫 3DES（即 Triple DES），是向 AES 过渡的加密算法，它使用 3 条 56 位的密钥对数据进行三次加密，是 DES 的一个更安全的变形。它以 DES 为基本模块，通过组合分组方法设计出分组加密算法。比起最初的 DES，3DES 更为安全。该方法使用两个密钥，执行三次 DES 算法，加密的过程是加密—解密—加密，解密的过程是解密—加密—解密。

采用两个密钥进行三重加密的好处有：

①两个密钥合起来有效密钥长度为 112bit，可以满足商业应用的需要，若采用总长为 168bit 的三个密钥，会产生不必要的开销。

②加密时采用加密—解密—加密，而不是加密—加密—加密的形式，这样有效地实现了与现有 DES 系统的向后兼容问题。因为当 K1=K2 时，三重 DES 的效果就和原来的 DES 一样，有助于逐渐推广三重 DES。

参考答案

（41）B

试题（42）、（43）

IEEE 802.11i 标准制定的无线网络加密协议 （42） 是一个基于 （43） 算法的加密方案。

（42）A. RC4　　　　B. CCMP　　　　C. WEP　　　　D. WPA

（43）A. RSA　　　　B. DES　　　　C. TKIP　　　　D. AES

试题（42）、（43）分析

本题考查无线网络加密协议的基础知识。

IEEE 802.11i 规定使用 802.1x 认证和密钥管理方式，在数据加密方面，定义了 TKIP（Temporal Key Integrity Protocol）、CCMP（Counter-Mode/CBC-MAC Protocol）和 WRAP

（Wireless Robust Authenticated Protocol）三种加密机制。其中 TKIP 采用 WEP 机制中的 RC4 作为核心加密算法，可以通过在现有的设备上升级固件和驱动程序的方法达到提高 WLAN 安全的目的。

CCMP 机制基于 AES（Advanced Encryption Standard）加密算法和 CCM（Counter-Mode/CBC-MAC）认证方式，使得 WLAN 的安全程度大大提高，是实现 RSN 的强制性要求。由于 AES 对硬件要求比较高，因此 CCMP 无法通过在现有设备的基础上进行升级实现。WRAP 机制基于 AES 加密算法和 OCB（Offset Codebook），是一种可选的加密机制。

参考答案

（42）B　　（43）D

试题（44）、（45）

MD5 是 ___（44）___ 算法，对任意长度的输入计算得到的结果长度为 ___（45）___ 位。

（44）A．路由选择　　　　B．摘要　　　　　　C．共享密钥　　　　D．公开密钥

（45）A．56　　　　　　　B．128　　　　　　　C．140　　　　　　　D．160

试题（44）、（45）分析

本题考查摘要算法的基础知识。

消息摘要算法的主要特征是加密过程不需要密钥，并且经过加密的数据无法被解密，目前可以解密逆向的只有 CRC32 算法，只有输入相同的明文数据经过相同的消息摘要算法才能得到相同的密文。消息摘要算法不存在密钥的管理与分发问题，适合于分布式网络上使用。

消息摘要算法主要应用在"数字签名"领域，作为对明文的摘要算法。著名的摘要算法有 RSA 公司的 MD5 算法和 SHA-1 算法及其大量的变体。

消息摘要算法存在以下特点：

（1）消息摘要算法是将任意长度的输入，产生固定长度的伪随机输出的算法，例如应用 MD5 算法摘要的消息长度为 128 位，SHA-1 算法摘要的消息长度为 160 位，SHA-1 的变体可以产生 192 位和 256 位的消息摘要。

（2）消息摘要算法针对不同的输入会产生不同的输出，用相同的算法对相同的消息求两次摘要，其结果是相同的。因此消息摘要算法是一种"伪随机"算法。

（3）输入不同，其摘要消息也必不相同；但相同的输入必会产生相同的输出。即使两条相似的消息的摘要也会大相径庭。

（4）消息摘要函数是无陷门的单向函数，即只能进行正向的信息摘要，而无法从摘要中恢复出任何的消息。

参考答案

（44）B　　（45）B

试题（46）、（47）

在 SNMP 协议中，管理站要设置被管对象属性信息，需要采用 ___（46）___ 命令进行操作；被管对象有差错报告，需要采用 ___（47）___ 命令进行操作。

（46）A．get　　　　　　B．getnext　　　　　C．set　　　　　　　D．trap

（47）A．get　　　　　　B．getnext　　　　　C．set　　　　　　　D．trap

试题（46）、（47）分析

本题考查 SNMP 相关协议内容。

在 SNMP 协议中，管理站要设置被管对象属性信息，需要采用 set 命令进行操作；被管对象有差错报告，需要采用 trap 命令进行操作。

参考答案

（46）C　　（47）D

试题（48）

SNMP 协议实体发送请求和应答报文的默认端口号是　（48）　。

（48）A．160　　　　　　B．161　　　　　　C．162　　　　　　D．163

试题（48）分析

本题考查 SNMP 相关协议内容。

SNMP 协议实体发送请求和应答报文的默认端口号是 161。

参考答案

（48）B

试题（49）～（51）

在 Windows 中运行 route print 命令后得到某主机的路由信息如下图所示。则该主机的 IP 地址为　（49）　，子网掩码为　（50）　，默认网关为　（51）　。

```
Active Routes :
Network Destination    Netmask          Gageway           Interface         Metric
0.0.0.0                0.0.0.0          102.217.115.254   102.217.115.132   20
127.0.0.0              255.0.0.0        127.0.0.1         127.0.0.1         1
102.217.115.128        255.255.255.128  102.217.115.132   102.217.115.132   20
102.217.115.132        255.255.255.255  127.0.0.1         127.0.0.1         20
102.217.115.255        255.255.255.255  102.217.115.132   102.217.115.132   20
224.0.0.0              224.0.0.0        102.217.115.132   102.217.115.132   20
255.255.255.255        255.255.255.255  102.217.115.132   102.217.115.132   1
255.255.255.255        255.255.255.255  102.217.115.132   2                 1
Default Gateway :      102.217.115.254
```

（49）A．102.217.115.132　　　　　　　　B．102.217.115.254

　　　C．127.0.0.1　　　　　　　　　　　　D．224.0.0.1

（50）A．255.0.0.0　　　　　　　　　　　　B．255.255.255.0

　　　C．255.255.255.128　　　　　　　　　D．255.255.255.255

（51）A．102.217.115.132　　　　　　　　B．102.217.115.254

　　　C．127.0.0.1　　　　　　　　　　　　D．224.0.0.1

试题（49）～（51）分析

本题考查主机的路由信息相关知识。

图中有默认路由、本地回送路由、本地接口路由、本地子网路由、多播路由以及本地和全局广播路由。从这些路由信息中可以看出，本地以太网接口 IP 地址为 102.217.115.132，子网掩码为 255.255.255.128，默认网关为 102.217.115.254。

参考答案

（49）A　　（50）C　　（51）B

试题（52）

下列关于私有地址个数和地址的描述中，都正确的是__（52）__。

（52）A．A 类有 10 个：10.0.0.0～10.10.0.0

B．B 类有 16 个：172.0.0.0～172.15.0.0

C．B 类有 16 个：169.0.0.0～169.15.0.0

D．C 类有 256 个：192.168.0.0～192.168.255.0

试题（52）分析

本题考查私有 IP 地址。

私有 IP 地址 A 类有 1 个：10.0.0.0～10.255.255.255；B 类有 16 个：172.16.0.0～172.31.255.255；C 类有 256 个：192.168.0.0～192.168.255.255。

参考答案

（52）D

试题（53）

以下 IP 地址中，既能作为目标地址，又能作为源地址，且以该地址为目的地址的报文在 Internet 上通过路由器进行转发的是__（53）__。

（53）A．0.0.0.0　　　　　　　　　　　　B．127.0.0.1

C．100.10.255.255/16　　　　　　D．202.117.112.5/24

试题（53）分析

本题考查 IP 地址规划。

0.0.0.0 只能作为源地址；127.0.0.1 既能作为源地址，又能作为目的地址，但不能在 Internet 上通过路由器进行转发；100.10.255.255/16 是该网络的广播地址，只能作为目的地址，不能作为源地址；202.117.112.5/24 是该网络的一个主机地址，既能作为源地址，又能作为目的地址。

参考答案

（53）D

试题（54）

网络 192.21.136.0/24 和 192.21.143.0/24 汇聚后的地址是__（54）__。

（54）A．192.21.136.0/21　　　　　　B．192.21.136.0/20

C．192.21.136.0/22　　　　　　D．192.21.128.0/21

试题（54）分析

本题考查 IP 地址规划。

192.21.136.0/24 的第 3 个字节二进制展开为 **1000 1000**，子网掩码长度为 24。

192.21.143.0/24 的第 3 个字节二进制展开为 **1000 1111**，子网掩码长度为 24。

两个网络第 3 个字节取共同的前缀为 **1000** 1000，子网掩码长度为 21。

故网络 192.21.136.0/24 和 192.21.143.0/24 汇聚后的地址是 192.21.136.0/21。

参考答案

（54）A

试题（55）

把 IP 网络划分成子网的好处是 ___（55）___ 。

（55）A．减小冲突域的大小　　　　　　　B．减小广播域的大小

　　　　C．增加可用主机的数量　　　　　　D．减轻路由器的负担

试题（55）分析

本题考查 IP 地址规划。

把 IP 网络划分成子网的好处是减小广播域的大小。与冲突域没有关系；某种程度上减少了可用主机的数量，增加路由器的负担。

参考答案

（55）B

试题（56）

某主机接口的 IP 地址为 192.16.7.131/26，则该 IP 地址所在网络的广播地址是 ___（56）___ 。

（56）A．192.16.7.255　　　　　　　　　B．192.16.7.129

　　　　C．192.16.7.191　　　　　　　　　D．192.16.7.252

试题（56）分析

本题考查 IP 地址规划。

192.16.7.131/26 的第 4 个字节二进制展开为 **1000 0011**，子网掩码长度为 26，故本字节中前 2 比特为网络地址，所以该网络的广播地址最后一个字节为 **10**11 1111，转化为十进制为 191，即网络 192.16.7.131/26 的广播地址是 192.16.7.191。

参考答案

（56）C

试题（57）

IPv6 链路本地单播地址的前缀为 ___（57）___ 。

（57）A．001　　　　　　　　　　　　　B．1111 1110 10

　　　　C．1111 1110 11　　　　　　　　　D．1111 1111

试题（57）分析

本题考查 IPv6 地址。

IPv6 链路本地单播地址的前缀为 1111 1110 10。

参考答案

（57）B

试题（58）

路由器的 ___（58）___ 接口通过光纤连接广域网。

（58）A．SFP 端口　　　　B．同步串行口　　　　C．Console 接口　　　　D．AUX 端口

试题（58）分析

本题考查路由器的各种接口类型。

SFP 端口是路由器的光纤接口。

参考答案

（58）A

试题（59）

CSMA/CD 协议是　__（59）__　协议。

（59）A．物理层　　　　　B．介质访问子层　　　　C．逻辑链路子层　　　D．网络层

试题（59）分析

本题考查数据链路层功能及 IEEE 802.3 协议体系结构。

IEEE 802.3 协议体系结构中，数据链路层分为逻辑链路子层和介质访问控制子层，CSMA/CD 协议工作在介质访问控制子层。

参考答案

（59）B

试题（60）

以太网的最大帧长为 1518 字节，每个数据帧前面有 8 字节的前导字段，帧间隔为 9.6μs。快速以太网 100 BASE-T 发送两帧之间的最大间隔时间约为　__（60）__　μs。

（60）A．12.1　　　　　B．13.2　　　　　　C．121　　　　　D．132

试题（60）分析

本题考查以太网发送帧时间的计算。

具体计算过程如下：

$(1518+8) \times 8/(100 \times 10^6)s + 9.6μs = 132μs$。

参考答案

（60）D

试题（61）

下列命令中，不能用于诊断 DNS 故障的是　__（61）__　。

（61）A．netstat　　　　B．nslookup　　　　C．ping　　　　D．tracert

试题（61）分析

本题考查网络命令的基础知识。

netstat 命令的功能是显示网络连接、路由表和网络接口信息，可以让用户得知有哪些网络连接正在运作。使用时如果不带参数，netstat 显示活动的 TCP 连接。

nslookup（name server lookup，域名查询）是一个用于查询 Internet 域名信息或诊断 DNS 服务器问题的工具。

ping 是 Windows、Unix 和 Linux 系统下的一个命令。ping 也属于一个通信协议，是 TCP/IP 协议的一部分。利用"ping"命令可以检查网络是否连通，可以很好地帮助人们分析和判定网络故障。

tracert 是路由跟踪实用程序，用于确定 IP 数据包访问目标所采取的路径。tracert 命令用 IP 生存时间（TTL）字段和 ICMP 错误消息来确定从一个主机到网络上其他主机的路由。

根据以上分析，nslookup 命令可用于诊断 DNS 的故障；ping 命令可直接使用域名作为

参数；tracert 在跟踪数据包路径的过程中，亦可查看到对应地址的主机名，以上三个命令均可查看 DNS 的工作是否正常。

参考答案

（61）A

试题（62）

在冗余磁盘阵列中，以下不具有容错技术的是__（62）__。

（62）A．RAID 0   B．RAID 1   C．RAID5   D．RAID 10

试题（62）分析

本题考查磁盘阵列的基础知识。

RAID 0 是最早出现的 RAID 模式，即 Data Stripping 数据分条技术。RAID 0 是组建磁盘阵列中最简单的一种形式，只需要 2 块以上的硬盘即可，可以提高整个磁盘的性能和吞吐量。RAID 0 没有提供冗余或错误修复能力，但实现成本是最低的。它的最大优点就是可以整倍地提高硬盘的容量。如使用了三块 80GB 的硬盘组建成 RAID 0 模式，那么磁盘容量就会是 240GB，速度方面，与单独一块硬盘的速度完全相同。最大的缺点在于任何一块硬盘出现故障，整个系统将会受到破坏，可靠性仅为单独一块硬盘的 $1/N$。

参考答案

（62）A

试题（63）

下面的描述中属于工作区子系统区域范围的是__（63）__。

（63）A．实现楼层设备间之间的连接

　　　B．接线间配线架到工作区信息插座

　　　C．终端设备到信息插座的整个区域

　　　D．接线间内各种交连设备之间的连接

试题（63）分析

本题考查综合布线的基础知识。

综合布线系统根据各个区域功能的不同，分为 6 个子系统，分别是工作区子系统、水平子系统、管理子系统、垂直干线子系统、设备间子系统和建筑群子系统。其中工作区子系统的范围包括实现工作区终端设备与水平子系统之间的连接，由终端设备连接到信息插座的连接线缆所组成。由信息插座、插座盒、连接跳线和适配器组成。工作区子系统的设计主要考虑信息插座和适配器两个方面。

参考答案

（63）C

试题（64）

以下关于三层交换机的叙述中，正确的是__（64）__。

（64）A．三层交换机包括二层交换和三层转发，二层交换由硬件实现，三层转发采用软件实现

　　　B．三层交换机仅实现三层转发功能

　　C．通常路由器用在单位内部，三层交换机放置在出口

　　D．三层交换机除了存储转发外，还可以采用直通交换技术

试题（64）分析

本题考查三层交换机的基础知识。

三层交换机包括二层交换和三层转发，均由硬件实现；通常三层交换机用在单位内部，路由器放置在出口；三层交换机除了存储转发外，还可以采用直通交换技术。

参考答案

（64）D

试题（65）

IP 数据报首部中 IHL（Internet 首部长度）字段的最小值为　（65）　。

（65）A．5　　　　　　　　B．20　　　　　　　　C．32　　　　　　　　D．128

试题（65）分析

本题考查 IP 数据报首部格式。

IP 数据报首部中 IHL（Internet 首部长度）字段用于记录首部的长度，以 4 字节为单位，因为 IPv4 首部长度最小 20 字节，故 IHL 最小值为 5。

参考答案

（65）A

试题（66）、（67）

查看 OSPF 接口的开销、状态、类型、优先级等的命令是　（66）　；查看 OSPF 在接收报文时出错记录的命令是　（67）　。

（66）A．display ospf　　　　　　　　B．display ospf error
　　　C．display ospf interface　　　　D．display ospf neighbor

（67）A．display ospf　　　　　　　　B．display ospf error
　　　C．display ospf interface　　　　D．display ospf neighbor

试题（66）、（67）分析

本题考查路由命令的基础知识。

OSPF（Open Shortest Path First，开放最短路径优先）是 IETF 开发的基于链路状态的自治系统内部路由协议。OSPF 检查配置结果命令如下。

使用 display ospf interface 命令，查看 OSPF 接口的信息。

使用 display ospf error 命令，查看 OSPF 错误信息。

参考答案

（66）C　　（67）B

试题（68）、（69）

如图所示，SwitchA 通过 SwitchB 和 NMS 跨网段相连并正常通信。SwitchA 与 SwitchB 配置相似，从给出的 SwitchA 的配置文件可知该配置实现的是　（68）　，验证配置结果的命令是　（69）　。

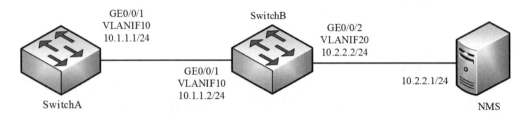

```
SwitchA 的配置文件
    sysname SwitchA
    vlan batch 10
    bfd
    interface Vlanif10
    ip address 10.1.1.1 255.255.255.0
    interface GigabitEthernet0/0/1
    port link-type trunk
    port trunk allow-pass vlan 10
    bfd aa bind peer-ip 10.1.1.2
    discriminator local 10
    discriminator remote 20
    commit
    ip route-static 10.2.2.0 255.255.255.0 10.1.1.2 track bfd-session aa
    return
```

（68）A．实现毫秒级链路故障感知并刷新路由表

　　　　B．能够感知链路故障并进行链路切换

　　　　C．将感知到的链路故障通知 NMS

　　　　D．自动关闭故障链路接口并刷新路由表

（69）A．display nqa results

　　　　B．display bfd session all

　　　　C．display efm session all

　　　　D．display current-configuration | include nqa

试题（68）、（69）分析

本题考查链路检测命令的基础知识。

BFD（Bidirectional Forwarding Detection 双向转发检测）用于快速检测系统设备之间的发送和接收两个方向的通信故障，并在出现故障时通知生成应用。BFD 广泛用于链路故障检测，并能实现与接口、静态路由、动态路由等联动检测。

在用户视图下，执行 display bfd sessionall 命令查询路由器的会话详细信息。

参考答案

（68）A　　（69）B

试题（70）

如下图所示，使用基本 ACL 限制 FTP 访问权限，从给出的 Switch 的配置文件判断可以实现的策略是___（70）___。

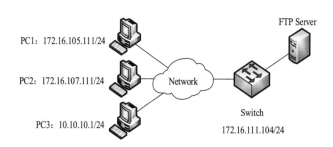

①PC1 在任何时间都可以访问 FTP；

②PC2 在 2018 年的周一不能访问 FTP；

③PC2 在 2018 年的周六下午 3 点可以访问 FTP；

④PC3 在任何时间不能访问 FTP。

```
Switch 的配置文件
    sysname Switch
    FTP server enable
    FTP acl 2001
    time-range ftp-access 14:00 to 18:00 off-day
    time-range ftp-access from 00:00 2018/1/1 to 23:59 2018/12/31
    acl number 2001
     rule 5 permit source 172.16.105.0 0.0.0.255
     rule 10 permit source 172.16.107.0 0.0.0.255 time-range ftp-access
     rule 15 deny
    aaa
     local-user huawei password irreversible-cipher
     local-user huawei privilege level 15
     local-user huawei ftp-directory flash:
     local-user huawei service-type ftp
    return
```

（70）A. ①②③④   B. ①②④   C. ②③   D. ①③④

试题（70）分析

本题考查 ACL 的基础知识。

访问控制列表 ACL（Access Control List）是由一条或多条规则组成的集合。所谓规则，是指描述报文匹配条件的判断语句，这些条件可以是报文的源地址、目的地址、端口号等。

图中配置 ACL 生效时间段，该时间段是一个周期时间段，表示每个休息日下午 14:00 到 18:00，ftp-access 最终生效的时间范围为以上两个时间段的交集。

参考答案

（70）A

试题（71）～（75）

The TTL field was originally designed to hold a time stamp, which was decremented by each visited router. The datagram was ___（71）___ when the value became zero. However, for this scheme, all the machines must have synchronized clocks and must know how long it takes for a datagram to go from one machine to another. Today, this field is used mostly to control the ___（72）___ number of hops (routers) visited by the datagram. When a source host sends the datagram, it 　（73）　 a number in this field. Each router that processes the datagram decrements this number by 1. If this value, after being decremented, is zero, the router discards the datagram. This field is needed because routing tables in the Internet can become corrupted. A datagram may travel between two or more routers for a long time without ever getting delivered to the 　（74）　. This field limits the 　（75）　 of a datagram.

（71）A. received　　　　B. discarded　　　C. rejected　　　　D. transferred

（72）A. maximum　　　 B. minimum　　　　C. exact　　　　　 D. certain

（73）A. controls　　　　B. transmits　　　 C. stores　　　　　 D. receives

（74）A. switch　　　　　B. router　　　　　C. source host　　　 D. destination host

（75）A. lifetime　　　　 B. moving time　　 C. receiving time　　 D. transmitting time

参考译文

　　TTL 字段最初设计用于保存时间戳，每次访问路由器时间戳则递减。当时间戳的值变为零时，数据报就被丢弃。然而这个方案要求所有的机器都必须与时钟同步，并且必须知道数据报从一台机器到另一台机器需要多长时间。现在，这个字段主要用于控制数据报访问的最大跳（路由器）数。当源主机发送数据报时，它在此字段中存储一个数字。处理这个数据报的每一个路由器都将这个数字递减 1。如果该值在递减后为零，路由器则将数据报丢弃。此字段是必需的，因为 Internet 中路由表可能会被损坏，数据报就会在两个或多个路由器之间长时间传输，而不传送到目的主机。此字段限制了数据报的生存时间。

参考答案

　　（71）B　　（72）A　　（73）C　　（74）D　　（75）A

第4章 2018下半年网络工程师下午试题分析与解答

试题一（共20分）

阅读以下说明，回答问题1至问题3，将解答填入答题纸对应的解答栏内。

【说明】

某园区组网方案如图1-1所示，数据规划如表1-1所示。

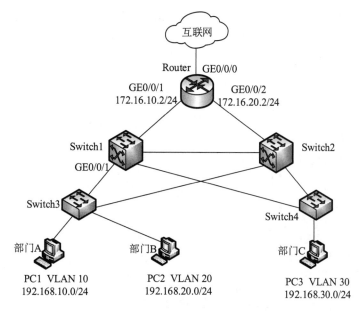

图 1-1

表 1-1

操作	准备项	数据	说明
配置接口和VLAN	Eth-Trunk 类型	静态 LACP	Eth-Trunk链路有手工负载分担和静态 LACP 两种工作模式
	端口类型	连接交换机的端口设置为 trunk，连接 PC 的端口设置为 access	
	VLAN ID	Switch3：VLAN 10、20 Switch1：VLAN 10、20、30、100、300	交换机有省缺 VLAN 1，为二层隔离部门 A、B，将部门 A 划到 VLAN 10，部门 B 划到 VLAN 20，Switch1 通过 vlanif100 连接出口路由器

操作	准备项	数据	说明
配置核心交换机路由	IP 地址	Switch1: vlanif100 172.16.10.1/24 vlanif300 172.16.30.1/24 vlanif10 192.168.10.1/24 vlanif20 192.168.20.1/24	Vlanif100 是 Switch1 与出口路由器对接 VLAN 300 用于 Switch1 与 Switch2 对接 Switch1 上配置 VLAN 10、VLAN 20 的 IP 地址后，部门 A 与部门 B 之间可以通过 Switch1 互访 Switch1 上需要配置一条缺省路由下一跳指向出口路由器；配置一条备用路由，下一跳指向 Switch2
配置出口路由器	公网接口 IP 地址	GE0/0/0: 202.101.111.2/30	GE0/0/0 为出口路由器连接 Internet 的接口，一般称为公网接口
	公网网关	202.101.111.1/30	该地址是与出口路由器对接的运营商设备 IP 地址，出口路由器上需要配置一条缺省路由，用于内网流量转发到 Internet
	内网接口 IP 地址	GE0/0/1: 172.16.10.2/24 GE0/0/2: 172.16.20.2 /24	GE0/0/1、GE0/0/2 为出口路由器连接内网的接口，GE0/0/1 用于连接主设备，GE0/0/2 用于连接备份设备

【问题 1】（8 分，每空 2 分）

以 Switch3 为例配置接入层交换机，补充下列命令片段。

```
<HUAWEI> (1)
[HUAWEI] sysname Switch3
[Switch3] vlan batch (2)
[Switch3] interface GigabitEthernet 0/0/3
[Switch3-GigabitEthernet0/0/3] port link-type (3)
[Switch3-GigabitEthernet0/0/3] port trunk allow-pass vlan 10 20
[Switch3-GigabitEthernet0/0/3] quit
[Switch3] interface GigabitEthernet 0/0/1
[Switch3-GigabitEthernet0/0/1] port link-type (4)
[Switch3-GigabitEthernet0/0/1] port default vlan 10
[Switch3-GigabitEthernet0/0/1] quit
[Switch3] stp bpdu-protection
```

【问题 2】（8 分，每空 2 分）

以 Switch1 为例配置核心层交换机，创建其与接入交换机、备份设备以及出口路由器的互通 VLAN，补充下列命令。

```
<HUAWEI>system-view
[HUAWEI] sysname Switch1
[Switch1] vlan batch (5)
[Switch1] interface GigabitEthernet0/0/1
```

```
[Switch1-GigabitEthernet0/0/1] port link-type trunk
[Switch1-GigabitEthernet0/0/1] port trunk allow-pass  (6)
[Switch1-GigabitEthernet0/0/1] quit
[Switch1] interface Vlanif 10
[Switch1-Vlanif10] ip address 192.168.10.1 24
[Switch1-Vlanif10] quit
[Switch1] interface Vlanif 20
[Switch1-Vlanif20] ip address 192.168.20.1 24
[Switch1-Vlanif20] quit
[Switch1] interface GigabitEthernet 0/0/7
[Switch1-GigabitEthernet0/0/7] port link-type trunk
[Switch1-GigaitEthernet0/0/7] port trunk allow-pass vlan 100
[Switch1-GigabitEthernet0/0/7] quit
[Switch1] interface Vlanif 100
[Switch1-Vlanif100] ip address  (7)
[Switch1-Vlanif100] quit
[Switch1] interface Gigabitethernet 0/0/5
[Switch1-GigabitEthernet0/0/5] port link-type access
[Switch1-GigabitEthernet0/0/5] port default vlan 300
[Switch1-GigabitEthernet0/0/5] quit
[Switch1 interface Vlanif 300
[Switch1-Vlanif300] ip address  (8)
[Switch1-Vlanif300] quit
```

【问题 3】（4 分，每空 2 分）

如果配置静态路由实现网络互通，补充在 Switch1 和 Router 上配置的命令片段。

```
[Switch1] ip route-static  (9)  //默认优先级
[Switch1] ip route-static 0.0.0.0 0.0.0.0 172.16.30.2 preference 70

[Router] ip route-static  (10)  //默认优先级
[Router] ip route-static 192.168.10.0 255.255.255.0 172.16.10.1
[Router] ip route-static 192.168.10.0 255.255.255.0 172.16.20.1 preference70
[Router] ip route-static 192.168.20.0 255.255.255.0 172.16.10.1
[Router] ip route-static 192.168.20.0 255.255.255.0 172.16.20.1 preference70
```

试题一分析

本题考查中小型园区网组方案的构建。本方案以接入层采用 S2700 系列，核心层采用 S5700 系列，园区出口路由器采用 AR 系列设备为例。

从网络拓扑分析可以得知，该网络特点是在核心交换机配置了 VRRP 保证网络的可靠性，采用负载均衡有效利用资源；每个业务部门划分到一个 VLAN 中，部门间的业务通过 VLANIF 三层互通。

【问题 1】

本问题需要将网络拓扑与数据规划表给定的数据对应起来，进行接入层设备接口 VLAN、接口模式的基本配置。

以太网端口的三种链路类型分别是 Access、Hybrid 和 Trunk。Access 类型的端口只能属于 1 个 VLAN，一般用于连接计算机的端口；Trunk 类型的端口可以允许多个 VLAN 通过，可以接收和发送多个 VLAN 的报文，一般用于交换机之间的连接端口；Hybrid 类型的端口可以允许多个 VLAN 通过，可以接收和发送多个 VLAN 的报文，可以用于交换机之间的连接，也可以用于连接用户的计算机。Hybrid 端口和 Trunk 端口在接收数据时，处理方法是一样的，唯一不同之处在于发送数据时 Hybrid 端口可以允许多个 VLAN 的报文发送时不打标签，而 Trunk 端口只允许缺省 VLAN 的报文发送时不打标签。

【问题 2】

在核心交换机配置可靠性和负载分担的思路是：

（1）配置 VRRP 联动接口检测链路。当 Switch1 到出口路由器的链路出现故障后，流量会通过 Switch1 到 Switch2 的互联链路经由 Switch2 到达出口路由器，此时就增加了互联链路负担，对互联链路的稳定性和带宽负载要求都很高。现实网络环境中，人们往往希望主备设备的上行接口出现故障时，可以实现主备的快速切换，通过配置 VRRP 与接口状态联动功能可以实现此快速切换。在 VRRP 备份组中配置对上行接口进行监听，当监听到接口 down 了，设备会通过降低优先级来实现主备切换。

（2）配置负载均衡。随着业务的增长，经由 Switch1 的链路带宽占用率太高，但是经过 Switch2 的链路是闲置的，这样不但可靠性不好而且浪费资源，有效利用左右两边两条链路显得尤为重要。因此应将 VRRP 主备备份配置为负载分担，一些 VLAN 以 Switch1 为主设备，另一些 VLAN 以 Switch2 为主设备，不同 VLAN 的流量被分配到了左右两条链路上，有效地利用现网资源。

（3）配置链路聚合。当 Switch1 或者 Switch2 的上行发生故障时，流量经过 Switch1 和 Switch2 互联的链路，但是单条链路有可能带宽不够，因而造成数据丢失。为了增加带宽，把多条物理链路捆绑为一条逻辑链路，增加带宽的同时提高了链路的可靠性。

本题在此基础上考查 Switch1 具体的 VLAN、接口地址的配置。

【问题 3】

在方案中，配置静态路由实现网络互通的步骤是：

（1）分别在 Switch1 和 Switch2 上面配置一条缺省路由指向出口路由其及备份路由。

（2）在出口路由器配置一条缺省路由指向网络提供商。

（3）在路口路由器配置到内网的主备路由，下一跳指向 Switch1，备份路由下一跳指向 Switch2。

参考答案

【问题 1】

（1）system-view

（2）10 20

（3）trunk

（4）access

【问题 2】

（5）10 20 30 100 300

（6）vlan 10 20

（7）172.16.10.1 24

（8）172.16.30.1 24

【问题 3】

（9）0.0.0.0 0.0.0.0 172.16.10.2

（10）0.0.0.0 0.0.0.0 202.101.111.1

试题二（共 20 分）

阅读下列说明，回答问题 1 至问题 4，将解答填入答题纸的对应栏内。

【说明】

图 2-1 为 A 公司和公司总部的部分网络拓扑，A 公司员工办公区域 DHCP 分配的 IP 段为 10.0.36.1/24，业务服务器 IP 地址为 10.0.35.1，备份服务器 IP 地址为 10.0.35.2；公司总部备份服务器 IP 地址为 10.0.86.200。

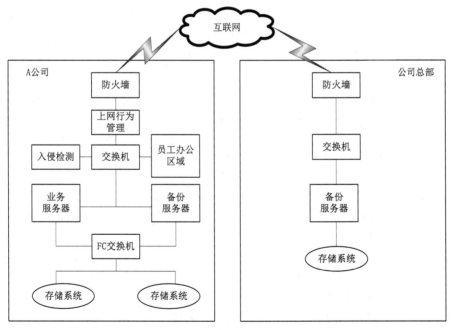

图 2-1

【问题 1】（4 分，每空 2 分）

网络威胁会导致非授权访问、信息泄露、数据被破坏等网络安全事件发生，其常见的网络威胁包括窃听、拒绝服务、病毒、木马、___（1）___等，常见的网络安全防范措施包括访问控制、审计、身份认证、数字签名、__(2)__、包过滤和检测等。

（1）备选答案：

    A．数据完整性破坏　　　　　　　　　　B．物理链路破坏

    C．存储介质破坏　　　　　　　　　　　D．电磁干扰

（2）备选答案：

    A．数据备份　　　　　　　　　　　　　B．电磁防护

    C．违规外联控制　　　　　　　　　　　D．数据加密

【问题 2】（6 分，每空 2 分）

某天，网络管理员在入侵检测设备上发现图 2-2 所示网络威胁日志，从该日志可判断网络威胁为 __(3)__，网络管理员应采取 __(4)__、__(5)__ 等合理有效的措施进行处理。

时间戳	源主机	目标主机	协议	检测严重性	攻击阶段	显著对象
2018-07-18 09:33:59	10.0.36.249	106.75.115.143	HTTP	❗高	C&C 通信	URL: http://tj1.7654.com/heinote/online?code=Yc1qsQ2c...
2018-07-18 09:22:45	10.0.36.249	106.75.115.143	HTTP	❗高	C&C 通信	URL: http://tj1.7654.com/heinote/kunbang?code=Yc1qsQ...
2018-07-18 09:07:53	10.0.36.249	106.75.115.143	HTTP	❗高	C&C 通信	URL: http://tj1.7654.com/heinote/jingpin?code=Yc1qsQ2...
2018-07-18 09:07:46	10.0.36.249	106.75.115.143	HTTP	❗高	C&C 通信	URL: http://tj1.7654.com/heinote/kunbang?code=Yc1qsQ...
2018-07-18 09:04:21	10.0.36.249	106.75.95.184	HTTP	❗高	C&C 通信	URL: http://tj.kpzip.com/kuaizipreport/kuaizipreport/fileope...
2018-07-18 09:04:17	10.0.36.249	106.75.95.184	HTTP	❗高	C&C 通信	URL: http://tj.kpzip.com/kuaizipreport/kuaizipreport/kunba...
2018-07-18 09:04:11	10.0.36.249	106.75.95.184	HTTP	❗高	C&C 通信	URL: http://tj.kpzip.com/kuaizipreport/kuaizipreport/jingpin...
2018-07-18 09:03:41	10.0.36.249	106.75.115.143	HTTP	❗高	C&C 通信	URL: http://tj1.7654.com/heinote/jingpin?code=Yc1qsQ2...
2018-07-18 09:03:20	10.0.36.249	106.75.95.184	HTTP	❗高	C&C 通信	URL: http://tj.kpzip.com/kuaizipreport/kuaizipreport/kunba...
2018-07-18 09:03:19	10.0.36.249	106.75.95.184	HTTP	❗高	C&C 通信	URL: http://tj.kpzip.com/kuaizipreport/kuaizipreport/jingpin...
2018-07-18 08:51:19	10.0.36.249	106.75.95.184	HTTP	❗高	C&C 通信	URL: http://tj.kpzip.com/kuaizipreport/kuaizipreport/jingpin...
2018-07-18 08:51:18	10.0.36.249	106.75.95.184	HTTP	❗高	C&C 通信	URL: http://tj.kpzip.com/kuaizipreport/kuaizipreport/jingpin...
2018-07-18 08:48:41	10.0.36.249	106.75.95.184	HTTP	❗高	C&C 通信	URL: http://tj.kpzip.com/kuaizipreport/kuaizipreport/online...
2018-07-18 08:48:36	10.0.36.249	106.75.95.184	HTTP	❗高	C&C 通信	URL: http://tj.kpzip.com/kuaizipreport/kuaizipreport/kunba...
2018-07-18 08:48:29	10.0.36.249	106.75.95.184	HTTP	❗高	C&C 通信	URL: http://tj.kpzip.com/kuaizipreport/kuaizipreport/jingpin...

图 2-2

（3）备选答案：

    A．跨站脚本攻击　　　　B．拒绝服务　　　　C．木马　　　　D．SQL 注入

（4）～（5）备选答案：

    A．源主机安装杀毒软件并查杀

    B．目标主机安装杀毒软件并查杀

    C．将上图所示 URL 加入上网行为管理设备黑名单

    D．将上图所示 URL 加入入侵检测设备黑名单

    E．使用漏洞扫描设备进行扫描

【问题 3】（4 分，每空 1 分）

A 公司为保障数据安全，同总部建立 IPsecVPN 隧道，定期通过 A 公司备份服务器向公司总部备份数据，仅允许 A 公司的备份服务器、业务服务器和公司总部的备份服务器通信，

图 2-3 为 A 公司防火墙创建 VPN 隧道第二阶段协商的配置页面，请完善配置。其中，本地子网：　(6)　、本地掩码：　(7)　、对方子网：　(8)　、对方掩码：　(9)　。

图 2-3

【问题 4】（6 分）

根据业务发展，购置了一套存储容量为 30TB 的存储系统，给公司内部员工每人配备 2TB 的网盘，存储管理员预估近一年内，员工对网盘的平均使用空间不超过 200GB，为了省成本，启用了该存储系统的自动精简（Thin Provisioning 不会一次性全部分配存储资源，当存储空间不够时，系统会根据实际所需要的容量，从存储池中多次少量地扩展存储空间）配置功能，为 100 个员工提供网盘服务。

请简要叙述存储管理员使用自动精简配置的优点和存在的风险。

试题二分析

本题考查局域网的故障排查和安全防范的相关知识及应用。

此类题目要求考生熟悉常见的网络威胁方法，能识别网络受到的安全威胁，具备解决和防范网络安全威胁的基本能力，了解基础的存储系统知识。要求考生具有网络安全和存储系统管理的实际经验。

【问题 1】

数据完整性破坏是常见的网络威胁，在数据传输过程中非法篡改数据，破坏数据的完整性，可在数据传输过程中采用数据加密的方式，保障数据安全。

【问题 2】

图 2-2 所示的日志显示，局域网内部的某终端持续自动地访问外部固定的几个未知地址和域名，疑似感染木马病毒，成为被控的僵尸计算机或"肉鸡"。从日志显示看，不具备跨站脚本攻击、拒绝服务、SQL 注入的网络攻击特征。网络管理员应立即对该终端计算机进行木马病毒查杀，并在上网行为等管理设备上禁止对该 URL 地址的访问。目标主机是外部对象不在网络管理员的管理范围，入侵检测设备一般在网络中旁路部署，不具备阻止功能。

【问题 3】

从题目要求可知，仅允许 A 公司的备份服务器（10.0.35.2）、业务服务器（10.0.35.1）和公司总部的备份服务器（10.0.86.200）通信，所以，本地子网配置为 10.0.35.1 或者 10.0.35.1，本地掩码配置为 255.255.255.252，对方子网配置为 10.0.86.200，对方掩码配置为 255.255.255.255。

【问题 4】

　　存储系统的自动精简（Thin Provisioning）是一种新兴的存储技术，在为业务请求分配存储资源时，不像传统存储那样需要预留足额的存储空间给具体业务，但这部分存储空间虽然空闲但无法被其他应用或业务使用，造成不必要的资源浪费。而是预先分配少量的存储资源，保障业务现阶段的正常运行。当存储空间不够时，系统会根据实际所需要的容量，从存储池中多次少量地扩展存储空间，可以提升存储空间的利用率，缓解存储空间的预配置压力，降低存储空间空置率，从而降低成本。不过也存在一定风险，因为存储资源被过渡分配，当存储池达到一定使用率时，应立即扩展存储池，否则，存储池将要满或者已经满时，无法扩展存储资源，造成过载，影响业务正常使用；同时，当多个资源并行写入或者多次扩容，容易造成物理存储上的不连续，对磁盘 I/O 性能有一定影响。

参考答案

【问题 1】

　　（1）A

　　（2）D

【问题 2】

　　（3）C

　　（4）A　　（注：（4）～（5）项不分先后顺序。）

　　（5）C

【问题 3】

　　（6）10.0.35.1 或 10.0.35.2

　　（7）255.255.255.252

　　（8）10.0.86.200

　　（9）255.255.255.255

【问题 4】

　　优点：

　　（1）降低成本。

　　（2）提升存储空间利用率。

　　（3）缓解存储空间的预配置压力。

　　风险：

　　（1）多个资源并行写入时，可能造成物理分配的不连续，存在降低磁盘性能的风险。

　　（2）当存储池过快地被充满时，无法快速扩展存储资源，造成过载，存在一定运维风险。

试题三（共 15 分）

　　阅读以下说明，回答问题 1 至问题 3，将解答填入答题纸对应的解答栏内。

【说明】

　　某公司网络划分为两个子网，其中设备 A 是 DHCP 服务器，如图 3-1 所示。

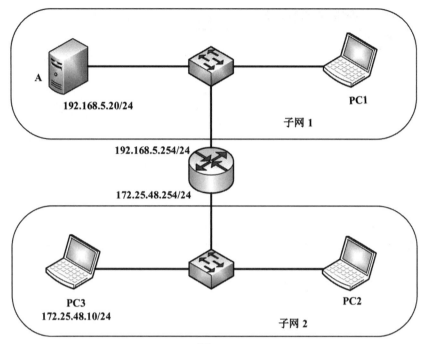

图 3-1

【问题 1】（6 分，每空 2 分）

DHCP 在分配 IP 地址时使用　(1)　的方式，而此消息不能通过路由器，所以子网 2 中的客户端要自动获得 IP 地址，不能采用的方式是　(2)　。DHCP 服务器向客户端出租的 IP 地址一般有一个租借期限，在使用租期过去　(3)　时，客户端会向服务器发送 DHCP REQUEST 报文延续租期。

（1）备选答案：

　　A．单播　　　　　　B．多播　　　　　　C．广播　　　　　　D．组播

（2）备选答案：

　　A．子网 2 设置 DHCP 服务器　　　　　B．使用三层交换机作为 DHCP 中继

　　C．使用路由器作为 DHCP 中继　　　　 D．IP 代理

（3）备选答案：

　　A．25%　　　　　　B．50%　　　　　　C．75%　　　　　　D．87.5%

【问题 2】（5 分，每空 1 分）

在设置 DHCP 服务时，应当为 DHCP 添加　(4)　个作用域。子网 1 按照图 3-2 添加作用域，其中子网掩码为　(5)　，默认网关为　(6)　。在此作用域中必须排除某个 IP 地址，如图 3-3 所示，其中"起始 IP 地址"处应填写　(7)　。通常无线子网的默认租约时间为　(8)　。

（8）备选答案：

　　A．8 天　　　　　　B．6 天　　　　　　C．2 天　　　　　　D．6 或 8 小时

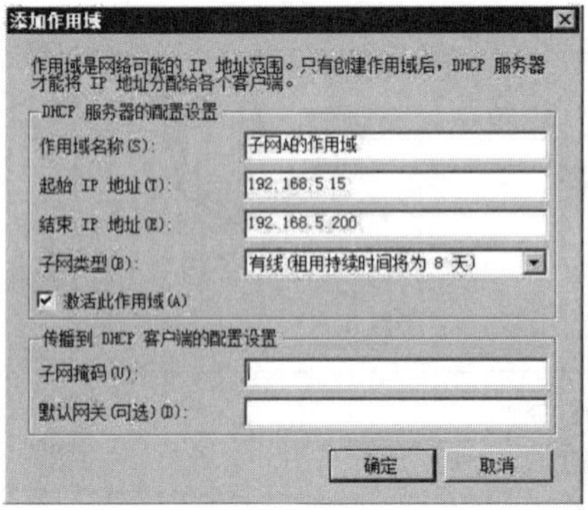

图 3-2 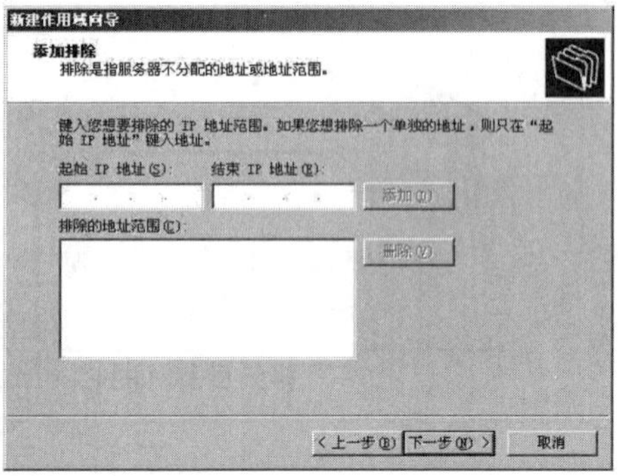   图 3-3

【问题 3】（4 分，每空 2 分）

如果客户机无法找到 DHCP 服务器，它将从 __(9)__ 网段中挑选一个作为自己的 IP 地址，子网掩码为 __(10)__ 。

（9）备选答案：

    A．192.168.5.0   B．172.25.48.0   C．169.254.0.0   D．0.0.0.0

试题三分析

本题考查 DHCP 服务器的相关理论和配置应用。

【问题 1】

DHCP 服务器在分配 IP 地址时，通过广播的方式发送 DHCPOFFER，这是为了使网络中的其他 DHCP 服务器也能收到这个信息，便于它们在可能的情况下提供更好的服务。子网 2 中的客户端要获得 IP 地址，可通过本子网的 DHCP 服务器获得或以三层设备作为 DHCP 中继来完成。在租约过去 50% 时，客户端会向 DHCP 服务器发送 DHCPREQUEST 报文来延续租期。

【问题 2】

由于存在两个子网，所以需要为 DHCP 服务器添加两个作用域。由 DHCP 服务器的子网掩码可知子网 1 的子网掩码是 255.255.255.0，网关是路由器的端口地址 192.168.5.254。由于 192.168.5.20 已经作为 DHCP 服务器的 IP 地址，因此要将此地址排除在可分配的 IP 地址范围之外。通常无线子网的默认租约时间是 6 或 8 小时。

【问题 3】

如果 DHCP 客户机无法找到 DHCP 服务器，将从 TCP/IP 的 B 类网段 169.254.0.0/16 中挑选一个 IP 作为自己的 IP 地址，并每隔 5 分钟继续尝试与 DHCP 服务器通信。

参考答案

【问题 1】

    （1）C

    （2）D

    （3）B

【问题 2】

（4）2

（5）255.255.255.0

（6）192.168.5.254

（7）192.168.5.20

（8）D

【问题 3】

（9）C

（10）255.255.0.0

试题四（共 20 分）

阅读以下说明，回答问题 1 至问题 3，将解答填入答题纸对应的解答栏内。

【说明】

某企业的网络结构如图 4-1 所示。企业使用双出口，其中 ISP1 是高速链路，网关为 202.100.1.2，ISP2 是低速链路，网关为 104.114.128.2。

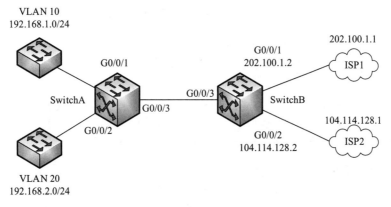

图 4-1

【问题 1】（13 分，每空 1 分）

公司内部有两个网段，192.168.1.0/24 和 192.168.2.0/24，使用三层交换机 SwitchB 实现 VLAN 间路由。为提高用户体验，网络管理员决定带宽要求较高的 192.168.1.0 网段的数据通过高速链路访问互联网，带宽要求较低的 192.168.2.0 网段的数据通过低速链路访问互联网。请根据描述，将以下配置代码补充完整。

```
[SwitchB] acl 3000
[SwitchB-acl-adv-3000] rule permit ip source 192.168.1.0 0.0.0.255
destination 192.168.2.0 0.0.0.255
[SwitchB-acl-adv-3000] rule permit ip source 192.168.2.0 0.0.0.255
destination 192.168.1.0 0.0.0.255
[SwitchB-acl-adv-3000] quit
[SwitchB] acl 3001  //匹配内网 192.168.1.0/24 网段的用户数据流
```

```
[SwitchB-acl-adv-3001] rule permit ip source  (1)  0.0.0.255
[SwitchB-acl-adv-3001] quit
[SwitchB] acl 3002   //匹配内网192.168.2.0/24网段的用户数据流
[SwitchB-acl-adv-3002] rule permit ip  (2)  192.168.2.0 0.0.0.255
[SwitchB-acl-adv-3002] quit
[SwitchB] traffic classifier c0 operator or
[SwitchB-classifier-c0]  (3)  acl 3000
[SwitchB-classifier-c0] quit
[SwitchB] traffic classifier c1  (4)  or
[SwitchB-classifier-c1] if-match acl 3001
[SwitchB-classifier-c1] quit
[SwitchB] traffic classifier c2 operator or
[SwitchB-classifier-c2] if-match acl  (5)
[SwitchB-classifier-c2]  (6)
[SwitchB] traffic behavior b0
[SwitchB-behavior-b0]  (7)
[SwitchB-behavior-b0] quit
[SwitchB] traffic behavior b1
[SwitchB-behavior-b1] redirect ip-nexthop  (8)
[SwitchB-behavior-b1] quit
[SwitchB] traffic behavior b2
[SwitchB-behavior-b2] redirect ip-nexthop  (9)
[SwitchB-behavior-b2] quit
[SwitchB] traffic policy p1
[SwitchB-trafficpolicy-p1] classifier c0 behavior  (10)
[SwitchB-trafficpolicy-p1] classifier c1 behavior  (11)
[SwitchB-trafficpolicy-p1] classifier c2 behavior b2
[SwitchB-trafficpolicy-p1] quit
[SwitchB] interface  (12)
[SwitchB-GigabitEthernet0/0/3] traffic-policy p1  (13)
[SwitchB-GigabitEthernet0/0/3] return
```

【问题 2】(2 分)

在问题 1 的配置代码中，配置 ACL 3000 的作用是：___(14)___。

【问题 3】(5 分，每空 1 分)

公司需要访问 Internet 公网，计划通过配置 NAT 实现私网地址到公网地址的转换，ISP1 公网地址范围为 202.100.1.1 ～ 202.100.1.5；ISP2 公网地址范围为 104.114.128.1 ～ 104.114.128.5。

请根据描述，将下面的配置代码补充完整。

```
......
[SwitchB]nat address-group 0 202.100.1.3 202.100.1.5
[SwitchB]nat address-group 1 104.114.128.3 104.114.128.5
[SwitchB]acl number 2000
```

```
[SwitchB -acl-basic-2000]rule 5 _(15)_ source 192.168.1.0 0.0.0.255
[SwitchB]acl number 2001
[SwitchB -acl-basic-2001]rule 5 permit source 192.168.2.0 0.0.0.255
[SwitchB]interface GigabitEthernet0/0/3
[SwitchB -GigabitEthernet0/0/3]nat outbound _(16)_ address-group 0 no-pat
[SwitchB -GigabitEthernet0/0/3]nat outbound _(17)_ address-group 1 no-pat
[SwitchB -GigabitEthernet0/0/3]quit
[SwitchB]ip route-static 192.168.1.0 0.0.0.255 _(18)_
[SwitchB]ip route-static 192.168.2.0 0.0.0.255 _(19)_
......
```

试题四分析

本题考查交换机的基本配置命令和策略路由的配置方法。

此类题目要求考生熟悉配置命令，认真阅读题目要求，分析题目意图，通过给出的部分配置代码，将配置代码或者配置代码的功能补全。

【问题 1】

公司采用双出口连接 Internet，并根据公司内部用户的不同需求，对相应的流量进行分流。VLAN 10 的用户通过高速链路 ISP1 访问互联网，VLAN 20 的用户通过低速链路 ISP2 访问互联网。

配置要求首先使用访问列表分别抓取 VLAN 10 和 VLAN 20 的用户流量，同时设定流策略和流动作分别匹配不同的流并对其进行分流和重定向，最后将设定的策略应用到对应接口上。

【问题 2】

ACL3000 的作用是匹配 VLAN 10 和 VLAN 20 之间的互访流量，在分别将 VLAN 10 和 VLAN 20 的流量引导至对应的出口后，需保证 VLAN 10 和 VLAN 20 之间也能够互相访问。

【问题 3】

该问题考查 NAT 的相关配置命令和配置方法。将对应的私网地址块与公网地址块进行对应，并设定相应的静态路由，以确保能够互访。

参考答案

【问题 1】

（1）192.168.1.0

（2）source

（3）if-match

（4）operator

（5）3002

（6）quit

（7）permit

（8）202.100.1.2

（9）104.114.128.2

（10）b0

（11）b1

（12）gigabitethernet 0/0/3 或 g0/0/3

（13）inbound

【问题 2】

（14）保证 VLAN 10 和 VLAN 20 之间能够互访

【问题 3】

（15）permit

（16）2000

（17）2001

（18）202.100.1.2

（19）104.114.128.2

第 5 章　2019 上半年网络工程师上午试题分析与解答

试题（1）

　　计算机执行指令的过程中，需要由 ___（1）___ 产生每条指令的操作信号并将信号送往相应的部件进行处理，以完成指定的操作。

　　（1）A．CPU 的控制器　　　　　　　　B．CPU 的运算器

　　　　　C．DMA 控制器　　　　　　　　　D．Cache 控制器

试题（1）分析

　　本题考查计算机系统的基础知识。

　　中央处理单元（CPU）是计算机系统的核心部件，它负责获取程序指令、对指令进行译码并加以执行。CPU 主要由运算器、控制器、寄存器组和内部总线等部件组成，控制器用于控制整个 CPU 的工作，它决定了计算机运行过程的自动化。它不仅要保证程序的正确执行，而且要能够处理异常事件。控制器一般包括指令控制逻辑、时序控制逻辑、总线控制逻辑和中断控制逻辑等几个部分。

参考答案

　　（1）A

试题（2）

　　DMA 控制方式是在 ___（2）___ 之间直接建立数据通路进行数据的交换处理。

　　（2）A．CPU 与主存　　　　　　　　　B．CPU 与外设

　　　　　C．主存与外设　　　　　　　　　D．外设与外设

试题（2）分析

　　本题考查计算机系统的基础知识。

　　DMA 控制方式即直接内存存取是指数据在内存与 I/O 设备间的直接成块传送，即在内存与 I/O 设备间传送一个数据块的过程中，不需要 CPU 的任何干涉，只需要 CPU 在过程开始启动（即向设备发出"传送一块数据"的命令）与过程结束（CPU 通过轮询或中断得知过程是否结束和下次操作是否准备就绪）时的处理，实际操作由 DMA 硬件直接执行完成，CPU 在数据传送过程中可执行别的任务。

参考答案

　　（2）C

试题（3）

　　在 ___（3）___ 校验方法中，采用模 2 运算来构造校验位。

　　（3）A．水平奇偶　　　B．垂直奇偶　　　C．海明码　　　D．循环冗余

试题（3）分析

　　本题考查计算机系统的基础知识。

循环冗余校验码（Cyclic Redundancy Check，CRC）广泛应用于数据通信领域和磁介质存储系统中。它利用生成多项式为 k 个数据位产生 r 个校验位来进行编码，在求 CRC 编码时，采用的是模 2 运算。

参考答案

（3）D

试题（4）

以下关于 RISC（精简指令系统计算机）技术的叙述中，错误的是 __(4)__ 。

（4）A. 指令长度固定、指令种类尽量少

    B. 指令功能强大、寻址方式复杂多样

    C. 增加寄存器数目以减少访存次数

    D. 用硬布线电路实现指令解码，快速完成指令译码

试题（4）分析

本题考查计算机系统的基础知识。

"指令功能强大、寻址方式复杂多样"是 CISC 的技术特点，不是 RISC 的。

参考答案

（4）B

试题（5）、（6）

甲公司购买了一个工具软件，并使用该工具软件开发了新的名为"恒友"的软件。甲公司在销售新软件的同时，向客户提供工具软件的复制品，则该行为 __(5)__ 。甲公司未对"恒友"软件注册商标就开始推向市场，并获得用户的好评。三个月后，乙公司也推出名为"恒友"的类似软件，并对之进行了商标注册，则其行为 __(6)__ 。

（5）A. 侵犯了著作权   B. 不构成侵权行为

    C. 侵犯了专利权   D. 属于不正当竞争

（6）A. 侵犯了著作权   B. 不构成侵权行为

    C. 侵犯了商标权   D. 属于不正当竞争

试题（5）、（6）分析

本题考查知识产权的相关知识。

购买了正版的计算机软件后可以根据使用的需要将软件进行安装，并为了防止复制品损坏而制作备份复制品。但这些备份复制品不得通过任何方式提供给他人使用，并且一旦如果转让了正版软件，应将其复制品销毁。甲公司将其提供给客户，是侵犯了工具软件的著作权。

我们国家对商标的保护，要求首先得申请商标注册，对于没注册过的商标，或者保护期过后没有及时去办续展的商标原则上是不保护的。根据商标法和著作权法，未经注册不予保护。

参考答案

（5）A   （6）B

试题（7）

10 个成员组成的开发小组，若任意两人之间都有沟通路径，则一共有 __(7)__ 条沟通路径。

（7）A. 100   B. 90   C. 50   D. 45

试题（7）分析

本题考查软件项目管理的基础知识。

要求考生掌握软件项目管理中的进度管理、人员管理、成本管理、风险管理等的基本概念。本题考查人员管理，n 个成员组成的开发小组，若任意两人之间都有沟通路径，那么相当于一个全连通的无向图，边数为 $n(n-1)/2$。当 $n=10$ 时，求得一共有 45 条边。

参考答案

（7）D

试题（8）

某文件系统采用位示图（bitmap）记录磁盘的使用情况。若计算机系统的字长为 64 位，磁盘的容量为 1024GB，物理块的大小为 4MB，那么位示图的大小需要　__（8）__　个字。

（8）A. 1200　　　　　　B. 2400　　　　　　C. 4096　　　　　　D. 9600

试题（8）分析

本题考查操作系统文件管理方面的基础知识。

根据题意计算机系统中的字长为 64 位，每位可以表示一个物理块的"使用"还是"未用"，一个字可记录 64 个物理块的使用情况。又因为磁盘的容量为 1024GB，物理块的大小为 4MB，那么该磁盘有 1024×1024/4=262 144 个物理块，位示图的大小为 262 144/64=4096 个字。

参考答案

（8）C

试题（9）

若某文件系统的目录结构如下图所示，假设用户要访问文件 book2.doc，且当前工作目录为 MyDrivers，则该文件的绝对路径和相对路径分别为　__（9）__　。

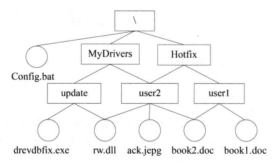

（9）A. MyDrivers \user2\和\user2\　　　　B. \MyDrivers \user2\和\user2\

　　　C. \MyDrivers \user2\和 user2\　　　　D. MyDrivers \user2\和 user2\

试题（9）分析

本题考查对操作系统文件管理方面的基础知识。

按查找文件的起点不同可以将路径分为绝对路径和相对路径。从根目录开始的路径称为绝对路径；从用户当前工作目录开始的路径称为相对路径，相对路径是随着当前工作目录的变化而改变的。

参考答案

（9）C

试题（10）

下图所示为一个不确定有限自动机（NFA）的状态转换图，与该 NFA 等价的 DFA 是 (10) 。

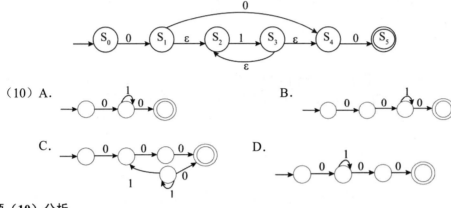

（10）A.

B.

C.

D.

试题（10）分析

本题考查程序语言的基础知识。

题中 NFA 所识别的正规集为 0(0|11*)0。

选项 A 所识别的正规集为 01*0；选项 B 所识别的正规集为 001*0；选项 C 所识别的正规集为 0(0|11*) 0；选项 D 所识别的正规集为 01*00。

参考答案

（10）C

试题（11）

设信号的波特率为 1000Baud，信道支持的最大数据速率为 2000 b/s，则信道采用的调制技术为 (11) 。

（11）A. BPSK　　　　B. QPSK　　　　C. BFSK　　　　D. 4B5B

试题（11）分析

本题考查信道编码及信道数据速率。

由于信道波特率为 1000Baud，信道支持的最大数据速率为 2000b/s，即一个码元携带 2bit，BPSK 和 BFSK 均为一个码元携带 1bit；QPSK 一个码元携带 2bit；4B5B 还需增加调制技术来传输数据。

参考答案

（11）B

试题（12）

假设模拟信号的频率为 10～16MHz，采样频率必须大于 (12) 时，才能使得到的样本信号不失真。

（12）A. 8MHz　　　　B. 10MHz　　　　C. 20MHz　　　　D. 32MHz

试题（12）分析

本题考查采样定理。

采样定理规定采样频率必须大于信号最高频率 2 倍时，才能使得到的样本信号不失真，故采样频率需大于 32MHz。

参考答案

（12）D

试题（13）

下列千兆以太网标准中，传输距离最短的是　(13)　。

（13）A．1000BASE-FX　　　　　　　B．1000BASE-CX

　　　 C．1000BASE-SX　　　　　　　D．1000BASE-LX

试题（13）分析

本题考查千兆以太网标准。

传输距离最短的是 1000BASE-CX，以铜芯为传输介质，距离最远 25 米。

参考答案

（13）B

试题（14）

以下关于直通式交换机和存储转发式交换机的叙述中，正确的是　(14)　。

（14）A．存储转发式交换机采用软件实现交换

　　　 B．直通式交换机存在坏帧传播的风险

　　　 C．存储转发式交换机无需进行 CRC 校验

　　　 D．直通式交换机比存储转发式交换机交换速度慢

试题（14）分析

本题考查交换机的交换原理。

直通式交换机根据地址直接交换，没有进行校验，提高了交换速率，同时存在坏帧传播的风险。

参考答案

（14）B

试题（15）

下列指标中，仅用于双绞线测试的是　(15)　。

（15）A．最大衰减限值　　　　　　　B．波长窗口参数

　　　 C．回波损耗限值　　　　　　　D．近端串扰

试题（15）分析

本题考查双绞线测试的原理。

双绞线系统的测试指标主要集中在链路传输的最大衰减值和近端串音衰减等参数上。链路传输的最大衰减值是由于集肤效应、绝缘损耗、阻抗不匹配、连接电阻等因素，造成信号沿链路传输损失的能量。电磁波从一个传输回路（主串回路）串入另一个传输回路（被串回路）的现象称为串音（或串扰），能量从主串回路串入被串回路时的衰减程度称为串音衰减。在 UTP 布线系

统中，近端串音为主要的影响因素。波长窗口参数和回波损耗限值是光纤测试的参数。

参考答案

（15）D

试题（16）、（17）

采用 HDLC 协议进行数据传输，帧 0～7 循环编号，当发送站发送了编号为 0、1、2、3、4 的 5 帧时，收到了对方应答帧 REJ 3，此时发送站应发送的后续 3 帧为 __(16)__；若收到的对方应答帧为 SREJ 3，则发送站应发送的后续 3 帧为 __(17)__。

（16）A. 2、3、4　　　B. 3、4、5　　　　　C. 3、5、6　　　　D. 5、6、7

（17）A. 2、3、4　　　B. 3、4、5　　　　　C. 3、5、6　　　　D. 5、6、7

试题（16）、（17）分析

本题考查 HDLC 协议及其工作原理。

HDLC 协议在进行差错控制的过程中，采用 REJ 进行应答时采用后退 N 帧机制，采用 SREJ 进行应答时采用选择性拒绝机制。当发送站发送了编号为 0、1、2、3、4 的 5 帧时，收到了对方应答帧 REJ 3，表明需重传编号为 3 及后续的所有帧，因此后续 3 帧为 3、4、5；若收到的对方应答帧为 SREJ 3，仅需重传出错的 3 即可，故后续 3 帧为 3、5、6。

参考答案

（16）B　　（17）C

试题（18）、（19）

E1 载波的控制开销占 __(18)__，E1 基本帧的传送时间为 __(19)__。

（18）A. 0.518%　　B. 6.25%　　　　　C. 1.25%　　　　D. 25%

（19）A. 100ms　　　B. 200μs　　　　　C. 125μs　　　　D. 150μs

试题（18）、（19）分析

本题考查 E1 载波的工作原理。

E1 载波由 30 路话音信道及 2 路控制信道构成，故控制开销为 2/32=0.0625。E1 载波每路采样频率为 8000 次，每采样 1 次构成一个基本帧，故每秒 8000 个 E1 帧，E1 基本帧的传送时间为 $1/8000=125 \times 10^{-6}$s=125μs。

参考答案

（18）B　　（19）C

试题（20）

TCP 和 UDP 协议均提供了 __(20)__ 能力。

（20）A. 连接管理　　B. 差错校验和重传　　C. 流量控制　　D. 端口寻址

试题（20）分析

本题考查 TCP 和 UDP 的工作原理。

TCP 和 UDP 协议均提供了端口寻址功能，连接管理、差错校验和重传以及流量控制均为 TCP 的功能。

参考答案

（20）D

试题（21）

建立 TCP 连接时，一端主动打开后所处的状态为　（21）　。

（21）A．SYN SENT　　　　　　　　B．ESTABLISHED

　　　 C．CLOSE-WAIT　　　　　　　D．LAST-ACK

试题（21）分析

本题考查 TCP 的工作原理。

建立 TCP 连接时，一端主动打开后所处的状态为 SYN SENT。

参考答案

（21）A

试题（22）～（24）

ARP 的协议数据单元封装在　（22）　中传送；ICMP 的协议数据单元封装在　（23）　中传送；RIP 路由协议数据单元封装在　（24）　中传送。

（22）A．以太帧　　　　B．IP 数据报　　　C．TCP 段　　　　D．UDP 段

（23）A．以太帧　　　　B．IP 数据报　　　C．TCP 段　　　　D．UDP 段

（24）A．以太帧　　　　B．IP 数据报　　　C．TCP 段　　　　D．UDP 段

试题（22）～（24）分析

本题考查 ARP、ICMP 及 RIP 的工作原理和协议层次关系。

ARP 的协议数据单元将 IP 地址与 MAC 地址的对应关系，加上 ARP 首部，封装在以太帧中传送；ICMP 的协议数据单元封装在 IP 数据报中传送；RIP 路由协议数据单元由应用层产生，封装在 UDP 段中传送。

参考答案

（22）A　　（23）B　　（24）D

试题（25）

运行 OSPF 协议的路由器每　（25）　秒钟向它的各个接口发送 Hello 分组，告知邻居它的存在。

（25）A．10　　　　　B．20　　　　　C．30　　　　　D．40

试题（25）分析

本题考查 OSPF 的工作原理。

运行 OSPF 协议的路由器每 10 秒钟向它的各个接口发送 Hello 分组,告知邻居它的存在。

参考答案

（25）A

试题（26）

下列路由协议中，用于 AS 之间路由选择的是　（26）　。

（26）A．RIP　　　　　　B．OSPF　　　　C．IS-IS　　　　　D．BGP

试题（26）分析

本题考查路由协议。

RIP、OSPF 以及 IS-IS 均为自治系统内路由协议，BGP 为 AS 之间路由协议，用于 AS

之间路由选择。

参考答案

（26）D

试题（27）～（29）

下图 1 所示内容是在图 2 中的　（27）　设备上执行　（28）　命令查看到的信息片段。该信息片段中参数　（29）　的值反映邻居状态是否正常。

Area 0.0.0.0 interface 192.168.1.1(GigabitEthernet0/0/1)'s neighbors

Router ID: 2.2.2.2　　　　　Address: 192.168.1.2

　State: Full　Mode:Nbr is　Master　Priority: 1

　DR: 192.168.1.1　BDR: 192.168.1.2　MTU: 0

　Dead timer due in 32　sec

　Retrans timer interval: 5

　Neighbor is up for 01:06:23

　Authentication Sequence: [0]

　　　　　　Neighbors

Area 0.0.0.1 interface 192.168.2.1(GigabitEthernet0/0/2)'s neighbors

Router ID: 3.3.3.3　　　　　Address: 192.168.2.2

　State: Full　Mode:Nbr is　Master　Priority: 1

　DR: 192.168.2.1　BDR: 192.168.2.2　MTU: 0

　Dead timer due in 28　sec

Retrans timer interval: 5

图 1

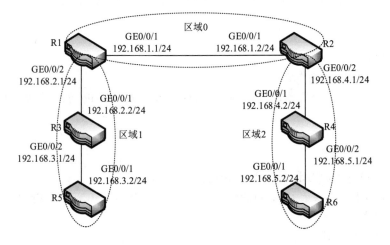

图 2

（27）A. R1　　　　　　B. R2　　　　　　C. R3　　　　　　D. R4

（28）A. display bgp routing-table　　　　B. display isis lsdb

　　　　C. display ospf peer　　　　　　　　D. dis ip rout

（29）A. State　　　　　B. Mode　　　　　C. Priority　　　　　D. MTU

试题（27）～（29）分析

本题考查华为交换机上的配置。

图 1 中显示的内容是 OSPF 邻居信息，因此显示命令为 display ospf peer。从图 2 中可以看出所在路由器为 R1。参数 State 的值反映邻居状态是否正常。

参考答案

（27）A　　（28）C　　（29）A

试题（30）

配置 POP3 服务器时，邮件服务器中默认开放 TCP 的　（30）　端口。

（30）A. 21　　　　　B. 25　　　　　C. 53　　　　　D. 110

试题（30）分析

本题考查 POP3 服务器的配置。

在配置邮件服务器的过程中，发送邮件 SMTP 默认采用 25 端口，接收邮件 POP3 服务器默认开放 TCP 的 110 端口。

参考答案

（30）D

试题（31）

在 Linux 中，可以使用命令　（31）　针对文件 newfiles.txt 为所有用户添加执行权限。

（31）A. chmod -x newfiles.txt　　　　B. chmod +x newfiles.txt

　　　　C. chmod -w newfiles.txt　　　　D. chmod +w newfiles.txt

试题（31）分析

本题考查 Linux 操作系统命令方面的基础知识。

在 Linux 中，文件权限的对应关系如下表所示。

权限	对应数字	意义
R	4	可读
W	2	可写
X	1	可执行

在 Linux 中，文件权限使用下面的字母序列进行表述：rwxr-xr-x。其中，rwx 代表文件所有者（用 u 表示）的权限；r-x 代表所属用户组（用 g 表示）的权限；r-x 代表其他用户（用 o 表示）的权限。

在 Linux 中，chmod 命令可以修改用户对文件的权限，该命令的基本使用方法是：chmod u/g/o+/- r/w/x filename。例如为文件所有者添加 a.txt 文件的可执行权限可以使用代码 chmod u+x a.txt，如不加 u/g/o 表示对所有用户添加或删除对应权限。

参考答案

（31）B

试题（32）

在 Linux 中，可在 ___（32）___ 文件中修改 Web 服务器配置。

（32）A．/etc/host.conf　　　　　　　　　B．/etc/resolv.conf

　　　　C．/etc/inetd.conf　　　　　　　　　D．/etc/httpd.conf

试题（32）分析

本题考查 Linux 操作系统方面的基础知识。

在 Linux 中，对服务器的配置信息保存在相应的文件中，例如 httpd.conf 中保存 Web 服务器的配置信息，resolv.conf 文件中保存域名解析服务器的配置信息，host.conf 文件是一个对 IP 地址和域名进行快速解析的文件。

要修改 Web 服务器配置，可在/etc 目录下对 httpd.conf 文件进行修改。

参考答案

（32）D

试题（33）

在 Linux 中，要查看文件的详细信息，可使用 ___（33）___ 命令。

（33）A．ls-a　　　　　B．ls-l　　　　　C．ls-i　　　　　D．ls-S

试题（33）分析

本题考查 Linux 查看文件信息的命令。

ls 命令列出当前目录下或者指定目录下的所有文件和目录，ls 是 list 的缩写。ls 命令选项：

- -a 列出目录下的所有文件，包含以.开头的隐藏文件。
- -l 列出目录或者文件的详细信息。
- -i 显示文件或者目录的 inode 信息，即索引信息。
- -S 根据文件大小排序。

因此，要查看文件的详细信息，可使用 ls-l 命令。

参考答案

（33）B

试题（34）

在 Windows 命令行窗口中使用 ___（34）___ 命令可以查看本机各个接口的 DHCP 服务是否已启用。

（34）A．ipconfig　　　　　　　　　　　B．ipconfig /all

　　　　C．ipconfig /renew　　　　　　　　　D．ipconfig /release

试题（34）分析

本题考查 Windows 中 ipconfig 命令方面的基础知识。

ipconfig 是调试计算机网络的常用命令，通常用来显示计算机中网络适配器的 IP 地址、子网掩码及默认网关等信息。ipconfig：显示所有网络适配器的 IP 地址、子网掩码和缺省网关值；ipconfig /all：显示所有网络适配器的完整 TCP/IP 配置信息，包括 DHCP 服务是否已启用；ipconfig /renew：DHCP 客户端手工向服务器刷新请求；ipconfig /release：DHCP 客户端手工释放 IP 地址。

因此，在 Windows 命令行窗口中使用 ipconfig /all 命令可以查看本机各个接口的 DHCP 服务是否已启用。

参考答案

（34）B

试题（35）

在 Windows 系统的服务项中，　（35）　服务使用 SMB 协议创建并维护客户端网络与远程服务器之间的连接。

（35）A．SNMP Trap　　　　　　　　B．Windows Search

　　　　C．Workstation　　　　　　　　D．Superfetch

试题（35）分析

本题考查 Windows 操作系统方面的基础知识。

在 Windows 系统中的 Workstation 服务用于创建和维护到远程服务的客户端网络连接。SMB（Server Message Block）协议是服务器消息区块，又叫作网络文件共享系统，是一种应用层网络传输协议，主要功能是使网络上的机器能够共享文件、打印机、串行端口等资源。

参考答案

（35）C

试题（36）

下列不属于电子邮件协议的是　（36）　。

（36）A．POP3　　　　　B．IMAP　　　　　C．SMTP　　　　　D．MPLS

试题（36）分析

本题考查电子邮件方面的基础知识。

电子邮件协议包括电子邮件发送协议 SMTP 和电子邮件接收协议 POP，IMAP 叫作交互邮件访问协议，其作用是邮件客户端可以通过该协议从邮件服务器上获取邮件的信息，下载邮件等，端口为 143。该协议与 POP3 协议的主要区别是用户可以不用把所有的邮件全部下载，可以通过客户端直接对服务器上的邮件进行操作。

参考答案

（36）D

试题（37）

下述协议中与安全电子邮箱服务无关的是　（37）　。

（37）A．SSL　　　　　B．HTTPS　　　　　C．MIME　　　　　D．PGP

试题（37）分析

本题考查安全电子邮件方面的基础知识。

SSL（Secure Sockets Layer）安全套接层是为网络通信提供安全及数据完整性的一种安全协议，TLS（Transport Layer Security）传输层安全协议，两个协议均在传输层对网络连接进行加密，实现安全数据通信。

HTTPS（Hyper Text Transfer Protocol over Secure Socket Laye）超文本传输安全协议，是以安全为目标的 HTTP 通道。即在 HTTP 下加入 SSL 层，使用 SSL 对 HTTP 所传输的数据进行加密，以实现安全的数据通信。

PGP 是一套用于邮件信息加密、验证的应用协议，采用 IDEA 散列算法作为加密、验证。

MIME（Multipurpose Internet Mail Extensions）多用途互联网邮件扩展类型。当该扩展名被访问时，浏览器会自动使用指定的应用程序来打开。使得电子邮件可以附加非 ASCII 字符文本，扩展了电子邮件标准。该协议与安全电子邮件无关。

参考答案

（37）C

试题（38）

DHCP 服务器设置了 C 类私有地址作为地址池，某 Windows 客户端获得的地址是 169.254.107.100，出现该现象可能的原因是　（38）　。

（38）A．该网段存在多台 DHCP 服务器

　　　 B．DHCP 服务器为客户端分配了该地址

　　　 C．DHCP 服务器停止工作

　　　 D．客户端 TCP/IP 协议配置错误

试题（38）分析

本题考查 DHCP 服务的基础知识。

DHCP 是为局域网中的终端用户自动分配 IP 地址的一种服务。在一个局域网中可以存在一个或者多个 DHCP 服务器。为了使 DHCP 服务器能够正常工作，通常需要设置一定的地址池用以为客户端分配 IP 地址。169.254.0.0 段地址是在 DHCP 分配失败或者 DHCP 服务器停止工作时，计算机自动分配该段的一个地址。

参考答案

（38）C

试题（39）

在 Windows Server 2008 系统中，不能使用 IIS 搭建的是　（39）　服务器。

（39）A．WEB　　　　　　B．DNS　　　　　　C．SMTP　　　　　　D．FTP

试题（39）分析

本题考查 Windows 服务器方面的基础知识。

IIS 是在 Windows 服务器中搭建各种服务的平台，在 IIS 中可以搭建 Web 服务器、SMTP 服务器、POP 服务器、FTP 服务器等，而 DNS 服务器不能在 IIS 平台中搭建，需使用专用的 DNS 服务模块来进行。

参考答案

（39）B

试题（40）

用户发出 HTTP 请求后，收到状态码为 505 的响应，出现该现象的原因是　（40）　。

（40）A．页面请求正常，数据传输成功　　　　B．服务器根据客户端请求切换协议

    C．服务器端 HTTP 版本不支持　　　　　　D．请求资源不存在

试题（40）分析

    本题考查 HTTP 方面的基础知识。

    HTTP 状态码是用来表示网页服务器响应状态的 3 位数字代码。所有状态码的第一个数字代表了响应的五种状态之一。状态码的类别及含义如下表所示。

状态码首字符	消息类别	含义
1	指示信息	表示请求已接收，继续处理
2	成功	表示请求已被成功接收、理解、接受
3	重定向	要完成请求必须进行更进一步的操作
4	客户端错误	请求有语法错误或请求无法实现
5	服务器端错误	服务器未能实现合法请求

参考答案

    （40）C

试题（41）、（42）

    非对称加密算法中，加密和解密使用不同的密钥，下面的加密算法中　（41）　属于非对称加密算法。若甲、乙采用非对称密钥体系进行保密通信，甲用乙的公钥加密数据文件，乙使用　（42）　来对数据文件进行解密。

    （41）A．AES　　　　　　B．RSA　　　　　　C．IDEA　　　　　　D．DES

    （42）A．甲的公钥　　　B．甲的私钥　　　C．乙的公钥　　　D．乙的私钥

试题（41）、（42）分析

    本题考查加密算法的基础知识。

    非对称加密算法是指在加密和解密过程中，使用两个不相同的密钥，这两个密钥之间没有相互的依存关系。通常加密密钥为公钥，解密密钥为私钥。目前，使用较为广泛的非对称加密算法是 RSA。

参考答案

    （41）B　　（42）D

试题（43）、（44）

    用户 A 和 B 要进行安全通信，通信过程需确认双方身份和消息不可否认，A、B 通信时可使用　（43）　来对用户的身份进行认证；使用　（44）　确保消息不可否认。

    （43）A．数字证书　　　B．消息加密　　　C．用户私钥　　　D．数字签名

    （44）A．数字证书　　　B．消息加密　　　C．用户私钥　　　D．数字签名

试题（43）、（44）分析

    本题考查数字签名方面的基础知识。

    数字证书是指通过 CA 机构发行的一张电子文档，用来提供在计算机网络上对网络用户进行身份认证的一串数字标识。一般可使用非对称密钥进行加密和解密，其中私钥仅用户自己拥有，不能公开，主要用于对消息进行签名和解密；公钥用于对签名信息进行验证和加密，

可以在互联网上公开公钥信息。

由于私钥只有用户自己拥有，因此使用私钥对信息进行加密计算后，相当于对信息进行了签名，带有签名的作用。可以确保消息不可否认。

参考答案

（43）A　　（44）D

试题（45）、（46）

Windows 7 环境下，在命令行状态下执行　（45）　命令，可得到下图所示的输出结果，输出结果中的　（46）　项，说明 SNMP 服务已经启动，对应端口已经开启。

```
C:\Users\Administrator>

活动连接

协议    本地地址            外部地址                状态
TCP     0.0.0.0:135         DHKWDF5E3QDGPBE:0       LISTENING
TCP     0.0.0.0:445         DHKWDF5E3QDGPBE:0       LISTENING
TCP     192.168.1.31:139    DHKWDF5E3QDGPBE:0       LISTENING
TCP     [::]:135            DHKWDF5E3QDGPBE:0       LISTENING
TCP     [::]:445            DHKWDF5E3QDGPBE:0       LISTENING
UDP     0.0.0.0:161         *:*
UDP     0.0.0.0:500         *:*
UDP     0.0.0.0:4500        *:*
UDP     [::]:161            *:*
UDP     [::]:500            *:*
UDP     [::]:4500           *:*
```

（45）A．netstat –a　　　　B．ipconfig/all　　　　C．tasklist　　　　D．net start

（46）A．UDP 0.0.0.0:161　　　　　　　　　B．UDP 0.0.0.0:500

　　　　C．TCP 0.0.0.0:135　　　　　　　　　D．TCP 0.0.0.0:445

试题（45）、（46）分析

本题考查 Windows 的基本命令。

在 Windows7 中开启 SNMP 服务后，通过 netstat–a 查看网络连接状态中显示 UDP 的 161 接口开启。

参考答案

（45）A　　（46）A

试题（47）

使用 snmptuil.exe 可以查看代理的 MIB 对象，下列文本框内 oid 部分是　（47）　。

```
C:\221>snmputil get 192.168.1.31 public .1.3.6.1.2.1.1.3.0
Variable  = system.sysUpTime.0
Value     = TimeTicks 1268803
```

（47）A．192.168.1.31　　　　　　　　　B．.1.3.6.1.2.1.1.3.0

　　　　C．system.sysUpTime.0　　　　　　D．TimeTicks 1268803

试题（47）分析

本题考查 SNMP 的基本概念。

对象标识符 OID 是 SNMP 代理提供的具有唯一标识的键值。管理信息库（MIB）提供数字化 OID 到可读文本的映射。比如 1.3.6.1.2.1.1 表示系统参数，.1.3.6.1.2.1.1.3.0 表示监控系统时间。

参考答案

（47）B

试题（48）

在华为交换机的故障诊断命令中，查看告警信息的命令是　(48)　。

（48）A．dis patch　　　　B．dis trap　　　　C．dis int br　　　　D．dis cu

试题（48）分析

本题考查交换机的基本命令。

dis patch 是查看补丁信息命令，dis trap 是故障诊断命令，dis int br 是查看端口状态命令，dis cu 是显示当前配置文件命令。

参考答案

（48）B

试题（49）

华为交换机不断重启，每次在配置恢复阶段（未输出"Recover configuration…"之前）就发生复位，下面哪个故障处理措施可以不考虑？　(49)　。

（49）A．重传系统大包文件，并设置为启动文件，重启设备

　　　B．新建空的配置文件上传，并设置为启动文件，重启设备

　　　C．重传系统大包文件问题还未解决，再次更新 BOOTROM

　　　D．多次重启后问题无法解决，将问题反馈给华为技术支持

试题（49）分析

本题考查交换机故障处理的基础知识。

本题的故障出现在未输出"Recover configuration…"之前，因此不需要建立空的配置文件上传。

参考答案

（49）B

试题（50）

设备上无法创建正确的 MAC 转发表项，造成二层数据转发失败，故障的原因包括　(50)　。

①MAC、接口、VLAN 绑定错误　　　　　②配置了 MAC 地址学习去使能

③存在环路 MAC 地址学习错误　　　　　④MAC 表项限制或超规格

（50）A．①②③④　　　B．①②④　　　　C．②③　　　　　　D．②④

试题（50）分析

本题考查网络故障处理的基础知识。

本题中给出的原因都会造成在设备上无法创建正确的 MAC 转发表项。

参考答案

（50）A

试题（51）、（52）

假设某公司 X1 有 8000 台主机，采用 CIDR 方法进行划分，则必须给它分配 __（51）__ 个 C 类网络，如果 192.168.210.181 是其中一台主机地址，则指定给 X1 的网络地址为 __（52）__ 。

（51）A. 8　　　　　　　　B. 10　　　　　　　　C. 16　　　　　　　　D. 32

（52）A. 192.168.192.0/19　　　　　　　B. 192.168.192.0/20

　　　　C. 192.168.208.0/19　　　　　　　D. 192.168.208.0/20

试题（51）、（52）分析

本题考查 CIDR 及 IP 地址划分。

每个 C 类地址可用主机数为 254 个，故 8000 台主机需求 32 个 C 类地址，因此子网掩码长度为 19。如果 192.168.210.181 是其中一台主机地址，则指定给 X1 的网络地址为 192.168.192.0/19。

参考答案

（51）D　　（52）A

试题（53）

路由器收到一个数据报文，其目标地址为 20.112.17.12，该地址属于 __（53）__ 子网。

（53）A. 20.112.17.8/30　　　　　　　B. 20.112.16.0/24

　　　　C. 20.96.0.0/11　　　　　　　　D. 20.112.18.0/23

试题（53）分析

本题考查 IP 地址及子网划分。

IP 地址 20.112.17.12 二进制展开为 00010100 01110000 00010001 00001100。

IP 地址 20.112.17.8/30 二进制展开为 00010100 01110000 00010001 00001000。

IP 地址 20.112.16.0/24 二进制展开为 00010100 01110000 00010000 00000000。

IP 地址 20.96.0.0/11 二进制展开为 00010100 01100000 00000000 00000000。

IP 地址 20.112.18.0/23 二进制展开为 00010100 01110000 00010010 00000000。

取共同前缀可知，目标地址为 20.112.17.12 属于子网 20.96.0.0/11。

参考答案

（53）C

试题（54）、（55）

IPv6 基本首部的长度为 __（54）__ 字节，其中与 IPv4 中 TTL 字段对应的是 __（55）__ 字段。

（54）A. 20　　　　　　B. 40　　　　　　C. 64　　　　　　D. 128

（55）A. 负载长度　　　B. 通信类型　　　C. 跳数限制　　　D. 下一首部

试题（54）、（55）分析

本题考查 IPv6 地址。

IPv6 基本首部的长度为 40 字节，其中与 IPv4 中 TTL 字段对应的是跳数限制字段。

参考答案

（54）B　（55）C

试题（56）

某校园网的地址是 202.115.192.0/19，要把该网络分成 30 个子网，则子网掩码应该是　（56）　。

（56）A．255.255.200.0　　　　　　B．255.255.224.0

　　　　C．255.255.254.0　　　　　　D．255.255.255.0

试题（56）分析

本题考查 IP 地址及子网划分。

分成 30 个子网需要 5 比特，故划分后子网掩码长度为 24，即子网掩码为 255.255.255.0。

参考答案

（56）D

试题（57）、（58）

下图 1 所示是图 2 所示网络发生链路故障时的部分路由信息，该信息来自设备　（57）　，发生故障的接口是　（58）　。

```
Route Flags: R - relay, D - download to fib
-------------------------------------------------------------------------------
                              Routing Tables: Public
Destinations : 9        Routes : 9
Destination/Mask    Proto   Pre   Cost   Flags   NextHop        Interface
      172.16.1.0/24   RIP     100   2        D      192.168.2.1    GigabitEthernet0/0/2
     192.168.2.0/24   Direct  0     0        D      192.168.2.2    GigabitEthernet0/0/2
    192.168.2.2/32    Direct  0     0        D      127.0.0.1      GigabitEthernet0/0/2
  192.168.2.255/32    Direct  0     0        D      127.0.0.1      GigabitEthernet0/0/2
     192.168.3.0/24   RIP     100   1        D      192.168.2.1    GigabitEthernet0/0/2
 255.255.255.255/32   Direct  0     0        D      127.0.0.1      InLoopBack0
```

图 1

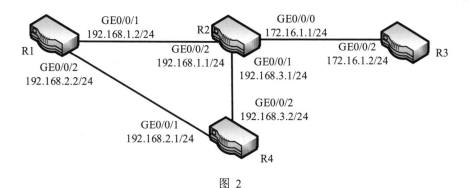

图 2

（57）A. R1　　　　　　　B. R2　　　　　　　C. R3　　　　　　　D. R4

（58）A. R2　　GE0/0/1　　　　　　　B. R2　　GE0/0/2

　　　　C. R4　　GE0/0/1　　　　　　　D. R4　　GE0/0/2

试题（57）、（58）分析

本题考查路由器配置及故障排查。

有路由信息表可以判定设备为 R1，发生故障的接口是 R2 的接口 GE0/0/2。

参考答案

（57）A　　（58）B

试题（59）

以太网的最大帧长为 1518 字节，每个数据帧前面有 8 字节的前导字段，帧间隔为 9.6μs。传输 240000 比特的 IP 数据报，采用 100BASE-TX 网络，需要的最短时间为　__（59）__。

（59）A. 1.23ms　　　B. 12.3ms　　　C. 2.63ms　　　D. 26.3ms

试题（59）分析

本题考查以太网传输时间计算。

计算过程为：

传输的帧数为：240 000/（1500×8）=20 个。

所需最短时间为：$20 \times ((1518+8) \times 8/(100 \times 10^6) + 9.6 \times 10^{-6}) = 2.63 \times 10^{-3}$ s。

参考答案

（59）C

试题（60）

下面列出的 4 种快速以太网物理层标准中，采用 4B5B 编码技术的是　__（60）__。

（60）A. 100BASE-FX　　　　　　　B. 100BASE-T4

　　　　C. 100BASE-TX　　　　　　　D. 100BASE-T2

试题（60）分析

本题考查以太网中的编码技术。

100BASE-FX 采用编码技术为 4B5B NRZI，100BASE-T4 采用编码技术为 8B6T，100BASE-TX 采用编码技术为 MLT-3。

参考答案

（60）A

试题（61）

以太网协议中使用了二进制指数后退算法，其冲突后最大的尝试次数为　__（61）__ 次。

（61）A. 8　　　　B. 10　　　　C. 16　　　　D. 20

试题（61）分析

本题考查以太网中的介质访问控制机制。

以太网协议中使用了二进制指数后退算法，其冲突后最大的尝试次数为 16 次。

参考答案

（61）C

试题（62）

震网（Stuxnet）病毒是一种破坏工业基础设施的恶意代码，利用系统漏洞攻击工业控制系统，是一种危害性极大的__(62)__。

(62) A．引导区病毒 　　　　　　　　 B．宏病毒

　　　 C．木马病毒 　　　　　　　　　 D．蠕虫病毒

试题（62）分析

本题考查病毒的相关知识。

震网是一种蠕虫病毒。

参考答案

(62) D

试题（63）

默认管理 VLAN 是__(63)__。

(63) A．VLAN 0 　　　 B．VLAN 1 　　　 C．VLAN 10 　　　 D．VLAN 100

试题（63）分析

本题考查 VLAN 的相关知识。

默认管理 VLAN 是 VLAN 1。

参考答案

(63) B

试题（64）

以下关于跳频扩频技术的描述中，正确的是__(64)__。

(64) A．扩频通信减少了干扰并有利于通信保密

　　　 B．用不同的频率传播信号扩大了通信的范围

　　　 C．每一个信号比特编码成 N 个码片比特来传输

　　　 D．信号散布到更宽的频带上增加了信道阻塞的概率

试题（64）分析

本题考查扩频技术的相关知识。

跳频扩频技术采用频率的跳动来变换频率。频率的跳变使得窃听者因跟不上跳变的节奏而窃听不到完整数据，有利于通信保密；同时干扰也只能影响到部分信号从而减少了干扰。跳频扩频技术使用不同的频率传播信号但无法扩大通信范围。跳频扩频技术中信号散布到更宽的频带上减少了信道阻塞的概率。每一个信号比特编码成 N 个码片比特来传输是直接序列扩频的实现方式。

参考答案

(64) A

试题（65）

下列无线网络技术中，覆盖范围最小的是__(65)__。

(65) A．802.15.1 蓝牙 　　　　　　　 B．802.11n 无线局域网

　　　 C．802.15.4 ZigBee 　　　　　　 D．802.16m 无线城域网

试题（65）分析

本题考查扩频技术的相关知识。

802.15.1 蓝牙是覆盖范围最小无线网络技术。

参考答案

（65）A

试题（66）

无线局域网中 AP 的轮询会锁定异步帧，在 IEEE 802.11 网络中定义了__（66）__机制来解决这一问题。

（66）A．RTS/CTS 机制　　　　　　　B．二进制指数退避

　　　　C．超级帧　　　　　　　　　　D．无争用服务

试题（66）分析

本题考查 IEEE 802.11 中介质访问控制技术的相关知识。

无线局域网中 AP 的轮询会锁定异步帧，在 IEEE 802.11 网络中定义了超级帧机制，在一个超级帧内只允许轮询一次，从而解决了异步帧被锁定的问题。

参考答案

（66）C

试题（67）

RAID 技术中，磁盘容量利用率最低的是__（67）__。

（67）A．RAID0　　　B．RAID1　　　C．RAID5　　　D．RAID6

试题（67）分析

本题考查 RAID 技术。

RAID1 磁盘容量的利用率最低，只有 50%。

参考答案

（67）B

试题（68）

三层网络设计方案中，__（68）__是汇聚层的功能。

（68）A．不同区域的高速数据转发　　　B．用户认证、计费管理

　　　　C．终端用户接入网络　　　　　　D．实现网络的访问策略控制

试题（68）分析

本题考查层次性网络规划设计的相关知识。

用户认证、计费管理以及终端用户接入网络是接入层的功能；不同区域的高速数据转发是核心层的功能；实现网络的访问策略控制是汇聚层的功能。

参考答案

（68）D

试题（69）

以下关于网络工程需求分析的叙述中，错误的是__（69）__。

（69）A．任何网络都不可能是一个能够满足各项功能需求的万能网

    B．需求分析要充分考虑用户的业务需求

    C．需求的定义越明确和详细，网络建成后用户的满意度越高。

    D．网络需求分析时可以先不考虑成本因素

试题（69）分析

本题考查网络需求分析的相关知识。

任何网络都不可能是一个能够满足各项功能需求的万能网。网络需求要充分考虑用户的业务需求，需求的定义越明确和详细，网络建成后用户的满意度越高。此外，网络需求分析时要兼顾成本因素。

参考答案

（69）D

试题（70）

下图为某网络工程项目的施工计划图，要求该项目 7 天内完工，至少需要投入 ___（70）___ 人才能完成该项目（假设每个技术人员均能胜任每项工作）。

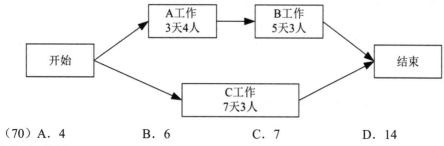

（70）A．4　　　　　B．6　　　　　C．7　　　　　D．14

试题（70）分析

本题考查项目管理的相关知识。

由图可知，至少需要投入的人数为 7，3 人处理 C 工作，4 人处理 A 工作和 B 工作，由 4 人处理 B 工作可将其完成时间缩短。

参考答案

（70）C

试题（71）～（75）

Network security consists of policies and practices to prevent and monitor ___（71）___ access, misuse, modification, or denial of a computer network and network-accessible resources. Network security involves the authorization of access to data in a network, which is controlled by the network ___（72）___. Users choose or are assigned an ID and password or other authenticating information that allows them to access to information and programs within their authority. Network security secures the network, as well as protecting and overseeing operations being done. The most common and simple way of protecting a network resource is by assigning it a ___（73）___ name and a corresponding password. Network security starts with authentication. Once authenticated, a ___（74）___ enforces access policies such as what services are allowed to be accessed by the network users. Though effective to prevent unauthorized access, this component may fail to check potentially harmful content such as computer ____（75）____ or Trojans being transmitted over the network.

（71）A. unauthorized　　B. harmful　　C. dangerous　　D. frequent

（72）A. user　　B. agent　　C. server　　D. administrator

（73）A. complex　　B. unique　　C. catchy　　D. long

（74）A. firewall　　B. proxy　　C. gateway　　D. host

（75）A. spams　　B. malwares　　C. worms　　D. programs

参考译文

网络安全包含各种政策和条例，来阻止和监控对计算机网络和网络可访问资源的未授权访问、误用、修改、拒绝等操作。网络安全涉及对一个网络内数据的访问授权，由网络管理员来控制。用户选择或被赋予一个 ID 和密码，或别的授权信息，以便允许他们访问授权范围内的信息和程序。网络安全保护着网络，同时也保护和监控着正在执行的操作。最普遍、简单的保护网络资源的方式是赋予它唯一的名字和对应的密码。网络安全始于授权。一旦被授权，防火墙就会强制执行访问策略，例如允许网络用户访问哪些服务。尽管可以有效阻止未授权访问，防火墙可能会检测不出潜在的有害内容，如正在网络上传播的计算机蠕虫、特洛伊木马。

参考答案

（71）A　　（72）D　　（73）B　　（74）A　　（75）C

第6章 2019上半年网络工程师下午试题分析与解答

试题一（共20分）

阅读以下说明，回答问题1至问题4，将解答填入答题纸对应的解答栏内。

【说明】

某企业分支与总部组网方案如图1-1所示，企业分支网络规划如表1-1所示。

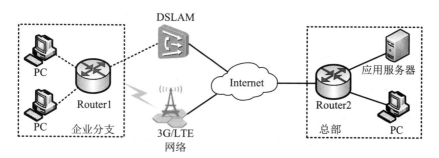

图 1-1

企业分支与总部组网说明：

1. 企业分支采用双链路接入Internet，其中ADSL有线链路作为企业分支的主Internet接口；3G/LTE Cellular无线链路作为企业分支的备用Internet接口。

2. 指定Router1作为企业分支的出口网关，由Router1为企业内网用户分配IP地址。

3. 在Router1上配置缺省路由，使企业分支内网的流量可以通过xDSL和3G/LTE Cellular无线链路访问Internet。

4. 企业分支与总部之间的3G/LTE Cellular无线链路采用加密传输。

表 1-1

操作	准备项	数据	说明
配置下行接口	Eth-Trunk 类型	192.168.100.1/24	网关路由器连接内网设备的地址
	端口类型	VLAN 123	路由器有缺省VLAN 1，为内网接口划分VLAN号为123
配置DHCP	IP 地址	地址池：192.168.100.0/24	Router1作为企业出口网关，并为企业内网用户提供DHCP服务
配置无线广域网接口	APN 名称	wcdma	3G网络为WCDMA网络，APN名称与运营商给定的一致
	网络连接方式	wcdma-only	
	拨号方式	按需拨号	允许链路空闲时间为100s

【问题 1】（每空 2 分，共 4 分）

依据组网方案，为企业分支 Router1 配置互联网接口板卡，应该是在　(1)　和　(2)　单板中选择配置。

（1）～（2）备选答案：

      A．xDSL　　　　B．以太 WAN　　　　C．3G/LTE　　　　D．E3/T3

【问题 2】（每空 2 分，共 6 分）

在 Router1 上配置 DHCP 服务的命令片段如下所示，请将相关内容补充完整。

```
[Huawei] dhcp enable
[Huawei] interface vlanif 123
[Huawei-Vlanif123] dhcp select global    //  (3)
[Huawei-Vlanif123] quit
[Huawei] ip  (4)  lan
[Huawei-ip-pool-lan] gateway-list   (5)
[Huawei-ip-pool-lan] network 192.168.100.0 mask 24
[Huawei-ip-pool-lan] quit
```

【问题 3】（每空 1 分，共 6 分）

在 Router1 配置上行接口的命令如下所示，请将相关内容补充完整。

```
#配置 NAT 地址转换
[Huawei] acl number 3002
[Huawei-acl-adv-3002] rule 5 permit ip source 192.168.100.0 0.0.0.255
[Huawei-acl-adv-3002] quit
[Huawei] interface virtual-template 10       //  (6)
[Huawei-Virtual-Template10] ip address ppp-negotiate
[Huawei-Virtual-Template10] nat outbound   (7)
[Huawei-Virtual-Template10] quit

#配置 ATM 接口
[Huawei] interface atm 1/0/0
[Huawei-Atm1/0/0] pvcvoip 1/35    //创建 PVC（ATM 虚电路）
[Huawei-atm-pvc-Atm1/0/0-1/35-voip] map ppp virtual-template 10 //配置
PVC 上的 PPPoA 映射
[Huawei-atm-pvc-Atm1/0/0-1/35-voip] quit
[Huawei-Atm1/0/0] standby interface cellular 0/0/0     //  (8)
[Huawei-Atm1/0/0] quit

#配置 APN 与网络连接方式
[Huawei] apn profile 3gprofile
[Huawei-apn-profile-3gprofile] apnwcdma
[Huawei-apn-profile-3gprofile] quit
[Huawei] interface cellular 0/0/0
[Huawei-Cellular0/0/0] mode wcdma  (9)        //配置 3G modem
```

```
[Huawei-Cellular0/0/0] dialer enable-circular    //使能轮询 DCC 功能
[Huawei-Cellular0/0/0] apn-profile_(10)_ //配置 3G Cellular 接口绑定 APN 模板
[Huawei-Cellular0/0/0] shutdown
[Huawei-Cellular0/0/0] undo shutdown
[Huawei-Cellular0/0/0] quit

#配置轮询 DCC 拨号连接
[Huawei] dialer-rule
[Huawei-dialer-rule] dialer-rule 1 ip permit
[Huawei-dialer-rule] quit
[Huawei] interface cellular 0/0/0
[Huawei-Cellular0/0/0] link-protocol ppp
[Huawei-Cellular0/0/0] ip address ppp-negotiate
[Huawei-Cellular0/0/0] dialer-group 1
[Huawei-Cellular0/0/0] dialer timer idle  _(11)_
[Huawei-Cellular0/0/0] dialer number *99#
[Huawei-Cellular0/0/0] nat outbound 3002
[Huawei-Cellular0/0/0] quit
```

【问题 4】（每空 2 分，共 4 分）

在现有组网方案的基础上，为确保分支机构与总部之间的数据传输安全，配置 _(12)_ 协议，实现在网络层端对端的 _(13)_ 。

（12）备选答案：

　　A. IPSec　　　　　　B. PPTP　　　　　　C. L2TP　　　　　　D. SSL

试题一分析

本题考查的是企业分支与总部之间互联的案例，该网络需求较为典型，企业分支通过有线和无线，主、备方式接入总部网络，提高了网络的连通性。

【问题 1】

本问题考查分支机构出口路由上的板卡配置。路由器上配置的扩展板卡应该与所连接的链路相匹配。

【问题 2】

本问题考查路由器 DHCP 功能，在路由器上开启 DHCP 服务，对内提供动态地址分配。要求考生熟悉全局地址池的配置方法和命令。

【问题 3】

本问题考查 ATM、APN 等接入方式的基本概念以及轮询 DCC 拨号连接的基本知识。

ATM（Asynchronous Transfer Mode，异步传输模式）是以信元为单位传输。在交换形式上，ATM 是面向连接的链路，任何一个 ATM 终端与另一个用户通信的时候都需要建立连接。ATM 连接有两种方式：永久虚电路连接（PVC）和交换虚电路连接（SVC）。APN 在 GPRS 骨干网中用来标识要使用的外部 PDN（Packet Data Network，分组数据网），在 GPRS 网络中代表外部数据网络的总称。APN 由以下两部分组成：APN 网络标识和 APN 运营者标识。

题目出现的命令[Huawei-Cellular0/0/0] dialer timer idle _(11)_ ，其含义是允许链路空

闲的时间设定多少秒，从分支企业网络规划表 1-1 中可以得出答案 100。

【问题 4】

确保数据传输安全可采用 IPSec 协议来实现远程接入的一种 VPN 技术，IPSec 用以提供公用和专用网络的端对端加密和验证服务。

参考答案

【问题 1】

（1）A　　（1）～（2）答案不分先后次序

（2）C

【问题 2】

（3）使能接口采用全局地址池自动分配地址

（4）pool

（5）192.168.100.1

【问题 3】

（6）创建虚拟接口

（7）3002

（8）配置 3G 接口为备份接口

（9）wcdma-only

（10）3gprofile

（11）100

【问题 4】

（12）A

（13）加密与验证（或相近含义的表述即可）

试题二（共 20 分）

阅读以下说明，回答问题 1 至问题 3，将解答填入答题纸对应的解答栏内。

【说明】

图 2-1 为某公司数据中心拓扑图，两台存储设备用于存储关系型数据库的结构化数据和文档、音视频等非结构化文档，规划采用的 RAID 组合方式如图 2-2 和图 2-3 所示。

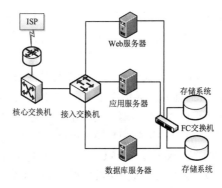

图 2-1

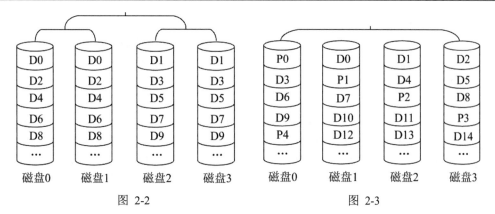

图 2-2　　　　　　　　　　　　　　图 2-3

【问题 1】（每空 1 分，共 6 分）

图 2-2 所示的 RAID 方式是　(1)　，其中磁盘 0 和磁盘 1 的 RAID 组成方式是　(2)　，当磁盘 1 故障后，磁盘　(3)　故障不会造成数据丢失，磁盘　(4)　故障将会造成数据丢失。

图 2-3 所示的 RAID 方式是　(5)　，当磁盘 1 故障后，至少再有　(6)　块磁盘故障，就会造成数据丢失。

【问题 2】（每空 1.5 分，共 6 分）

图 2-2 所示的 RAID 方式的磁盘利用率是　(7)　%，图 2-3 所示的 RAID 方式的磁盘利用率是　(8)　%。

根据上述两种 RAID 组合方式的特性，结合业务需求，图　(9)　所示 RAID 适合存储安全要求高、小数量读写的关系型数据库；图　(10)　所示 RAID 适合存储空间利用率要求高、大文件存储的非结构化文档。

【问题 3】（每空 2 分，共 8 分）

该公司的 Web 系统频繁遭受 DDoS 和其他网络攻击，造成服务中断、数据泄露。图 2-4 为服务器日志片段，该攻击为　(11)　，针对该攻击行为，可部署　(12)　设备进行防护；针对 DDoS（分布式拒绝服务）攻击，可采用　(13)　、　(14)　措施，保障 Web 系统正常对外提供服务。

```
www.xxx.com/news/html/?410'union select 1 from (select count(*),concat(floor(rand(0)*2),0x3a,(select
concat(user,0x3a,password) from pwn_base_admin limit 0,1),0x3a)a from information_schema.tables
group by a)b where'1'='1.html
```

图 2-4

（11）备选答案：
　　A．跨站脚本攻击　　　　　　　　　B．SQL 注入攻击
　　C．远程命令执行　　　　　　　　　D．CC 攻击
（12）备选答案：
　　A．漏洞扫描系统　　　　　　　　　B．堡垒机
　　C．Web 应用防火墙　　　　　　　　D．入侵检测系统

（13）～（14）备选答案：

A. 部署流量清洗设备　　　　　　　　B. 购买流量清洗服务

C. 服务器增加内存　　　　　　　　　D. 服务器增加磁盘

E. 部署入侵检测系统　　　　　　　　F. 安装杀毒软件

试题二分析

本题考查存储系统 RAID 和安全防护的相关知识。此类题目要求考生掌握存储系统知识，熟悉 RAID0～7 常见的 8 种 RAID 级别的技术特点，根据业务需求，合理选择 RAID 级别；并能熟悉常用安全防护设备的作用和部署方式，具备常见网络攻击的识别和防范能力。

【问题 1】

图 2-2 所示的 RAID 方式为 RAID10（也称 0+1），先由磁盘 0 和磁盘 1、磁盘 2 和磁盘 3 分别组成 2 个 RAID1 级别的 RAID 组，这 2 个 RAID1 级别的 RAID 组再组成 RAID0，即先镜像再条带化。由于磁盘 0 和磁盘 1、磁盘 2 和磁盘 3 组成镜像，当磁盘 1 发生故障后，在磁盘 0 上还存有相同的数据，当磁盘 2 发生故障后，在磁盘 3 上还存有相同的数据，不会造成数据丢失；当磁盘 1 故障后，磁盘 2 或者磁盘 3 故障不会造成数据丢失，此时，磁盘 0 已无数据冗余，所以磁盘 0 故障将会造成数据丢失。

图 2-3 所示的 RAID 方式是 RAID5，RAID5 条带化磁盘，校验信息没有使用单独的磁盘存储，而是分布在组内的所有磁盘上，每个条带内由 1 个校验块和 $N-1$ 个数据块组成，磁盘可用数为 $N-1$ 块，最多允许坏 1 块磁盘，可利用校验信息恢复数据。当磁盘 1 故障后，已无数据冗余，只要再有 1 块磁盘故障，就会造成数据丢失。

【问题 2】

图 2-2 所示的 RAID10 通过磁盘镜像实现数据冗余，数据安全性高，磁盘利用率为 50%，适合存储安全要求高、小数量读写的关系型数据库；图 2-3 所示的 RAID5 每个条带内由 1 个校验块和 $N-1$ 个数据块组成，磁盘可用数为 $N-1$ 块，磁盘利用率为 75%，适合存储空间利用率要求高、大文件存储的非结构化文档。

【问题 3】

图 2-4 为服务器日志显示，URL 中拼接了非正常的 SQL 语句，为典型的 SQL 注入攻击，一般部署 Web 应用防火墙，Web 应用防火墙可以防范网页篡改、阻断 SQL 攻击、跨站脚本攻击等常见 Web 攻击。

DDoS（Distributed Denial of Service，分布式拒绝服务）攻击是对传统 DoS 攻击的发展，攻击者首先侵入并控制一些计算机，然后控制这些计算机同时向一个特定的目标发起拒绝服务攻击。主要企图是借助于网络系统或网络协议的缺陷和配置漏洞进行网络攻击，使网络拥塞、系统资源耗尽或者系统应用死锁，妨碍目标主机和网络系统对正常用户服务请求的及时响应，造成服务的性能受损甚至导致服务中断。针对 DDoS（分布式拒绝服务）攻击，一般采用购买流量清洗服务、购置流量清洗防火墙、修改系统和软件配置（包括设置系统的最大连接数、TCP 连接最大时长等配置，拒绝非法连接，修复系统和软件漏洞等）等措施。

参考答案

【问题 1】

（1）raid10 或者 10 或者 0+1

（2）raid1 或者镜像

（3）2 或者 3，答对 1 个即可得分

（4）0

（5）raid5 或者 5

（6）1

【问题 2】

（7）50　　（8）75　　（9）2-2　　（10）2-3

【问题 3】

（11）B　　（12）C　　（13）A　　（14）B

（13）～（14）不分先后顺序

试题三（共 20 分）

阅读以下说明，回答问题 1 至问题 4，将解答填入答题纸对应的解答栏内。

【说明】

如图 3-1 所示在 Windows Server 2008 R2 网关上设置相应的 IPSec 策略，在 Windows Server 2008 R2 网关和第三方网关之间建立一条 IPSec 隧道，使得主机 A 和主机 B 之间建立起安全的通信通道。

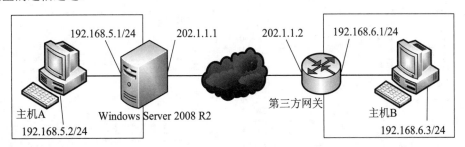

图 3-1

【问题 1】（每空 2 分，共 6 分）

两台计算机通过 IPSec 协议通信之前必须先进行协商，协商结果称为 SA（Security Association）。IKE（Internet Key Exchange）协议将协商工作分为两个阶段，第一阶段协商　(1)　模式 SA（又称 IKE SA），新建一个安全的、经过身份验证的通信管道，之后在第二阶段中协商　(2)　模式 SA（又称 IPSec SA）后，便可以通过这个安全的信道来通信。使用　(3)　命令，可以查看协商结果。

（1）～（2）备选答案：

　　A. 主　　　　　B. 快速　　　　　C. 传输　　　　　D. 信道

（3）备选答案：

    A．display ike proposal   B．display ipsec proposal

    C．display ike sa   D．display ike peer

【问题 2】（每空 2 分，共 4 分）

在 Windows Server 2008 R2 网关上配置 IPSec 策略，包括：创建 IPSec 策略、__(4)__、__(5)__ 以及进行策略指派 4 个步骤。

（4）～（5）备选答案：

    A．配置本地安全策略   B．创建 IP 安全策略

    C．创建筛选器列表   D．设置账户密码策略

    E．配置隧道规则   F．构建组策略对象

【问题 3】（每空 2 分，共 6 分）

在主机 A 和主机 B 之间建立起安全的通信通道，需要创建两个筛选器列表，一个用于匹配从主机 A 到主机 B（隧道 1）的数据包，另一个用于匹配从主机 B 到主机 A（隧道 2）的数据包。在创建隧道 1 时需添加"IP 筛选列表"，图 3-2 所示的"IP 筛选器属性"中"源地址"的"IP 地址或子网"应该填__(6)__，"目的地址"的"IP 地址或子网"应该填__(7)__。配置隧道 1 不筛选特定的协议或端口，图 3-3 中"选择协议类型"应该选择__(8)__。

图 3-2

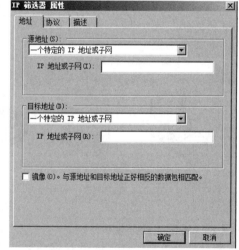

图 3-3

【问题 4】（每空 2 分，共 4 分）

IPSec 隧道由两个规则组成，每个规则指定一个隧道终结点。为从主机 A 到主机 B 的隧道配置隧道规则时，图 3-4 中所示的"IPv4 隧道终结点"应该填写的 IP 地址为__(9)__。在配置新筛选器时，如果设置不允许与未受到 IPSec 保护的计算机进行通信，则图 3-5"安全方法"配置窗口所示的配置中需要做出的修改是__(10)__。

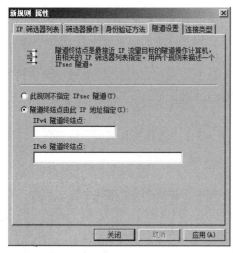
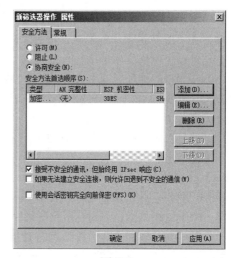

图 3-4　　　　　　　　　　　　　　　　　图 3-5

试题三分析

本题考查在 Windows Server 2008 R2 网关上配置 IPSec 策略的过程。

此类题目要求考生认真阅读题目对现实问题的描述，根据给出的配置界面进行相关配置。此题目要求考试熟悉在 Windows Server 2008 R2 网关上配置 IPSec 策略的过程，按照既定步骤实现相关配置。

【问题 1】

在两台计算机之间要开始将数据安全地发送出去之前，必须先协商，以便双方同意如何交换与保护所发送的数据，此协商结果称为 SA（Security Association）。SA 内包含着双方所协商出来的安全协议与 SPI（Security Parameter Index）等数据，所采用的协商方法是标准的 IKE（Internet Key Exchange）。IKE 协议将协商工作分为两个阶段，第一阶段协商主模式 SA（又称 IKE SA），在两台计算机之间新建一个安全的、经过身份验证的通信管道；在第二阶段中协商快速模式 SA（又称 IPSec SA），便可以通过这个安全的信道来通信。使用 display ike sa 命令，可以查看协商结果。

【问题 2】

Windows Server 2008 R2 配置一个 IPSec 策略，必须包含创建 IPSec 策略、创建筛选器列表、配置隧道规则以及进行策略指派 4 个部分。问题 3 中描述了创建筛选器列表的配置过程，问题 4 中描述了配置隧道规则的过程。

【问题 3】

在主机 A 和主机 B 之间建立起安全的通信通道，需要创建两个筛选器列表，一个用于匹配从主机 A 到主机 B（隧道 1）的数据包，另一个用于匹配从主机 B 到主机 A（隧道 2）的数据包。在创建隧道 1 时需添加 "IP 筛选列表"，详细步骤如下：

（1）在新策略属性中清除 "使用添加向导" 复选框，单击 "添加" 按钮以创建新规则。

（2）选择 "IP 筛选器列表" 选项卡。

（3）单击 "添加" 按钮为筛选器列表输入相应的名称，清除 "使用添加向导" 复选框并单击"添加"按钮，弹出"IP 筛选器属性"对话框，如图 3-2 所示。

（4）在"IP 筛选器属性"对话框的"源地址"框中选中"一个特定的 IP 地址或子网"，在"IP 地址或子网"文本框中输入主机 A 的 IP 地址 192.168.5.2 或 192.168.5.2/32。

（5）在"目的地址"框中选中"一个特定的 IP 地址或子网"，在"IP 地址或子网"文本框中输入主机 B 的 IP 地址 192.168.6.3 或 192.168.6.3/32。

（6）清除"镜像"复选框。

（7）选择"协议选项卡"，如图 3-3 所示。图 3-3 中"选择协议类型"选择任何，配置隧道 1 不筛选特定的协议或端口。

【问题 4】

IPSec 策略是使用 IKE 主模式的默认设置创建的。IPSec 隧道由两个规则组成，每个规则指定一个隧道终结点。因为有两个隧道终结点，所以就有两个规则。每个规则中的筛选器必须代表发送到此规则的隧道终结点的 IP 数据包中的源和目的 IP 地址。

为从主机 A 到主机 B 的隧道配置隧道规则时，图 3-4 中所示的"隧道设置"选项卡中，选中了"隧道终结点由此 IP 地址指定"，"IPv4 隧道终结点"应该填写的 IP 地址应为第三方网关外部网络适配器的 IP 地址 202.1.1.2。

在配置新筛选器时，如果设置不允许与未受到 IPSec 保护的计算机进行通信，则图 3-5 "安全方法"配置窗口所示的配置中应该清除"接受不安全的通信，但始终用 IPSec 响应"复选框，不接受不安全的通信，以确保安全操作。

参考答案

【问题 1】

（1）A　　（2）B　　（3）C

【问题 2】

（4）C　　（5）E

（4）～（5）不分先后次序

【问题 3】

（6）192.168.5.2 或 192.168.5.2/32

（7）192.168.6.3 或 192.168.6.3/32

（8）任何

【问题 4】

（9）202.1.1.2

（10）清除"接受不安全的通信，但始终用 IPSec 响应"复选框（或相近含义的表述即可）。

试题四（共 15 分）

阅读以下说明，回答问题 1 至问题 3，将解答填入答题纸对应的解答栏内。

【说明】

公司的两个分支机构各有 1 台采用 IPv6 的主机，计划采用 IPv6-over-IPv4 自动隧道技术实现两个分支机构的 IPv6 主机通信，其网络拓扑结构如图 4-1 所示。

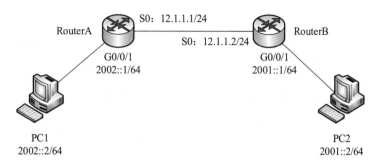

图 4-1

【问题 1】（每空 1 分，共 5 分）

根据说明，将 RouterA 的配置代码补充完整。

```
……
<Huawei> (1)
[Huawei] sysname  (2)
[RouterA] (3)                      //开启 IPv6 报文转发功能
[RouterA] interface s0
[RouterA-s0] ip address 12.1.1.1  (4)
[RouterA-s0] quit
[RouterA] interface gigabitethernet 0/0/1
[RouterA-GigabitEthernet0/0/1] (5) address 2002::1/64
[RouterA-GigabitEthernet0/0/1] quit
……
```

【问题 2】（每空 1 分，共 6 分）

根据说明，将 RouterA 的配置代码或者代码说明补充完整。

```
……
[RouterA] interface tunnel 0/0/1        // (6)
[RouterA-Tunnel0/0/1]  (7) ipv6-ipv4  (8) //指定 Tunnel 为自动隧道模式
[RouterA-Tunnel0/0/1] ipv6 (9)
[RouterA-Tunnel0/0/1] ipv6 address ::12.1.1.1/96   // (10)
[RouterA-Tunnel0/0/1] source s0//  (11)
[RouterA-Tunnel0/0/1] quit
……
```

【问题 3】（每小题 2 分，共 4 分）

1. 问题 2 中，Tunnel 接口使用的地址为 IPv4 (12) IPv6 地址；

(12) 备选答案：

    A．兼容   B．映射

2. 192.168.1.1 是否存在对应的 IPv6 地址，为什么？

试题四分析

本题考查交换机路由器的配置方法。本题目要求考生认真阅读题目和题图，理解题目要求和设计目的，并熟悉交换机和路由器的配置代码。

【问题 1】

该问题主要考查路由器和交换机的基本配置命令，包括用户模式、配置模式、接口配置模式的进入和退出，接口 IP 地址的配置命令等。属于最基本的配置代码考查。

题目考查了进入配置模式的命令，修改路由器名的命令，IP 地址配置命令等几个命令。

【问题 2】

该问题主要考查路由器上 IPv6-over-IPv4 自动隧道的配置方法和基本的配置命令考查。

配置逻辑如下：需首先创建隧道接口，并设定隧道接口为自动隧道模式，开始 IPv6 地址功能，并为接口配置事先规划好的 IPv6 地址，并为隧道指定原接口地址。

【问题 3】

该问题主要考查 IPv6 地址的基本知识。

目前，IPv6 地址有两种形式：IPv4 兼容 IPv6 地址和 IPv4 映射 IPv6 地址。两种地址均是将 IPv4 地址嵌入到 IPv6 地址中，用以适配地址。所不同的是映射 IPv6 地址中，末尾 32 位二进制位 IPv4 地址，其他位为 0，兼容 IPv6 地址中，其他位不为 0，仅需要确保兼容的 IPv4 地址为公网地址，不能是私网地址。

参考答案

【问题 1】

（1）system-view

（2）RouterA

（3）ipv6

（4）255.255.255.0

（5）ipv6

【问题 2】

（6）创建 Tunnel 接口或语意相同的表述均可得分

（7）tunnel-protocol

（8）auto-tunnel

（9）enable

（10）设置 Tunnel 接口的 IPv6 地址

（11）指定 Tunnel 的源接口

【问题 3】

1.（12）A

2. 不存在，IPv4 兼容 IPv6 地址要求 IPv4 地址为公网地址。

第 7 章　2019 下半年网络工程师上午试题分析与解答

试题（1）

在 CPU 内外常设置多级高速缓存（Cache），其主要目的是___(1)___。

（1）A. 扩大主存的存储容量

     B. 提高 CPU 访问主存数据或指令的效率

     C. 扩大存储系统的容量

     D. 提高 CPU 访问外存储器的速度

试题（1）分析

本题考查计算机系统的基础知识。

高速缓存（Cache）是现代计算机系统中不可或缺的存储器子系统，用来临时存放一些经常被使用的程序片段或数据。Cache 存储了频繁访问的 RAM 位置的内容及这些数据项的存储地址。当 CPU 引用存储器中的某地址时，高速缓冲存储器便检查是否存有该地址。若有，则将数据返回处理器；否则进行常规的存储器访问。

Intel 的 CPU 一般都具有 32KB 的一级缓存，AMD 或 Via 会使用更多的一级缓存。如果在一级缓存中没有找到所需要的指令或数据，处理器会查看容量更大的二级缓存。二级缓存既可以被集成到 CPU 芯片内部，也可以作为外部缓存。例如，Pentium II 处理器具有 512KB 的二级缓存，工作速度相当于 CPU 速度的一半。

参考答案

（1）B

试题（2）

计算机运行过程中，进行中断处理时需保存现场，其目的是___(2)___。

（2）A. 防止丢失中断处理程序的数据

     B. 防止对其他程序的数据造成破坏

     C. 能正确返回被中断的程序继续执行

     D. 能为中断处理程序提供所需的数据

试题（2）分析

本题考查计算机系统的基础知识。

中断是指处理机处理程序运行中出现的紧急事件的整个过程。程序运行过程中，系统外部、系统内部或者现行程序本身若出现紧急事件，处理机立即中止现行程序的运行，自动转入相应的处理程序（中断服务程序），待处理完后，再返回原来的程序运行，这整个过程称为程序中断。为了返回原来被中断的程序能继续正确运行，中断处理时需保存现场。

参考答案

（2）C

试题（3）、（4）

内存按字节编址，地址从 A0000H 到 CFFFFH，共有 __(3)__ 字节。若用存储容量为 64K×8bit 的存储器芯片构成该内存空间，至少需要 __(4)__ 片。

（3）A．80KB　　　　　B．96KB　　　　　C．160KB　　　　　D．192KB

（4）A．2　　　　　　 B．3　　　　　　　C．5　　　　　　　D．8

试题（3）、（4）分析

本题考查计算机系统的基础知识。

CFFFFH － A0000H=2FFFF，起始地址 A0000H 到终止地址 CFFFFH 共有 30000H（即 2FFFF+1）个单元，按字节编址时，就是 30000H 字节（即 $2^{17}+2^{16}$），以 K（即 2^{10}）为单位表示，就是 192（即 2^7+2^6）KB，若用容量为 64K×8bit（即 64KB）的存储芯片构造，需要 3 片（192/64）。

参考答案

（3）D　　（4）B

试题（5）

衡量系统可靠性的指标是 __(5)__ 。

（5）A．周转时间和故障率 λ

　　　B．周转时间和吞吐量

　　　C．平均无故障时间 MTBF 和故障率 λ

　　　D．平均无故障时间 MTBF 和吞吐量

试题（5）分析

本题考查计算机系统性能方面的基础知识。

计算机系统的可靠性是指从它开始运行（$t=0$）到某时刻 t 这段时间内能正常运行的概率，用 $R(t)$ 表示。所谓失效率，是指单位时间内失效的元件数与元件总数的比例，用 λ 表示，当 λ 为常数时，可靠性与失效率的关系为 $R(t)=e^{-\lambda t}$。两次故障之间系统能正常工作的时间的平均值称为平均无故障时间（MTBF），MTBF=$1/\lambda$。衡量系统可靠性的指标是平均无故障时间 MTBF 和故障率 λ。

参考答案

（5）C

试题（6）

李某受非任职单位委托，利用该单位实验室、实验材料和技术资料开发了一项软件产品。对该软件的权利归属，表达正确的是 __(6)__ 。

（6）A．该项软件属于委托单位

　　　B．若该单位与李某对软件的归属有特别约定的，则遵从约定；无约定的，原则上归属李某

　　　C．取决该软件是否属于该单位分派给刘某的

　　　D．无论刘某与该单位有无特别约定，该软件都属于李某

试题（6）分析

本题考查知识产权的相关知识。

委托开发的计算机软件著作权归属规定如下：

（1）属于软件开发者，即属于实际组织开发、直接进行开发，并对开发完成的软件承担责任的法人或者其他组织；或者依靠自己具有的条件独立完成软件开发，并对软件承担责任的自然人。

（2）合作开发的软件，其著作权的归属由合作开发者签订书面合同约定。无书面合同或者合同未作明确约定，合作开发的软件可以分割使用的，开发者对各自开发的部分可以单独享有著作权；合作开发的软件不能分割使用的，其著作权由各合作开发者共同享有。

（3）接受他人委托开发的软件，其著作权的归属由委托人与受托人签订书面合同约定；无书面合同或者合同未作明确约定的，其著作权由受托人享有。

（4）由国家机关下达任务开发的软件，著作权的归属与行使由项目任务书或者合同规定；项目任务书或者合同中未作明确规定的，软件著作权由接受任务的法人或者其他组织享有。

（5）自然人在法人或者其他组织中任职期间所开发的软件有下列情形之一的，该软件著作权由该法人或者其他组织享有：①针对本职工作中明确指定的开发目标所开发的软件；②开发的软件是从事本职工作活动所预见的结果或者自然的结果；③主要使用了法人或者其他组织的资金、专用设备、未公开的专门信息等物质技术条件所开发并由法人或者其他组织承担责任的软件。

本题中李某所开发软件不是任职单位指派的职务作品，其软件作品为接受非任职单位的委托而开发，符合（3）规定的情形。

参考答案

（6）B

试题（7）

李工是某软件公司的软件设计师，每当软件开发完成均按公司规定申请软件著作权，该软件的著作权　(7)　。

（7）A．应由李工享有

　　B．应由公司和李工共同享有

　　C．应由公司享有

　　D．除署名权以外，著作权的其他权利由李工享有

试题（7）分析

本题考查知识产权的相关知识。

李某（自然人）在法人或者其他组织中任职期间所开发的软件有下列情形之一的，该软件著作权由该法人或者其他组织享有：

（1）针对本职工作中明确指定的开发目标所开发的软件。

（2）开发的软件是从事本职工作活动所预见的结果或者自然的结果。

（3）主要使用了法人或者其他组织的资金、专用设备、未公开的专门信息等物质技术条件所开发并由法人或者其他组织承担责任的软件。

参考答案

（7）C

试题（8）

在磁盘调度管理中，通常 ___(8)___ 。

（8）A．先进行旋转调度，再进行移臂调度

　　B．在访问不同柱面的信息时，只需要进行旋转调度

　　C．先进行移臂调度，再进行旋转调度

　　D．在访问同一磁道的信息时，只需要进行移臂调度

试题（8）分析

本题考查操作系统存储管理方面的基础知识。

在磁盘调度管理中，通常应先进行移臂调度，再进行旋转调度。在访问不同柱面的信息时，需要先进行移臂调度，之后进行旋转调度。在访问同一磁道的信息时，只需要进行旋转调度。

参考答案

（8）C

试题（9）

以下关于 CMM 的叙述中，不正确的是 ___(9)___ 。

（9）A．CMM 是指软件过程能力成熟度模型

　　B．CMM 根据软件过程的不同成熟度划分了 5 个等级，其中，1 级被认为成熟度最高，5 级被认为成熟度最低

　　C．CMMI 的任务是将已有的几个 CMM 模型结合在一起，使之构造成为"集成模型"

　　D．采用更成熟的 CMM 模型，一般来说可以提高最终产品的质量

试题（9）分析

本题考查过程模型改进的基础知识。

要求考生了解软件过程能力成熟度模型（CMM）和 CMMI 的基本概念。CMM 将软件过程改进分为 5 个成熟度级别，1 级到 5 级成熟度不断提高。

参考答案

（9）B

试题（10）

编译和解释是实现高级程序设计语言的两种基本方式，___(10)___ 是这两种方式的主要区别。

（10）A．是否进行代码优化　　　　　　　B．是否进行语法分析

　　　C．是否生成中间代码　　　　　　　D．是否生成目标代码

试题（10）分析

本题考查程序语言的基础知识。

解释程序是另一种语言处理程序，在词法、语法和语义分析方面与编译程序的工作原理基本相同，但是在运行用户程序时，它直接执行源程序或源程序的内部形式。因此，解释程序不产生源程序的目标程序，这是它和编译程序的主要区别。

参考答案

（10）D

试题（11）

传输信道频率范围为 10MHz～16MHz，采用 QPSK 调制，支持的最大速率为　(11)　Mb/s。

（11）A. 12　　　　　　B. 16　　　　　　C. 24　　　　　　D. 32

试题（11）分析

本题考查信道编码及信道数据速率。

由于信道带宽为 6MHz，采用 QPSK 调制，码元个数为 4，依照奈奎斯特定理，信道支持的最大速率为 $C=2\times6\times\log_2 4=24$Mb/s。

参考答案

（11）C

试题（12）

以太网采用的编码技术为　(12)　。

（12）A. 曼彻斯特　　　　　　　　　　B. 差分曼彻斯特

　　　C. 归零码　　　　　　　　　　　D. 多电平编码

试题（12）分析

本题考查以太网编码技术。

以太网采用的编码技术为曼彻斯特编码。

参考答案

（12）A

试题（13）、（14）

HFC 网络中，从运营商到小区采用的接入介质为　(13)　，小区入户采用的接入介质为　(14)　。

（13）A. 双绞线　　　B. 红外线　　　C. 同轴电缆　　　D. 光纤

（14）A. 双绞线　　　B. 红外线　　　C. 同轴电缆　　　D. 光纤

试题（13）、（14）分析

本题考查接入网技术。

HFC 网络为混合光纤同轴网络，从运营商到小区采用光纤接入，小区入户采用同轴接入。

参考答案

（13）D　　（14）C

试题（15）

下列千兆以太网标准中，传输距离最长的是　(15)　。

（15）A. 1000BASE-T　　　　　　　　B. 1000BASE-CX

　　　C. 1000BASE-SX　　　　　　　　D. 1000BASE-LX

试题（15）分析

本题考查千兆以太网标准。

千兆以太网标准中，1000BASE-T 采用超 5 类或更高无屏蔽双绞线；1000BASE-CX 采用铜芯；1000BASE-SX 采用光纤短波段；1000BASE-LX 采用光纤长波段。因此，1000BASE-LX 支持的传输距离最长。

参考答案

（15）D

试题（16）

CRC 是链路层常用的检错码，若生成多项式为 X^5+X^3+1，传输数据 10101110，得到的 CRC 校验码是 __（16）__ 。

（16）A. 01000　　　　B. 01001　　　　C. 1001　　　　D. 1000

试题（16）分析

本题考查 CRC 校验。

计算过程如下：

$$
\begin{array}{r}
10001 \\
101001\,\overline{\big)\,1010111000000} \\
101001 \\
\overline{101000} \\
101001 \\
\overline{1000} \\
\end{array}
$$

参考答案

（16）A

试题（17）

某局域网采用 CSMA/CD 协议实现介质访问控制，数据传输速率为 10Mb/s，主机甲和主机乙之间的距离为 2km，信号传播速度是 200m/μs。若主机甲和主机乙发送数据时发生冲突，从开始发送数据起，到两台主机均检测到冲突时刻为止，最短需经过的时间是 __（17）__ μs。

（17）A. 10　　　　B. 20　　　　C. 30　　　　D. 40

试题（17）分析

本题考查 CSMA/CD 协议的基本原理。

计算过程如下：

两台主机均检测到冲突时刻为止，最短需经过的时间是两台主机之间的传播时间，即 2000/200=10μs。

参考答案

（17）A

试题（18）

以太网中，主机甲和主机乙采用停等差错控制方式进行数据传输，应答帧大小为 __（18）__ 字节。

（18）A. 16　　　　B. 32　　　　C. 64　　　　D. 128

试题（18）分析

本题考查最小以太帧的概念。

应答帧是以太帧中最小帧，故为 64 字节。

参考答案

（18）C

试题（19）、（20）

采用 HDLC 协议进行数据传输时，监控帧（S）的作用是　（19）　；无编号帧的作用　（20）　。

（19）A．传输数据并对对端信息帧进行捎带应答

　　　B．进行链路设置、连接管理等链路控制

　　　C．采用后退 N 帧或选择性重传进行差错控制

　　　D．进行介质访问控制

（20）A．传输数据并对对端信息帧进行捎带应答

　　　B．进行链路设置、连接管理等链路控制

　　　C．采用后退 N 帧或选择性重传进行差错控制

　　　D．进行介质访问控制

试题（19）、（20）分析

本题考查 HDLC 协议的原理。

在 HDLC 协议中按照功能将帧分为三类：信息帧（I）、监控帧（S）和无编号帧（U）。其中，信息帧的作用是传输数据并对对端信息帧进行捎带应答；监控帧的作用是采用后退 N 帧或选择性重传进行差错控制；无编号帧的作用是进行链路设置、连接管理等链路控制。

参考答案

（19）C　　（20）B

试题（21）

TCP 采用慢启动进行拥塞控制，若 TCP 在某轮拥塞窗口为 8 时出现拥塞，经过 4 轮均成功收到应答，此时拥塞窗口为　（21）　。

（21）A．5　　　　　　B．6　　　　　　C．7　　　　　　D．8

试题（21）分析

本题考查 TCP 的慢启动机制。

TCP 采用慢启动进行拥塞控制，若 TCP 在某轮拥塞窗口为 8 时出现拥塞，重新慢启动，此时拥塞窗口为 1，门限为 4，第 1 轮后的窗口为 2，第 2 轮后的窗口为 4，到达门限，采用拥塞避免，故第 3 轮后的窗口为 5，第 4 轮后的窗口为 6。

参考答案

（21）B

试题（22）

建立 TCP 连接时，被动打开一端在收到对端 SYN 前所处的状态为　（22）　。

（22）A．LISTEN　　　　　　　　　　B．CLOSED

　　　C．SYN RESECEIVD　　　　　　D．LASTACK

试题（22）分析

本题考查 TCP 三次握手的状态图。

建立 TCP 连接时，对端被动打开后（即收到对端 SYN 前）状态从 CLOSED 跳变到 LISTEN

状态,在收到对端 SYN 后所处的状态为 SYN RESECEIVD。

参考答案

(22) A

试题(23)、(24)

IP 数据报的分段和重装配要用到报文头部的报文 ID、数据长度、段偏置值和 M 标志等四个字段,其中__(23)__的作用是指示每一分段在原报文中的位置;若某个段是原报文最后一个分段,其__(24)__值为"0"。

(23) A. 段偏置值   B. M 标志   C. 报文 ID   D. 数据长度

(24) A. 段偏置值   B. M 标志   C. 报文 ID   D. 数据长度

试题(23)、(24)分析

本题考查 IP 报文的分段和重装。

IP 数据报的分段和重装配要用到报文头部的报文 ID、数据长度、段偏置值和 M 标志等四个字段。其中 ID 字段的作用是原始报文和分段后的报文统一的标识;段偏置值的作用是指示每一分段在原报文中的位置;M 标志指示是否是最后一个分段,若某个段是原报文最后一个分段,其 M 标志值为"0"。

参考答案

(23) A   (24) B

试题(25)

TCP 端口号的作用是__(25)__。

(25) A. 流量控制   B. ACL 过滤

        C. 建立连接   D. 对应用层进程的寻址

试题(25)分析

本题考查 TCP 端口号的原理和意义。

TCP 端口号的作用是进程寻址依据,即依据端口号将报文交付给上层的某一进程。

参考答案

(25) D

试题(26)、(27)

OSPF 报文采用__(26)__协议进行封装,以目标地址__(27)__发送到所有的 OSPF 路由器。

(26) A. IP   B. ARP   C. UDP   D. TCP

(27) A. 224.0.0.1   B. 224.0.0.2   C. 224.0.0.5   D. 224.0.0.8

试题(26)、(27)分析

本题考查 OSPF 报文的相关原理。

OSPF 报文采用 TCP 协议进行封装,当有消息发送到所有的 OSPF 路由器时采用的 D 类地址为 224.0.0.5。

参考答案

(26) D   (27) C

试题（28）

使用 Telnet 协议进行远程登录时需要满足的条件不包括__(28)__。

(28) A. 本地计算机上安装包含 Telnet 协议的客户端程序

B. 必须知道远程主机的 IP 地址或域名

C. 必须知道登录标识与口令

D. 本地计算机防火墙入站规则设置允许 Telnet 访问

试题（28）分析

本题考查 Telnet 协议方面的基础知识。

Telnet 协议是 TCP/IP 协议族中的一员，是 Internet 远程登录服务的标准协议和主要方式。它为用户提供了在本地计算机上完成远程主机工作的能力。在终端使用者的计算机上使用 Telnet 客户端程序，用它连接到服务器。终端使用者可以在 Telnet 客户端程序中输入命令，这些命令会在服务器上运行，就像直接在服务器的控制台上输入一样。使用 Telnet 协议进行远程登录时需要满足以下条件：在本地计算机上必须装有包含 Telnet 协议的客户程序；必须知道远程主机的 IP 地址或域名；必须知道登录标识与口令。

本地计算机使用 Telnet 协议进行远程登录时，对本地防火墙而言是出站，因此不需要在本地计算机防火墙入站规则设置允许 Telnet 访问。

参考答案

(28) D

试题（29）

Web 页面访问过程中，在浏览器发出 HTTP 请求报文之前不可能执行的操作是__(29)__。

(29) A. 查询本机 DNS 缓存，获取主机名对应的 IP 地址

B. 发起 DNS 请求，获取主机名对应的 IP 地址

C. 使用查询到的 IP 地址向目标服务器发起 TCP 连接

D. 发送请求信息，获取将要访问的 Web 应用

试题（29）分析

本题考查 Web 页面访问过程方面的基础知识。

用户打开浏览器输入目标地址，访问一个 Web 页面的过程如下：

（1）浏览器首先会查询本机的系统，获取主机名对应的 IP 地址。

（2）若本机查询不到相应的 IP 地址，则会发起 DNS 请求，获取主机名对应的 IP 地址。

（3）使用查询到的 IP 地址向目标服务器发起 TCP 连接。

（4）浏览器发送 HTTP 请求，HTTP 请求由三部分组成，分别是：请求行、消息报头、请求正文。

（5）服务器从请求信息中获得客户机想要访问的主机名、Web 应用、Web 资源。

（6）服务器用读取到的 Web 资源数据，创建并回送一个 HTTP 响应。

（7）客户机浏览器解析回送的资源，并显示结果。

根据上述 Web 页面访问过程，在浏览器发出 HTTP 请求报文之前不可能获取将要访问的 Web 应用。

参考答案

（29）D

试题（30）

下列协议中与电子邮件安全无关的是 __（30）__ 。

（30）A．SSL　　　　　B．HTTPS　　　　　C．MIME　　　　　D．PGP

试题（30）分析

本题考查电子邮件安全方面的基础知识。

SSL（Secure Sockets Layer，安全套接层）及其继任者 TLS（Transport Layer Security，传输层安全）是为网络通信提供安全及数据完整性的一种安全协议，在传输层对网络连接进行加密。在设置电子邮箱时使用 SSL 协议，会保障邮箱更安全。

HTTPS 协议是由 HTTP 加上 TLS/SSL 协议构建的可进行加密传输、身份认证的网络协议，主要通过数字证书、加密算法、非对称密钥等技术完成互联网数据传输加密，实现互联网传输安全保护。

MIME 是设定某种扩展名的文件用一种应用程序来打开的方式类型，当该扩展名文件被访问的时候，浏览器会自动使用指定应用程序来打开。它是一个互联网标准，扩展了电子邮件标准，使其能够支持：非 ASCII 字符文本；非文本格式附件（二进制、声音、图像等）；由多部分（Multiple Parts）组成的消息体；包含非 ASCII 字符的头信息（Header Information）。

PGP 是一套用于消息加密、验证的应用程序，采用 IDEA 的散列算法作为加密与验证之用。PGP 加密由一系列散列、数据压缩、对称密钥加密，以及公钥加密的算法组合而成。每个公钥均绑定唯一的用户名和/或者 E-mail 地址。

因此，上述选项中 MIME 是扩展了电子邮件标准，不能用于保障电子邮件安全。

参考答案

（30）C

试题（31）

在 Linux 操作系统中，外部设备文件通常放在 __（31）__ 目录中。

（31）A．/dev　　　　　B．/lib　　　　　C．/etc　　　　　D．/bin

试题（31）分析

本题考查 Linux 操作系统方面的基础知识。

在 Linux 系统中，常见的目录有/boot、/etc、/lib、/root、/bin、/dev 等。

/boot 目录主要存放启动 Linux 系统所必需的文件，包括内核文件、启动菜单配置文件等；/etc 目录主要存放系统配置；/lib 目录主要存放的是一些库文件；/root 目录用于存放根用户的数据、文件等；/bin 目录存放所有用户可用的基本命令程序文件，以及系统自身启动和运行时可能会用到的核心二进制程序；/dev 目录主要存放设备文件，包括外部输入输出设备等。

参考答案

（31）A

试题（32）

在 Linux 操作系统中，命令"chmod ugo+r file1.txt"的作用是 __（32）__ 。

（32）A．修改文件 file1.txt 权限为所有者可读

　　　　B．修改文件 file1.txt 权限为所有用户可读

　　　　C．修改文件 file1.txt 权限为所有者不可读

　　　　D．修改文件 file1.txt 权限为所有用户不可读

试题（32）分析

本题考查 Linux 操作系统命令方面的基础知识。

在 Linux 系统中，chmod 命令的作用是修改用户对于指定文件的权限。其命令格式为：

```
chmod [-cfvR] [--help] [--version] mode file...
```

说明：Linux/Unix 的档案调用权限分为三级，即档案拥有者、群组、其他。利用 chmod 可以控制档案如何被他人所调用。

参数说明：

mode：权限设定字串，格式为 [ugoa...][[+−=][rwxX]...][,...]。其中：

- u 表示该档案的拥有者，g 表示与该档案的拥有者属于同一个群体（group）者，o 表示其他以外的人，a 表示这三者皆是。
- + 表示增加权限、−表示取消权限、=表示唯一设定权限。
- r 表示可读取，w 表示可写入，x 表示可执行，X 表示只有当该档案是个子目录或者该档案已经被设定过为可执行。

-c：若该档案权限确实已经更改，才显示其更改动作。

-f：若该档案权限无法被更改也不要显示错误讯息。

-v：显示权限变更的详细资料。

-R：对目前目录下的所有档案与子目录进行相同的权限变更（即以递回的方式逐个变更）。

--help：显示辅助说明。

--version：显示版本。

题目中使用 chmod ugo+r 对文件 file1.txt 的用户权限进行修改，其中 ugo 参数表示所有用户群均具有后面的权限，r 表示读取权限。因此，该命令的作用是修改 file1.txt 文件的权限为对所有用户均可读。

参考答案

（32）B

试题（33）

在 Linux 操作系统中，命令　__(33)__　可以正确关闭系统防火墙。

（33）A．chkconfig iptables off　　　　B．chkconfig iptables stop

　　　　C．service iptables stop　　　　　D．service iptables off

试题（33）分析

本题考查 Linux 操作系统命令方面的基础知识。

在 Linux 系统中，对防火墙的操作有暂时关闭防火墙、查看防火墙状态等操作，其中暂时关闭防火墙应使用 service iptables stop 命令。

参考答案

（33）C

试题（34）

Windows Server 2008 R2 默认状态下没有安装 IIS 服务，必须手动安装。配置下列 __(34)__ 服务前需先安装 IIS 服务。

（34）A．DHCP   B．DNS   C．FTP   D．传真

试题（34）分析

本题考查 Windows Server 2008 R2 安装 IIS 服务方面的基础知识。

在 Windows Server 2008 R2 上添加服务器角色过程如下图所示，DHCP 服务器、DNS 服务器以及传真服务器与 Web 服务器（IIS）平级，IIS 服务进一步包含了 Web 服务和 FTP 服务。

因此，上述选项中只有配置 FTP 服务前需安装 IIS 服务。

参考答案

（34）C

试题（35）

在 Windows Server 2008 R2 命令行窗口中使用 __(35)__ 命令显示 DNS 解析缓存。

（35）A．ipconfig /all   B．ipconfig /displaydns

      C．ipconfig /flushdns   D．ipconfig /registerdns

试题（35）分析

本题考查 Windows Server 2008 R2 上 ipconfig 命令方面的基础知识。

ipconfig 是调试计算机网络的常用命令。使用 ipconfig 命令时可以传入参数，例如：

- ipconfig /all：显示本机 TCP/IP 配置的详细信息。
- ipconfig /flushdns：清除本地 DNS 缓存内容。
- ipconfig /displaydns：显示本地 DNS 内容。
- ipconfig /registerdns：DNS 客户端手工向服务器进行注册。

使用 ipconfig /all 命令显示的本机 TCP/IP 配置中的 DNS 相关信息只包含"连接特定的 DNS 后缀"和"DNS 服务器"，不包括 DNS 解析缓存信息。使用 ipconfig /displaydns 命令显

示 DNS 解析缓存。

参考答案

（35）B

试题（36）

以下关于 DHCP 服务的说法中，正确的是__（36）__。

（36）A．在一个园区网中可以存在多台 DHCP 服务器

　　　　B．默认情况下，客户端要使用 DHCP 服务需指定 DHCP 服务器地址

　　　　C．默认情况下，客户端选择 DHCP 服务器所在网段的 IP 地址作为本地地址

　　　　D．在 DHCP 服务器上，只能使用同一网段的地址作为地址池

试题（36）分析

本题考查 DHCP 协议的相关知识。

在一个园区网中可以存在多台 DHCP 服务器，客户机申请后每台服务器都会给予响应，客户机通常选择最先到达的报文提供的 IP 地址；对客户端而言，在申请时不知道 DHCP 服务器地址，因此无法指定；DHCP 服务器提供的地址不必和服务器在同一网段；地址池中可以有多块地址，它们分属不同网段。

参考答案

（36）A

试题（37）

在进行 DNS 查询时，首先向__（37）__进行域名查询，以获取对应的 IP 地址。

（37）A．主域名服务器　　　　　　　　B．辅域名服务器

　　　　C．本地 host 文件　　　　　　　　D．转发域名服务器

试题（37）分析

本题考查 DNS 查询的相关知识。

在进行 DNS 查询时，首先查询的是本地缓存和本地 hosts 文件，然后再查询主域名服务器，主域名服务器查找不到时查询转发域名服务器；若主域名服务器及转发域名服务器均查找不到结果时，辅域名服务器开始工作。

参考答案

（37）C

试题（38）、（39）

在 Windows 中，可以使用__（38）__命令测试 DNS 正向解析功能，要查看域名 www.aaa.com 所对应的主机 IP 地址，须将 type 值设置为__（39）__。

（38）A．arp　　　　　　B．nslookup　　　　C．cernet　　　　D．netstat

（39）A．a　　　　　　　B．ns　　　　　　　C．mx　　　　　　D．cname

试题（38）、（39）分析

本题考查 DNS 查询的相关知识。

命令 nslookup 可查询到域名对应的 IP 地址记录；要查看域名 www.aaa.com 所对应的主机 IP 地址，须将 type 值设置为 a。

参考答案

（38）B　　（39）A

试题（40）

代理服务器为局域网用户提供 Internet 访问时，不提供 　(40)　 服务。

（40）A．地址共享　　　B．数据缓存　　　C．数据转发　　　D．数据加密

试题（40）分析

本题考查代理服务器的相关知识。

代理服务器可提供地址共享、数据缓存和数据转发等功能，但不能进行数据加密。

参考答案

（40）D

试题（41）

下列算法中，不属于公开密钥加密算法的是 　(41)　 。

（41）A．ECC　　　　　B．DSA　　　　　C．RSA　　　　　D．DES

试题（41）分析

本题考查数据加密算法的基础知识。

ECC、DSA 和 RSA 均属于公开密钥加密算法，DES 是共享密钥加密算法。

参考答案

（41）D

试题（42）

下面的安全协议中，　(42)　 是替代 SSL 协议的一种安全协议。

（42）A．PGP　　　　　B．TLS　　　　　C．IPSec　　　　D．SET

试题（42）分析

本题考查安全协议的相关知识。

TLS 是 SSL 协议的替代协议。

参考答案

（42）B

试题（43）

Kerberos 系统中可通过在报文中加入 　(43)　 来防止重放攻击。

（43）A．会话密钥　　　B．时间戳　　　　C．用户 ID　　　D．私有密钥

试题（43）分析

本题考查 Kerberos 安全协议的相关知识。

时间戳是防止重放攻击的主要技术。

参考答案

（43）B

试题（44）、（45）

甲、乙两个用户均向同一 CA 申请了数字证书，数字证书中包含 　(44)　 。以下关于数字证书的说法中，正确的是 　(45)　 。

（44）A. 用户的公钥　　　　　　　　　　B. 用户的私钥

　　　　C. CA 的公钥　　　　　　　　　　D. CA 的私钥

（45）A. 甲、乙用户需要得到 CA 的私钥，并据此得到 CA 为用户签署的证书

　　　　B. 甲、乙用户如需互信，可相互交换数字证书

　　　　C. 用户可以自行修改数字证书中的内容

　　　　D. 用户需对数字证书加密保存

试题（44）、（45）分析

本题考查 CA 数字证书的相关知识。

数字证书中包含用户的公钥；甲、乙用户如需互信，可相互交换数字证书。

参考答案

（44）A　（45）B

试题（46）

ICMP 差错报告报文格式中，除了类型、代码和校验和外，还需加上　（46）　。

（46）A. 时间戳以表明发出的时间

　　　　B. 出错报文的前 64 比特以便源主机定位出错报文

　　　　C. 子网掩码以确定所在局域网

　　　　D. 回声请求与响应以判定路径是否畅通

试题（46）分析

本题考查 ICMP 差错报告报文格式的基础知识。

ICMP 差错报告报文格式中，除了类型、代码和校验和外，还需加上出错报文的前 64 比特以便源主机定位出错报文。

参考答案

（46）B

试题（47）

逻辑网络设计是体现网络设计核心思想的关键阶段，下列选项中不属于逻辑网络设计内容的是　（47）　。

（47）A. 网络结构设计　　　　　　　　　B. 物理层技术选择

　　　　C. 结构化布线设计　　　　　　　　D. 路由选择协议

试题（47）分析

本题考查逻辑网络设计方面的基础知识。

逻辑网络设计是体现网络设计核心思想的关键阶段，逻辑网络设计工作主要包括如下内容：

- 网络结构设计。
- 物理层技术选择。
- 局域网技术选择与应用。
- 广域网技术选择与应用。
- 地址设计和命名模型。
- 路由选择协议。

- 网络管理。
- 网络安全。
- 逻辑网络设计文档。

上述选项中，结构化布线设计属于物理网络设计阶段的工作。

参考答案

（47）C

试题（48）

FTP 的默认数据端口号是　（48）　。

（48）A. 18　　　　　　B. 20　　　　　　C. 22　　　　　　D. 24

试题（48）分析

本题考查 FTP 协议的基础知识。

FTP 的默认数据端口号是 20。

参考答案

（48）B

试题（49）

在 RAID 技术中同一 RAID 组内允许任意两块硬盘同时出现故障仍然可以保证数据有效的是　（49）　。

（49）A. RAID 5　　　　B. RAID 1　　　　C. RAID 6　　　　D. RAID 0

试题（49）分析

本题考查 FTPRAID 技术的基础知识。

在 RAID 技术中同一 RAID 组内允许任意两块硬盘同时出现故障仍然可以保证数据有效的是 RAID 6。

参考答案

（49）C

试题（50）

无线局域网中采用不同帧间间隔划定优先级，通过冲突避免机制来实现介质访问控制。其中 RTS/CTS 帧　（50）　。

（50）A. 帧间间隔最短，具有较高优先级

　　　B. 帧间间隔最短，具有较低优先级

　　　C. 帧间间隔最长，具有较高优先级

　　　D. 处于中间，属无争用服务

试题（50）分析

本题考查无线局域网介质访问控制的基础知识。

RTS/CTS 帧帧间间隔最短，具有较高优先级。

参考答案

（50）A

试题（51）

属于网络 215.17.204.0/22 的地址是　（51）　。

（51）A．215.17.208.200　　　　　　　B．215.17.206.10

　　　 C．215.17.203.0　　　　　　　　D．115.17.224.0

试题（51）分析

本题考查 IP 地址的相关知识。

215.17.204.0/22 第 3 字节二进制展开为 **11001100**。

215.17.208.200 第 3 字节二进制展开为 **11010000**。

215.17.206.10 第 3 字节二进制展开为 **11001110**。

215.17.203.0 第 3 字节二进制展开为 **11001011**。

115.17.224.10 第 3 字节二进制展开为 **11100000**。

可以看出，与 215.17.204.0/22 有共同前缀的是 215.17.206.10。

参考答案

（51）B

试题（52）

主机地址 202.115.2.160 所在的网络是　（52）　。

（52）A．202.115.2.64/26　　　　　　B．202.115.2.128/26

　　　 C．202.115.2.96/26　　　　　　D．202.115.2.192/26

试题（52）分析

本题考查 IP 地址的相关知识。

202.115.2.160 第 4 字节二进制展开为 **10100000**。

202.115.2.64/26 第 4 字节二进制展开为 **01000000**。

202.115.2.128/26 第 4 字节二进制展开为 **10000000**。

202.115.2.96/26 第 4 字节二进制展开为 **01100000**。

202.115.2.192/26 第 4 字节二进制展开为 **11000000**。

可以看出，202.115.2.160 和 202.115.2.128/26 有共同前缀。

参考答案

（52）B

试题（53）

某端口的 IP 地址为 61.116.7.131/26，则该 IP 地址所在网络的广播地址是　（53）　。

（53）A．61.116.7.255　　　　　　　 B．61.116.7.129

　　　 C．61.116.7.191　　　　　　　 D．61.116.7.252

试题（53）分析

本题考查 IP 地址的相关知识。

61.116.7.131/26 第 4 字节二进制展开为 10000011，故其广播地址第 4 字节为 10111111，所以 61.116.7.131/26 的广播地址为 61.116.7.191。

参考答案

（53）C

试题（54）、（55）

有 4 个网络地址：192.168.224.1、192.168.223.255、192.68.232.25 和 192.168.216.5，如果子网掩码为 255.255.240.0，则这 4 个地址分别属于　(54)　个子网。下面列出的地址对中，属于同一个子网的是　(55)　。

（54）A．1　　　　　　　B．2　　　　　　　C．3　　　　　　　D．4

（55）A．192.168.224.1 和 192.168.223.255

　　　　B．192.168.223.255 和 192.68.232.25

　　　　C．192.68.232.25 和 192.168.216.5

　　　　D．192.168.223.255 和 192.168.216.5

试题（54）、（55）分析

本题考查 IP 地址的相关知识。

192.168.224.1 第 3 字节二进制展开为 **1110**0000。

192.168.223.255 第 3 字节二进制展开为 **1101**1111。

192.68.232.25 第 3 字节二进制展开为 **1110**1000。

192.168.216.5 第 3 字节二进制展开为 **1101**1000。

可以看出，这 4 个地址分别属于 2 个子网，其中 192.168.224.1 和 192.68.232.25 属于子网 192.168.224.0/20；192.168.223.255 和 192.168.216.5 属于子网 192.168.208.0/20。

参考答案

（54）B　　　（55）D

试题（56）

IPv6 协议数据单元由一个固定头部和若干个扩展头部以及上层协议提供的负载组成。如果有多个扩展头部，第一个扩展头部为　(56)　。

（56）A．逐跳头部　　　　　　　　　　　　B．路由选择头部

　　　　C．分段头部　　　　　　　　　　　　D．认证头部

试题（56）分析

本题考查 IPv6 协议首部的基础知识。

IPv6 协议数据单元如果有多个扩展头部，第一个扩展头部为逐跳头部。

参考答案

（56）A

试题（57）

使用 traceroute 命令测试网络时可以　(57)　。

（57）A．检验链路协议是否运行正常

　　　　B．检验目标网络是否在路由表中

　　　　C．查看域名解析服务

　　　　D．显示分组到达目标路径上经过的各个路由器

试题（57）分析

本题考查 traceroute 命令的基础知识。

traceroute 是路由器跟踪命令,即显示分组到达目标网络所经历路径上各个路由器及相应信息。

参考答案

（57）D

试题（58）

通常情况下,信息插座的安装位置距离地面的高度为 ＿（58）＿ cm。

（58）A. 10～20　　　　B. 20～30　　　　C. 30～50　　　　D. 50～70

试题（58）分析

本题考查布线及施工的相关知识。

通常情况下,信息插座的安装位置距离地面的高度为 30～50cm。

参考答案

（58）C

试题（59）

计算机网络机房建设过程中,单独设置接地体时,安全接地电阻要求小于 ＿（59）＿ 。

（59）A. 1Ω　　　　B. 4Ω　　　　C. 5Ω　　　　D. 10Ω

试题（59）分析

本题考查布线及施工的相关知识。

计算机网络机房建设过程中,单独设置接地体时,安全接地电阻要求小于 4Ω。

参考答案

（59）B

试题（60）

确定网络的层次结构及各层采用的协议是网络设计中 ＿（60）＿ 阶段的主要任务。

（60）A. 网络需求分析　　　　　　　B. 网络体系结构设计

　　　 C. 网络设备选型　　　　　　　D. 网络安全性设计

试题（60）分析

本题考查网络设计生命周期模型的相关知识。

确定网络的层次结构及各层采用的协议是网络设计中网络体系结构设计阶段的主要任务。

参考答案

（60）B

试题（61）

在两台交换机间启用 STP 协议,其中 SWA 配置了 STP root primary,SWB 配置了 STP root secondary,则图中 ＿（61）＿ 端口将被堵塞。

（61）A．SWA 的 G0/0/1　　　　　　B．SWB 的 G0/0/2

　　　　C．SWB 的 G0/0/1　　　　　　D．SWA 的 G0/0/2

试题（61）分析

本题考查 STP 的基础知识。

SWA 的桥优先级小于 SWB，所以 SWA 会被选举为根桥，则 SWB 为非根桥。SWB 必须选举出一个根端口来保证到根桥的工作路径是最优且唯一的，显然 SWB 上 G0/0/1 与 G0/0/2 的 RPC 相同，则比较上行设备的 BID，由于上行设备都是 SWA，即 BID 相同，则比较上行设备的 PID。SWB 上 G0/0/2 上行设备的 PID（SWA 上的 G0/0/1）更优，所以 SWB 上的 G0/0/2 端口会选举为根端口，则阻塞 G0/0/1 端口防环。

参考答案

（61）C

试题（62）

RIPv1 与 RIPv2 说法错误的是　（62）　。

（62）A．RIPv1 是有类路由协议，RIPv2 是无类路由协议

　　　　B．RIPv1 不支持 VLSM，RIPv2 支持 VLSM

　　　　C．RIPv1 没有认证功能，RIPv2 支持认证

　　　　D．RIPv1 是组播更新，RIPv2 是广播更新

试题（62）分析

本题考查 RIP 的基础知识。

RIPv1 是广播更新，RIPv2 是组播更新。

参考答案

（62）D

试题（63）、（64）

下面文本框显示的是　（63）　命令的结果，其中　（64）　项标识了路由标记。

（63）A．display gbp paths　　　　　　B．display ospf lsdb

　　　　C．display ip routing-table　　　　D．display vap

（64）A．Per　　　　B．Cost　　　　C．Flags　　　　D．Proto

```
Route Flags: R - relay, D - download to fib
--------------------------------------------------------------------------
Routing Tables: Public
        Destinations : 9       Routes : 11
   Destination/Mask   Proto    Pre  Cost Flags  NextHop      Interface
           1.1.1.1/32    Static   60   0     D    0.0.0.0       NULL0
                         Static   60   0     D    100.0.0.2     GigabitEthernet1/0/0
           2.2.2.2/32    Static   60   0     RD   1.1.1.1       NULL0
                         Static   60   0     RD   1.1.1.1       GigabitEthernet1/0/0
        100.0.0.0/24     Direct    0   0     D    100.0.0.1     GigabitEthernet1/0/0
        100.0.0.1/32     Direct    0   0     D    127.0.0.1     GigabitEthernet1/0/0
      100.0.0.255/32     Direct    0   0     D    127.0.0.1     GigabitEthernet1/0/0
        127.0.0.0/8      Direct    0   0     D    127.0.0.1     InLoopBack0
        127.0.0.1/32     Direct    0   0     D    127.0.0.1     InLoopBack0
  127.255.255.255/32 Direct    0   0     D    127.0.0.1     InLoopBack0
  255.255.255.255/32 Direct    0   0     D    127.0.0.1     InLoopBack0
```

试题（63）、（64）分析

本题考查路由器的常用命令。

display ip routing-table 命令用来显示路由表的信息，Flags 项标识的是路由标记。

参考答案

（63）C　　（64）C

试题（65）

OSPF 协议是　(65)　。

（65）A．路径矢量协议　　　　　　　　　B．内部网关协议

　　　C．距离矢量协议　　　　　　　　　D．外部网关协议

试题（65）分析

本题考查路由协议的基本特性。

OSPF 协议是基于链路状态的内部网关路由协议。

参考答案

（65）B

试题（66）

下列　(66)　接口不适用于 SSD 磁盘。

（66）A．SATA　　　　　B．IDE　　　　　C．PCIe　　　　　D．M.2

试题（66）分析

本题考查磁盘接口性质。

SSD 磁盘不能用 IDE 接口。

参考答案

（66）B

试题（67）

三层网络设计方案中，　(67)　是核心层的功能。

（67）A．不同区域的高速数据转发　　　　B．用户认证、计费管理

　　　C．终端用户接入网络　　　　　　　D．实现网络的访问策略控制

试题（67）分析

本题考查分层网络架构的基础知识。

三层网络设计方案中，核心层的功能是高速数据转发；用户认证、计费管理、终端用户接入网络是接入层功能；实现网络的访问策略控制是汇聚层任务。

参考答案

（67）A

试题（68）

五阶段迭代周期模型把网络开发过程分为需求分析、通信规范分析、逻辑网络设计、物理网络设计、安装和维护等五个阶段。以下叙述中正确的是　(68)　。

（68）A．需求分析阶段应尽量明确定义用户需求，输出需求规范、通信规范

　　　B．逻辑网络设计阶段设计人员一般更加关注于网络层的连接图

　　C．物理网络设计阶段要输出网络物理结构图、布线方案、IP 地址方案等

　　D．安装和维护阶段要确定设备和部件清单、安装测试计划，进行安装调试

试题（68）分析

　　本题考查网络开发周期模型的基础知识。

　　需求分析阶段应尽量明确定义用户需求，但输出需求规范、通信规范是通信规范分析的内容；逻辑网络设计阶段设计人员一般更加关注于网络层的连接图；输出网络物理结构图、布线方案、IP 地址方案等是逻辑网络设计的内容；设备和部件清单不是安装维护阶段的内容。

参考答案

　　（68）B

试题（69）

　　以下关于网络冗余设计的叙述中，错误的是　（69）　。

　　（69）A．网络冗余设计避免网络组件单点失效造成应用失效

　　　　　B．通常情况下主路径与备用路径承担相同的网络负载

　　　　　C．负载分担是通过并行链路提供流量分担来提高性能

　　　　　D．网络中存在备用链路时，可以考虑加入负载分担设计

试题（69）分析

　　本题考查网络冗余设计的基础知识。

　　网络冗余设计的目的就是避免网络组件单点失效造成应用失效；备用路径是在主路径失效时启用，其和主路径承担不同的网络负载；负载分担是网络冗余设计中的一种设计方式，其通过并行链路提供流量分担来提高性能；网络中存在备用链路时，可以考虑加入负载分担设计来减轻主路径负担。

参考答案

　　（69）B

试题（70）

　　网络规划与设计过程中应遵循一些设计原则，保证网络的先进性、可靠性、容错性、安全性和性能等。以下原则中有误的是　（70）　。

　　（70）A．应用最新的技术，保证网络设计技术的先进性

　　　　　B．提供充足的带宽和先进的流量控制及拥塞管理功能

　　　　　C．采用基于通用标准和技术的统一网络管理平台

　　　　　D．网络设备的选择应考虑具有一定的可扩展空间

试题（70）分析

　　本题考查网络规划与设计过程中应遵循的一些设计原则。

　　先进技术的使用受是否成熟稳定以及经费等方面的限制，不能一味使用最新技术；提供充足的带宽和先进的流量控制及拥塞管理功能保证网络的可用及性能；采用基于通用标准和技术的统一网络管理平台便于运维；网络设备的选择应考虑具有一定的可扩展空间以备后期的升级及扩展。

参考答案

（70）A

试题（71）～（75）

A virtual ___（71）___ network, or VPN, is an encrypted connection over the Internet from a device to a network. The encrypted connection helps ensure that sensitive data is safely ___（72）___ . It prevents ___（73）___ people from eavesdropping on the traffic and allows the user to conduct work remotely. Traffic on the virtual network is sent securely by establishing an encrypted connection across the Internet known as a ___（74）___ . A remote access VPN securely connects a device outside the corporate office. A site-to-site VPN connects the corporate office to branch offices over the Internet. Site-to-site VPNs are used when distance makes it impractical to have direct network connections between these offices. Think of site-to-site access as ___（75）___ to network.

（71）A. public　　　　B. private　　　　C. personal　　　　D. proper

（72）A. encoded　　　 B. encrypted　　　C. stored　　　　　D. transmitted

（73）A. employed　　　B. authorized　　　C. unauthorized　　D. criminal

（74）A. channel　　　 B. path　　　　　 C. tunnel　　　　　D. route

（75）A. network　　　 B. device　　　　 C. computer　　　　D. endpoint

参考译文

一个虚拟专用网（VPN）是从设备到网络的加密连接。该加密连接确保敏感数据被安全传输。它可以防止未经授权的人窃听流量，并允许用户进行远程工作。虚拟网络上的流量是通过建立一个被称为隧道的加密连接安全发送的。远程访问 VPN 可以安全地连接公司办公室外的设备。一个站点到站点的 VPN 通过 Internet 将公司办公室与分公司连接起来。当这些办公室之间的距离使得无法实现直接网络连接时，就会使用站点到站点的 VPN。将站点到站点的访问看作是网络到网络。

参考答案

（71）B　　（72）D　　（73）C　　（74）C　　（75）A

第8章 2019下半年网络工程师下午试题分析与解答

试题一（共20分）

阅读以下说明，回答问题1至问题3，将解答填入答题纸对应的解答栏内。

【说明】

某组网拓扑如图1-1所示，网络接口规划如表1-1所示，VLAN规划如表1-2所示，网络部分需求如下：

1. 交换机SwitchA作为有线终端的网关，同时作为DHCP Server，为无线终端和有线终端分配IP地址，同时配置ACL控制不同用户的访问权限，控制摄像头（camera区域）只能跟DMZ区域服务器互访，无线访客禁止访问业务服务器区和员工有线网络。

2. 各接入交换机的接口加入VLAN，流量进行二层转发。

3. 出口防火墙上配置NAT功能，用于公网和私网地址转换；配置安全策略，控制Internet的访问，例如摄像头流量无需访问外网，但可以和DMZ区域的服务器互访；配置NATServer使DMZ区的Web服务器开放给公网访问。

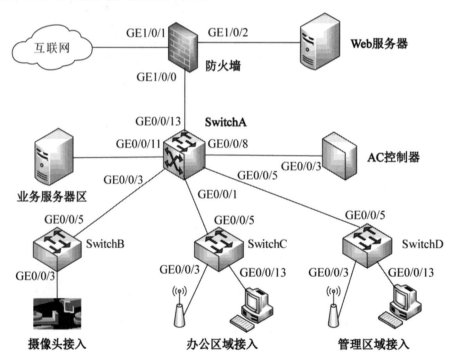

图 1-1

表 1-1　网络接口规划

设备名	接口编号	所属 VLAN	IP 地址
防火墙	GE1/0/0	—	10.107.1.2/24
	GE1/0/1	—	109.1.1.1/24
	GE1/0/2	—	10.106.1.1/24
AC 控制器	GE0/0/3	100	VLANIF100:10.100.1.2/24
SwitchA	GE0/0/1	101、102、103、105	VLANIF105:10.105.1.1/24
	GE0/0/3	104	VLANIF104:10.104.1.1/24
	GE0/0/5	101、102、103、105	VLANIF101:10.101.1.1/24 VLANIF102:10.102.1.1/24 VLANIF103:10.103.1.1/24
	GE0/0/8	100	VLANIF100:10.100.1.1/24
	GE0/0/11	108	VLANIF108:10.108.1.1/24
	GE0/0/13	107	VLANIF107:10.107.1.1/24
SwitchC	GE0/0/3	101、102、105	—
	GE0/0/5	101、102、103、105	—
	GE0/0/13	103	—
SwitchD	GE0/0/3	101、102、105	—
	GE0/0/5	101、102、103、105	—
	GE0/0/13	103	—

表 1-2　VLAN 规划

项目	描述
VLAN 规划	VLAN100：无线管理 VLAN VLAN101：访客无线业务 VLAN VLAN102：员工无线业务 VLAN VLAN103：员工有线业务 VLAN VLAN104：摄像头的 VLAN VLAN105：AP 所属 VLAN VLAN107：对应 VLANIF 接口上行防火墙 VLAN108：业务区接入 VLAN

【问题 1】（4 分）

补充防火墙数据规划表 1-3 内容中的空缺项。

表 1-3　防火墙数据规划

安全策略	源安全域	目的安全域	源地址/区域	目的地址
egress	trust	untrust	略	—
dmz_camera	dmz	camera	（1）	10.104.1.1/24
untrust_dmz	untrust	dmz	—	10.106.1.1/24
源 net 策略 egress	trust	untrust	Srcip	（2）

防火墙区域说明：防火墙 GE1/0/2 接口连接 dmz 区，防火墙 GE1/0/1 接口连接非安全区域，防火墙 GE1/0/0 接口连接安全区域；srcip 表示内网区域。

【问题 2】（8 分）

补充 SwitchA 数据规划表 1-4 内容中的空缺项。

表 1-4　SwitchA 数据规划

项目	VLAN	源 IP	目的 IP	动作
ACL	101	___(3)___	10.108.1.0/0.0.0.255	丢弃
		10.101.1.0/0.0.0.255	___(4)___	丢弃
	104	10.104.1.0/0.0.0.255.	10.106.1.0/0.0.0.255	___(5)___
		___(6)___	any	丢弃

【问题 3】（8 分）

补充路由规划表 1-5 内容中的空缺项。

表 1-5　路由规划

设备名	目的地址/掩码	下一跳	描述
防火墙	___(7)___	10.107.1.1	访问访客无线终端的路由
	___(8)___	10.107.1.1	访问摄像头的路由
SwitchA	0.0.0.0/0.0.0.0	___(9)___	缺省路由
AC 控制器	0.0.0.0/0.0.0.0	___(10)___	缺省路由

试题一分析

本题考查中、小企业网络规划案例，该网络拓扑应用范围较为典型，一方面为用户提供有线、无线网络基本的接入服务，另一方面该企业视频监控网络与用户网络混合部署，通过 VLAN 划分和 ACL 进行了必要的信息安全防范。

本题要求考生根据试题给出的网络规划补充各个网络设备接口具体的配置参数。

【问题 1】

本问题考查防火墙的配置。

通常将防火墙分为内网区域、非安全区域、dmz 区域。内网区域的受信任程度高，用来定义内部用户所在的网络；非安全区域是不受信任的网络，用来定义 Internet 等不安全的网络；dmz（Demilitarized，非军事区）受信任程度中等，用来定义内部服务器（公司 OA 系统、ERP 系统等）所在的网络。

本题要求考生依据需求填写出不同区域间数据转发源地址（区域）或目标地址。

【问题 2】

本问题考查 ACL 的基本配置。

配置 ACL 后，可以限制网络流量，允许特定设备访问，指定转发特定端口数据包等。通过配置 ACL，禁止局域网内的设备访问外部公共网络，或者只能使用 FTP 服务。

要求考生依据需求配置 ACL 规则对不同网段之间数据转发丢弃或者通过。

【问题 3】

本问题考查路由规划的基本知识。

本题给出的三种网络设备（防火墙、SwitchA、AC 控制器）转发数据的路由规划列表，要求考生将完善源的地址转发到对应的接口的数据。

参考答案

【问题 1】

（1）10.106.1.1/24（或相同含义表述）

（2）any（或相同含义表述）

【问题 2】

（3）10.101.1.0/0.0.0.255

（4）10.103.1.0/0.0.0.255

（5）通过

（6）10.104.1.0/0.0.0.255

【问题 3】

（7）10.101.1.0/255.255.255.0

（8）10.104.1.0/255.255.255.0

（9）10.107.1.2

（10）10.100.1.1

试题二（共 20 分）

阅读以下说明，回答问题 1 至问题 3，将解答填入答题纸对应的解答栏内。

【说明】

某公司计划在会议室部署无线网络，供内部员工和外来访客访问互联网使用，图 2-1 为拓扑图片段。

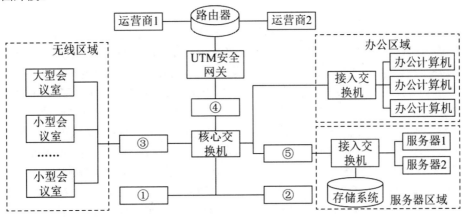

图 2-1

【问题 1】（7.5 分）

在①处部署 __(1)__ 设备，实现各会议室的无线网络统一管理、无缝漫游；在②处部

署 __(2)__ 设备，实现内部用户使用用户名和密码认证登录，外来访客通过扫描二维码或者手机短信验证登录无线网络；在③处部署 __(3)__ 设备，实现无线 AP 的接入和供电；大型会议室部署 __(4)__ 设备，实现高密度人群的无线访问；在小型会议室借助 86 线盒部署 __(5)__ 设备，实现无线访问。

（1）～（5）备选答案：

    A．面板式 AP   B．高密吸顶式 AP   C．无线控制器   D．无线认证系统

    E．无线路由器   F．普通吸顶式 AP   G．普通交换机   H．POE 交换机

【问题 2】（8 分）

在核心交换机上配置 __(6)__ ，可以实现无线网络和办公区网络、服务器区网络逻辑隔离；在④处部署 __(7)__ 设备，可以对所有用户的互联网访问进行审计和控制，阻止并记录非法访问；在⑤处部署 __(8)__ 设备，实现服务器区域的边界防护，防范来自无线区域和办公区域的安全威胁；在路由器上配置基于 __(9)__ 地址的策略路由，实现无线区域用户通过运营商 1 访问互联网，办公区域和服务器区域通过运营商 2 访问互联网。

【问题 3】（4.5 分）

图 2-1 所示的存储系统由 9 块 4TB 的磁盘组成一个 RAID5 级别的 RAID 组，并配置 1 块全局热备盘，则该存储系统最多可坏掉 __(10)__ 块磁盘而不丢失数据，实际可用容量为 __(11)__ TB（每块磁盘的实际可用容量按照 4TB 计算），该存储域网络为 __(12)__ 网络。

试题二分析

本题考查小型无线网络设计、安全防护和存储系统 RAID 的相关知识。

此类题目要求考生掌握无线网络、安全防护和存储系统知识；熟悉小型无线网络设计和组成部分，根据需求规划无线网络；熟悉 RAID5 级别的技术特点，根据业务需求，合理设计磁盘容量；熟悉常用安全防护设备的作用和部署方式，具备常见网络攻击的识别和防范能力。

【问题 1】

小型的无线网络组网规划中，一般有 AP（无线接入点）、AC（无线控制器）、无线用户认证系统、接入交换机或者 POE 供电交换机等部分。AP，即无线接入点，是无线访问用户接入网络的接入点，常见的类型有兼容 86 线盒的面板式 AP、适应高密度无线用户接入的高密吸顶式 AP、普通吸顶式 AP、附带馈线延伸的 AP 等；AC 的主要作用是负责所有 AP 的统一管理，包括下发配置、安全接入管理、无线漫游等功能，是无线网络的核心设备；无线用户认证系统则负责所有接入网络的无线访问用户的身份认证和管理；POE 交换机则负责有线网络和无线 AP 的连接，并提供 POE 供电。故在①处部署无线控制器设备，实现各会议室的无线网络统一管理、无缝漫游；在②处部署无线认证系统设备，实现内部用户使用用户名和密码认证登录，外来访客通过扫描二维码或者手机短信验证登录无线网络；在③处部署 POE 交换机设备，实现无线 AP 的接入和供电；大型会议室部署高密吸顶式 AP 设备，实现高密度人群的无线访问；在小型会议室借助 86 线盒部署面板式 AP 设备，实现无线访问。

【问题 2】

VLAN（虚拟局域网）可以将一个物理局域网的不同用户逻辑地划分为不同的广播域，

控制不同类型或者不同业务的用户相互访问，做到逻辑隔离，也可以有效地控制广播风暴。故在核心交换机上配置 VLAN，可以实现无线网络和办公区网络、服务器区网络逻辑隔离。

上网行为管理系统主要实现内部用户访问互联网时的网页访问过滤、网络应用控制、带宽流量管理、内容审计等上网行为的管控，在④处部署上网行为管理系统，可以对所有用户的互联网访问进行审计和控制，阻止并记录非法访问。

FW（防火墙）是一种网络安全防护设备，其主要目标就是控制访问一个网络的权限，并对所有经过的数据包进行检查，防止内部网络受到外界因素的干扰和破坏，一般用于网络区域边界防护。在⑤处部署防火墙设备，实现服务器区域的边界防护，防范来自无线区域和办公区域的安全威胁。

策略路由有基于目标和源地址两种，按照无线区域、办公区域和服务器区域实现策略路由。当访问互联网时，这些区域的地址属于源地址，故在路由器上配置基于源地址的策略路由，实现无线区域用户通过运营商 1 访问互联网，办公区域和服务器区域通过运营商 2 访问互联网。

【问题 3】

RAID（Redundant Array of Independent Disks，独立磁盘冗余阵列）是将许多价格较便宜的磁盘组成一个容量巨大的磁盘组，采用一定的数据冗余技术，保障数据安全。RAID5 采用分布式校验盘的做法，将校验盘打散在 RAID 组的每块磁盘上，由于 RAID5 只有 1 份校验数据，当 RAID5 磁盘组的一块磁盘数据发生损坏后，利用剩余磁盘的数据和相应的奇偶校验信息去恢复被损坏的数据，保证数据不会丢失。图 2-1 所示的存储系统配备了一块热备盘，当 RAID 组有磁盘故障时，热备盘会顶替故障磁盘加入 RAID 磁盘组，在 RAID5 可以故障一块磁盘的基础上，又增加一块磁盘冗余，故该存储系统最多可坏掉 2 块磁盘，而不会丢失数据。由于 RAID5 的可用磁盘数为 $N–1$，故该存储系统的可用容量为（9–1）×4TB=32TB；该存储系统通过网络交换机接入网络，供服务器访问，故该存储域网络为 IP-SAN 网络。

参考答案

【问题 1】

（1）C

（2）D

（3）H

（4）B

（5）A

【问题 2】

（6）VLAN

（7）上网行为管理

（8）防火墙

（9）源

【问题 3】

（10）2

（11）32

（12）IP-SAN

试题三（共 20 分）

阅读以下说明，回答问题 1 至问题 4，将解答填入答题纸对应的解答栏内。

【说明】

某公司内部网络结构如图 3-1 所示，在 WebServer 上搭建办公网 oa.xyz.com，在 FTPServer 上搭建 FTP 服务器 ftp.xyz.com，DNSServer1 是 WebServer 和 FTPServer 服务器上的授权域名解析服务器，DNSServer2 为 DNS 转发器。WebServer、FTPServer、DNSServer1 和 DNSServer2 均基于 Windows Server 2008 R2 操作系统进行配置。

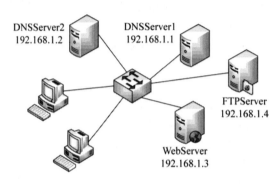

图 3-1

【问题 1】（6 分）

在 WebServer 上使用 HTTP 协议及默认端口配置办公网 oa.xyz.com。在安装 IIS 服务时，"角色服务"列表框中可以勾选的服务包括"__(1)__""管理工具"以及"FTP 服务器"。如图 3-2 所示的 Web 服务器配置界面，"IP 地址"处应填__(2)__，"端口"处应填__(3)__，"主机名"处应填__(4)__。

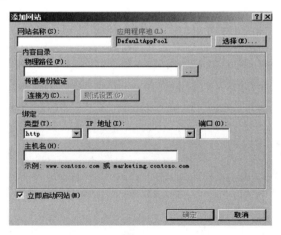

图 3-2

【问题 2】（6 分）

在 DNSServer1 上为 ftp.xyz.com 配置域名解析时，依次展开 DNS 服务器功能菜单，右击"正向查找区域"，选择"新建区域（Z）"，弹出"新建区域向导"对话框，创建 DNS 解析区域。在创建区域时，图 3-3 所示的"区域名称"处应填 （5） 。正向查找区域创建完成后，进行域名的创建，图 3-4 所示的新建主机的"名称"处应填 （6） ，"IP 地址"处应填 （7） 。如果选中图 3-4 中的"创建相关的指针（PTR）记录"，则增加的功能为 （8） 。

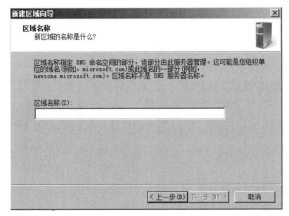
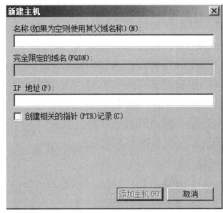

图 3-3　　　　　　　　　　　　　　　　　图 3-4

【问题 3】（4 分）

在 DNSServer2 上配置条件转发器，即将特定域名的解析请求转发到不同的 DNS 服务器上。如图 3-5 所示，为 ftp.xyz.com 新建条件转发器，"DNS 域"处应该填 （9） ，"主服务器的 IP 地址"处应单击添加的 IP 是 （10） 。

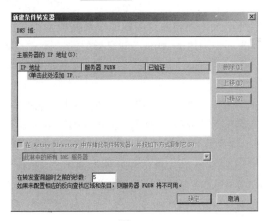

图 3-5

【问题 4】（4 分）

在 DNS 服务器上配置域名解析方式，如果选择 （11） 查询方式，则表示如果本地 DNS 服务器不能进行域名解析，则服务器根据它的配置向域名树中的上级服务器进行查询，在最坏情况下可能要查询到根服务器；如果选择 __(12)__ 查询方式，则表示本地 DNS 服务器发出查询请求时得到的响应可能不是目标的 IP 地址，而是其他服务器的引用（名字和地址），那么本地服务器就要访问被引用的服务器做进一步的查询，每次都更加接近目标的授权服务器，直至得到目标的 IP 地址或错误信息。

试题三分析

本题考查基于 Windows Server 2008 R2 操作系统的服务器配置过程。

此类题目要求考生认真阅读题目对现实问题的描述，根据给出的配置界面进行相关配置。此类题目要求考生熟悉 Windows Server 2008 R2 操作系统的服务器配置过程。

【问题 1】

本问题考查在 Windows Server 2008 R2 操作系统上配置 Web 服务器的过程。

在安装 IIS 服务时，"角色服务"列表框中可以勾选的服务包括"Web 服务器""管理工具"以及"FTP 服务器"。根据图 3-1 所示的网络架构，Web 服务器的 IP 地址是 192.168.1.3；Web 服务器采用 HTTP 协议及默认端口，默认端口为 80；根据图 3-2 所示，主机名即为 URL 网址，因此主机名应填 oa.xyz.com。

【问题 2】

本问题考查在 Windows Server 2008 R2 操作系统上配置 DNS 服务器的过程。

区域名称指定 DNS 域名空间的部分，该部分由此服务器管理，它可能是组织单位的域名或域名的一部分。问题 2 中在 DNSServer1 上为 ftp.xyz.com 配置域名解析，该组织单位的域名为 xyz.com，因此图 3-3 中区域名称应为 xyz.com。图 3-4 所示的新建主机过程中主机名与区域名称一起构成了完全限定的域名 ftp.xyz.com，因此主机名应为 ftp。根据图 3-1 所示的 FTP 服务器的 IP 地址，图 3-4 中为 FTP 服务器配置域名解析时 IP 地址应填 192.168.1.4。

反向域名解析是从 IP 地址到域名的映射。由于正向解析是从域名到 IP 地址的映射，如果要确认一个 IP 地址是否对应一个或者多个域名，需要从 IP 出发遍历整个域名系统。PTR（Pointer Record）指针记录是邮箱系统中的一个数据类型，与 A 记录对应，PTR 记录将 IP 地址指向域名。因此选中图 3-4 中的"创建相关的指针（PTR）记录"增加的功能为反向域名解析（或将 IP 地址 192.168.1.4 解析为 ftp.xyz.com 或其他相同含义表述）。

【问题 3】

本问题考查在 Windows Server 2008 R2 操作系统上配置 DNS 条件转发器的过程。

条件转发器将特定域名的解析请求转发到不同的 DNS 服务器上。条件转发器不是对域名进行递归或迭代的解析，而是直接根据域名匹配把特定域名的解析请求转发到不同的 DNS 服务器上。问题 3 中为 ftp.xyz.com 新建条件转发器，而 ftp.xyz.com 的授权域名解析服务器是 DNSServer1。因此，图 3-5 中 DNS 域应为 ftp.xyz.com；主服务器的 IP 地址应为 DNSServer1 的 IP 地址，即 192.168.1.1。

【问题 4】

在 DNS 服务器上域名解析方式有两种：①递归查询，表示如果本地 DNS 服务器不能进行域名解析，则服务器根据它的配置向域名树中的上级服务器进行查询，在最坏情况下可能要查询到根服务器；②迭代查询，表示本地 DNS 服务器发出查询请求时得到的响应可能不是目标的 IP

地址，而是其他服务器的引用（名字和地址），那么本地服务器就要访问被引用的服务器做进一步的查询，每次都更加接近目标的授权服务器，直至得到目标的 IP 地址或错误信息。

参考答案

【问题 1】

　　（1）Web 服务器

　　（2）192.168.1.3

　　（3）80

　　（4）oa.xyz.com

【问题 2】

　　（5）xyz.com

　　（6）ftp

　　（7）192.168.1.4

　　（8）反向域名解析（或相同含义表述）

【问题 3】

　　（9）ftp.xyz.com

　　（10）192.168.1.1

【问题 4】

　　（11）递归

　　（12）迭代

试题四（共 15 分）

　　阅读以下说明，回答问题 1 至问题 2，将解答填入答题纸对应的解答栏内。

【说明】

　　某企业的网络结构如图 4-1 所示。

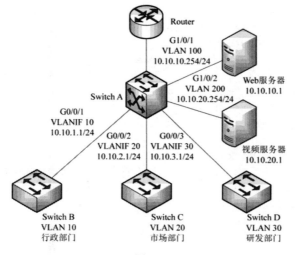

图 4-1

【问题 1】（6 分）

根据图 4-1 所示，完成交换机的基本配置。请根据描述，将以下配置代码补充完整。

```
<HUAWEI> (1)
[HUAWEI] (2) Switch
[Switch] vlan (3) 10 20 30 100 200
[Switch] (4) gigabitethernet 0/0/1
[Switch-GigabitEthernet0/0/1] port link-type (5)
[Switch-GigabitEthernet0/0/1] port trunk allow-pass vlan (6)
[Switch-GigabitEthernet0/0/1] quit
[Switch] interface vlanif 10
[Switch-Vlanif10] ip address 10.10.1.1 255.255.255.0
[Switch-Vlanif10] quit
......
VLAN 20 30 100 200 配置略
......
```

【问题 2】（9 分）

按照公司规定，禁止市场部和研发部工作日每天 8:00—18:00 访问公司视频服务器，其他部门和用户不受此限制。请根据描述，将以下配置代码补充完整。

```
......
[Switch] (7) satime 8:00 to 18:00 working-day
[Switch] acl 3002
[Switch-acl-adv-3002] rule deny ip source 10.10.2.0 0.0.0.255 destination
10.10.20.1 0.0.0.0 time-range satime
[Switch-acl-adv-3002] quit
[Switch] acl 3003
[Switch-acl-adv-3003] rule deny ip source 10.10.3.0 0.0.0.255 destination
10.10.20.10.0.0.0 time-range satime
[Switch-acl-adv-3003] quit
[Switch] traffic classifier c_market // (8)
[Switch-classifier-c_market] (9) acl 3002 //将 ACL 与流分类关联
[Switch-classifier-c_market] quit
[Switch] traffic classifier c_rd
[Switch-classifier-c_rd] if-match acl 3003 //将 ACL 与流分类关联
[Switch-classifier-c_rd] quit
[Switch] (10) b_market //创建流行为
[Switch-behavior-b_market] (11) //配置流行为动作为拒绝报文通过
[Switch-behavior-b_market] quit
[Switch] traffic behavior b_rd
[Switch-behavior-b_rd] deny
[Switch-behavior-b_rd] quit
```

```
[Switch]  (12)  p_market   //创建流策略
[Switch-trafficpolicy-p_market] classifier c_market behavior b_market
[Switch-trafficpolicy-p_market] quit
[Switch] traffic policy p_rd   //创建流策略
[Switch-trafficpolicy-p_rd] classifier c_rd behavior b_rd
[Switch-trafficpolicy-p_rd] quit
[Switch] interface  (13)
[Switch-GigabitEthernet0/0/2] traffic-policy p_market  (14)
[Switch-GigabitEthernet0/0/2] quit
[Switch] interface gigabitethernet 0/0/3
[Switch-GigabitEthernet0/0/3] traffic-policy  (15)  inbound
[Switch-GigabitEthernet0/0/3] quit
```

试题四分析

本题考查考生对交换机基本配置的掌握程度。

此类题目要求考生能够认真地查看题目拓扑结构，并根据题目要求结合拓扑结构进行分析和理解题意。根据代码的上下文，完成代码。

【问题 1】

本问题中要求考生按照拓扑结构中所提供的信息完成交换机的基本配置。

主要考查最基本的交换机配置方法和配置命令，要求考生能够熟练掌握配置代码和基本的配置逻辑。

【问题 2】

本问题中的题干中，已给出了公司的需求和具体的要求，根据其要求，仔细阅读配置代码，并对每行代码的功能有了一定的把握后，将缺少的部分补充完整。

该题目考查基于时间范围的 ACL 的基本配置，要求考生对配置代码较为熟悉，并能够清楚地把握配置代码之间的配置逻辑。

参考答案

【问题 1】

（1）system

（2）sysname

（3）batch

（4）interface

（5）trunk

（6）10

【问题 2】

（7）time-range

（8）创建流分类

（9）if-match

（10）traffic behavior

（11）deny

（12）traffic policy

（13）gigabitethernet 0/0/2

（14）inbound

（15）p_rd

第9章   2020 下半年网络工程师上午试题分析与解答

试题（1）

关系型数据库采用　__(1)__　解决数据并发引起的冲突。

（1）A．锁机制　　　　　B．表索引　　　　　C．分区表　　　　　D．读写分离

试题（1）分析

本题考查数据库系统基础知识。

当并发事务同时访问一个资源时，有可能导致数据不一致，因此需要一种机制来将数据访问顺序化，以保证数据库数据的一致性。锁就是其中的一种机制。

在计算机科学中，锁是在执行多线程时用于强行限制资源访问的同步机制，即用于在并发控制中保证对互斥要求的满足。关系型数据库采用锁机制解决数据并发引起的冲突。

参考答案

（1）A

试题（2）

把模块按照系统设计说明书的要求组合起来进行测试，属于__(2)__。

（2）A．单元测试　　　　B．集成测试　　　　C．确认测试　　　　D．系统测试

试题（2）分析

本题考查软件测试基础知识。

单元测试是指对软件中的最小可测试单元进行检查和验证。

集成测试，也叫组装测试或联合测试。在单元测试的基础上，将所有模块按照设计要求（如根据结构图）组装成子系统或系统，进行集成测试。实践表明，一些模块虽然能够单独工作，但并不能保证连接起来也能正常工作。

确认测试又称为有效性测试，是在模拟环境下，用黑盒测试的方法验证软件是否满足需求规格说明书列出的需求说明，任务是验证软件的功能和性能及其他特性是否与用户的要求一致。

系统测试是将经过测试的子系统装配成一个完整系统来测试。它是检验系统是否确实能提供系统方案说明书中指定功能的有效方法。

参考答案

（2）B

试题（3）

虚拟存储体系由__(3)__两级存储器构成。

（3）A．主存 - 辅存　　　　　　　　　B．寄存器 - Cache

　　　C．寄存器 - 主存　　　　　　　　D．Cache - 主存

试题（3）分析

本题考查计算机系统基础知识。

一个计算机系统中可能存在各种各样的存储器，有 CPU 内部的寄存器，CPU 内的 Cache 和 CPU 外的 Cache，主板上的主存（内存），主板外的磁盘存储器等。它们之间通过适当的形式连接起来形成计算机的存储体系。

在具有层次结构存储器的计算机系统中，自动实现部分装入和部分替换功能，能从逻辑上为用户提供一个比物理存储容量大得多、可寻址的"主存储器"。虚拟存储区的容量与物理主存大小无关，而受限于计算机的地址结构和可用磁盘容量。

参考答案

（3）A

试题（4）

下列操作系统中，不是基于 Linux 内核的是__(4)__。

（4）A．AIX   B．CentOS   C．红旗   D．中标麒麟

试题（4）分析

本题考查操作系统知识。

AIX 是 IBM 基于 AT&T UNIX System V 开发的一套类 UNIX 操作系统，运行在 IBM 专有的 Power 系列芯片设计的小型机硬件系统之上。

CentOS（Community Enterprise Operating System，社区企业操作系统）是 Linux 发行版之一，它是 Red Hat Enterprise Linux 依照开放源代码规定释出的源代码所编译而成。

红旗操作系统一般指红旗 Linux。红旗 Linux 是由北京中科红旗软件技术有限公司开发的一系列 Linux 发行版，包括桌面版、工作站版、数据中心服务器版、HA 集群版和红旗嵌入式 Linux 等产品。

中标麒麟操作系统采用强化的 Linux 内核，分成桌面版、通用版、高级版和安全版等，满足不同客户的要求。

参考答案

（4）A

试题（5）

8086 微处理器中执行单元负责指令的执行，它主要包括__(5)__。

（5）A．ALU 运算器、输入输出控制电路、状态寄存器

B．ALU 运算器、通用寄存器、状态寄存器

C．通用寄存器、输入输出控制电路、状态寄存器

D．ALU 运算器、输入输出控制电路、通用寄存器

试题（5）分析

本题考查计算机系统硬件知识。

8086 微处理器（CPU）从功能上划分成两部分：总线接口单元 BIU（Bus Interface Unit）和执行单元 EU（Execution Unit）。

EU 包括 16 位通用寄存器组（AX,BX,CX,DX,SP,BP,SI,DI）、算术逻辑单元（ALU）、状

态寄存器（FLAG）、操作控制器电路。

BIU 包括段寄存器组（CS,DS,SS,ES）、指令指针（IP）、地址加法器、指令队列缓冲器、总线接口控制逻辑。

参考答案

（5）B

试题（6）

使用白盒测试时，确定测试数据应根据__(6)__指定覆盖准则。

（6）A．程序的内部逻辑　　　　　　　B．程序的复杂程度

　　　C．使用说明书　　　　　　　　　D．程序的功能

试题（6）分析

本题考查软件测试基础知识。

白盒测试是一种测试用例设计方法，盒子是对被测试软件的比喻，白盒指的是盒子是可视的，即清楚盒子内部的东西以及里面是如何运作的。进行白盒测试时需全面了解程序内部逻辑结构，要对所有逻辑路径进行测试。

参考答案

（6）A

试题（7）

以下关于 RISC 指令系统基本概念的描述中，错误的是__(7)__。

（7）A．选取使用频率低的一些复杂指令，指令条数多

　　　B．指令长度固定

　　　C．指令功能简单

　　　D．指令运行速度快

试题（7）分析

本题考查计算机系统基础知识。

RISC（Reduced Instruction Set Computer，精简指令集计算机）的设计者把主要精力放在那些经常使用的指令上，尽量使它们简单高效。对不常用的功能，常通过组合指令来完成。

因此，在 RISC 机器上实现特殊功能时，效率可能较低。但可以利用流水技术和超标量技术加以改进和弥补。而 CISC 计算机的指令系统比较丰富，有专用指令来完成特定的功能。因此，处理特殊任务效率较高。

参考答案

（7）A

试题（8）

计算机上采用的 SSD（固态硬盘）实质上是__(8)__存储器。

（8）A．Flash　　　　B．磁盘　　　　C．磁带　　　　D．光盘

试题（8）分析

本题考查计算机系统基础知识。

固态硬盘是用固态电子存储芯片阵列制成的硬盘。

基于闪存的固态硬盘采用 Flash 芯片作为存储介质，这也是通常所说的 SSD。

参考答案

（8）A

试题（9）

信息安全强调信息/数据本身的安全属性，下面　__(9)__　不属于信息安全的属性。

（9）A．信息的秘密性　　　　　　　B．信息的完整性
　　　C．信息的可用性　　　　　　　D．信息的实时性

试题（9）分析

本题考查信息安全基础知识。

信息的实时性不属于信息安全的属性。

参考答案

（9）D

试题（10）

我国由　__(10)__　主管全国软件著作权登记管理工作。

（10）A．国家版权局　　　　　　　B．国家新闻出版署
　　　C．国家知识产权局　　　　　　D．地方知识产权局

试题（10）分析

本题考查知识产权基础知识。

国家版权局是国务院著作权行政管理部门，主管全国的著作权管理工作。

参考答案

（10）A

试题（11）、（12）

8 条模拟信道采用 TDM 复用成 1 条数字信道，TDM 帧的结构为 8 字节加 1 比特同步开销（每条模拟信道占 1 字节），若模拟数据频率范围为 10kHz～16kHz，样本率至少为__(11)__样本/秒，此时数字信道的数据速率为　__(12)__　Mb/s。

（11）A．8k　　　　　　B．10 k　　　　　　C．20 k　　　　　　D．32 k
（12）A．0.52　　　　　B．0.65　　　　　　C．1.30　　　　　　D．2.08

试题（11）、（12）分析

本题考查采样定理、多路复用等通信方面的基础知识。

题目中模拟数据频率范围为 10kHz～16kHz，依据采样定理，样本率为最高频率的 2 倍，所以至少每秒采样 32k 次。

数字信道的数据速率计算方式如下：

TDM 帧长为：8×8+1=65bit;

数字信道的数据速率：32k×65=2.08Mb/s。

参考答案

（11）D　　（12）D

试题（13）、（14）

在异步传输中，1 位起始位，7 位数据位，2 位停止位，1 位校验位，每秒传输 200 字符，采用曼彻斯特编码，有效数据速率是　(13)　kb/s，最大波特率为　(14)　Baud。

（13）A．1.2　　　　　B．1.4　　　　　C．2.2　　　　　D．2.4

（14）A．700　　　　　B．2200　　　　　C．1400　　　　　D．4400

试题（13）、（14）分析

本题考查异步传输、曼彻斯特编码等通信方面的基础知识。

每秒传输 200 字符，每个字符 7 位数据位，所以有效数据速率是 200×7=1.4kb/s。

每秒传输 200 字符，每字符 11bit，码元速率为 200×11=2200Baud，采用曼彻斯特编码，每个码元由 2 个信号元素构成，所以最大波特率为 2×2200=4400Baud。

参考答案

（13）B　　（14）D

试题（15）

在卫星通信中通常采用的差错控制机制为　(15)　。

（15）A．停等 ARQ　　　　　　　　　　B．后退 N 帧 ARQ

　　　C．选择性重传 ARQ　　　　　　　D．最大限额 ARQ

试题（15）分析

本题考查差错控制机制方面的基础知识。

差错控制机制包含停等 ARQ、后退 N 帧 ARQ 和选择性重传 ARQ 三种，由于卫星信道延迟较长，所以采用重传较少、工艺较高、缓存较大的选择性重传 ARQ。

参考答案

（15）C

试题（16）

以下千兆以太网标准中，支持 1000m 以上传输距离的是　(16)　。

（16）A．1000BASE-T　　　　　　　　B．1000BASE-CX

　　　C．1000BASE-SX　　　　　　　 D．1000BASE-LX

试题（16）分析

本题考查千兆以太网标准方面的基础知识。

千兆以太网标准包含 1000BASE-T、1000BASE-CX、1000BASE-LX 及 1000BASE-SX 等。1000BASE-T 采用超 5 类以上 UTP，距离 100 米以内；1000BASE-CX 采用铜芯，距离 30 米左右；1000BASE-SX 采用短波光纤传输，距离 500 米以内；1000BASE-LX 采用长波光纤传输，距离 1000 米以上。

参考答案

（16）D

试题（17）

综合布线系统中，用于连接各层配线室，并连接主配线室的子系统为　(17)　。

（17）A．工作区子系统　　　　　　　 B．水平子系统

　　　　C．垂直子系统　　　　　　　　　　D．管理子系统

试题（17）分析

　　本题考查综合布线系统基础知识。

　　用于连接各层配线室，并连接主配线室的子系统为垂直子系统。

参考答案

　　（17）C

试题（18）

　　光纤传输测试指标中，回波损耗是指　（18）　。

　　（18）A．信号反射引起的衰减

　　　　　B．传输距离引起的发射端的能量与接收端的能量差

　　　　　C．光信号通过活动连接器之后功率的减少

　　　　　D．传输数据时线对间信号的相互泄露

试题（18）分析

　　本题考查光纤传输测试指标基础知识。

　　回波损耗是指信号反射引起的衰减。

参考答案

　　（18）A

试题（19）

　　以 100Mb/s 以太网连接的站点 A 和 B 相隔 2000m，通过停等机制进行数据传输，传播速率为 200m/μs，有效的传输速率为　（19）　Mb/s。

　　（19）A．80.8　　　　　B．82.9　　　　　C．90.1　　　　　D．92.3

试题（19）分析

　　本题考查以太网传输特性基础知识。

　　传输一帧的时间：（1518×8+64×8）/100+2×2000/200=146.5μs；

　　有效传输速率：1518×8/146.5=82.9Mb/s。

参考答案

　　（19）B

试题（20）、（21）

　　采用 ADSL 联网，计算机需要通过　（20）　和分离器连接到电话入户接线盒。在 HFC 网络中，用户通过　（21）　接入 CATV 网络。

　　（20）A．ADSL 交换机　　　　　　　　B．Cable Modem

　　　　　C．ADSL Modem　　　　　　　　D．无线路由器

　　（21）A．ADSL 交换机　　　　　　　　B．Cable Modem

　　　　　C．ADSL Modem　　　　　　　　D．无线路由器

试题（20）、（21）分析

　　本题考查接入网技术基础知识。

　　ADSL 是采用电话网络提供宽带业务的一种技术，计算机需要通过 ADSL Modem 和分

离器连接到电话入户接线盒。HFC 是将电话、互联网和电视网合一提供服务的一种网络，用户通过 Cable Modem 接入 CATV 网络。

参考答案

（20）C　　（21）B

试题（22）

某 IP 网络连接如下图所示。下列说法中正确的是___（22）___。

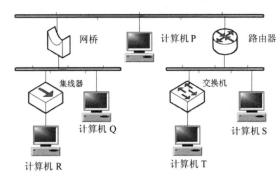

（22）A．共有 2 个冲突域

　　　B．共有 2 个广播域

　　　C．计算机 S 和计算机 T 构成冲突域

　　　D．计算机 Q 查找计算机 R 的 MAC 地址时，ARP 报文会传播到计算机 S

试题（22）分析

本题考查广播域与冲突域的概念。

广播域是广播帧覆盖的范围，冲突域是同时发送数据构成冲突的主机构成的集合。图中路由器分割成了 2 个广播域；S 和 T 有交换机隔开，不构成冲突域；S 与 Q 不在同一广播域，ARP 报文传不到 S。

参考答案

（22）B

试题（23）

采用 HDLC 协议进行数据传输时，RNR 5 表明___（23）___。

（23）A．拒绝编号为 5 的帧

　　　B．下一个接收的帧编号应为 5，但接收器未准备好，暂停接收

　　　C．后退 N 帧重传编号为 5 的帧

　　　D．选择性拒绝编号为 5 的帧

试题（23）分析

本题考查 HDLC 协议相关概念。

RNR 5 是监控帧，表明下一个接收的帧编号应为 5，但接收器未准备好，暂停接收。

参考答案

（23）B

试题（24）

若主机采用以太网接入 Internet，TCP 段格式中，数据字段最大长度为　（24）　字节。

（24）A．20　　　　　　B．1460　　　　　　C．1500　　　　　　D．65535

试题（24）分析

本题考查以太网应用相关概念。

以太帧最长 1518 字节，其封装的 IP 报文最大 1500 字节，减去 IP 首部（最小 20 字节）和 TCP 首部（最小 20 字节），故 TCP 段格式中，数据字段最大长度为 1460 字节。

参考答案

（24）B

试题（25）

TCP 采用拥塞窗口（cwnd）进行拥塞控制。以下关于 cwnd 的说法中正确的是　（25）　。

（25）A．首部中的窗口段存放 cwnd 的值

　　　B．每个段包含的数据只要不超过 cwnd 值就可以发送了

　　　C．cwnd 值由对方指定

　　　D．cwnd 值存放在本地

试题（25）分析

本题考查 TCP 相关基础知识。

TCP 拥塞窗口 cwnd 存放在本地，不包含在首部中。每个 TCP 段的大小受 rwnd 和 cwnd 双约束。

参考答案

（25）D

试题（26）

UDP 头部的大小为　（26）　字节。

（26）A．8　　　　　　B．16　　　　　　C．20　　　　　　D．32

试题（26）分析

本题考查 UDP 相关基础知识。

UDP 首部只有 8 个字节。

参考答案

（26）A

试题（27）

为了控制 IP 报文在网络中无限转发，在 IPv4 数据报首部中设置了　（27）　字段。

（27）A．标识符　　　B．首部长度　　　C．生存期　　　D．总长度

试题（27）分析

本题考查 IP 协议相关基础知识。

生存期限制了 IP 报文在因特网中转发的次数或时间。

参考答案

（27）C

试题（28）

Telnet 是用于远程访问服务器的常用协议。下列关于 Telnet 的描述中，不正确的是 （28） 。

（28）A．可传输数据和口令　　　　　　　B．默认端口号是 23

　　　 C．一种安全的通信协议　　　　　　D．用 TCP 作为传输层协议

试题（28）分析

本题考查 Telnet 方面的基础知识。

Telnet 协议是 TCP/IP 协议族中的一员，是 Internet 远程登录服务的标准协议和主要方式。Telnet 远程登录服务分为以下 4 个过程：

（1）本地与远程主机建立连接。该过程实际上是建立一个 TCP 连接，用户必须知道远程主机的 IP 地址或域名，远程主机的默认服务端口号是 23。

（2）将本地终端上输入的用户名和口令及以后输入的任何命令或字符以 NVT（Net Virtual Terminal）格式传送到远程主机。该过程实际上是从本地主机向远程主机发送一个 IP 数据包。

（3）将远程主机输出的 NVT 格式的数据转化为本地所接收的格式送回本地终端，包括输入命令回显和命令执行结果。

（4）最后，本地终端对远程主机进行撤销连接。该过程是撤销一个 TCP 连接。

Telnet 是一个明文传送协议，它将用户的所有内容，包括用户名和密码都明文在互联网上传送，具有一定的安全隐患。

参考答案

（28）C

试题（29）

Cookie 为客户端持久保持数据提供了方便，但也存在一定的弊端。下列选项中，不属于 Cookie 弊端的是 （29） 。

（29）A．增加流量消耗　　　　　　　　　B．明文传输，存在安全性隐患

　　　 C．存在敏感信息泄漏风险　　　　　D．保存访问站点的缓存数据

试题（29）分析

本题考查 Cookie 方面的基础知识。

Cookie，有时也用其复数形式 Cookies，类型为"小型文本文件"，是某些网站为了辨别用户身份，进行 Session 跟踪而储存在用户本地终端上的数据，由用户客户端计算机暂时或永久保存的信息。Cookie 虽然为持久保存客户端数据提供了方便，分担了服务器存储的负担，但还是有很多局限性的。Cookie 会被附加在 HTTP 请求中，所以无形中增加了流量消耗。由于在 HTTP 请求中的 Cookie 是明文传递的，所以存在安全性隐患。如果 Cookie 被人拦截了，那他就可以取得所有的 Session 信息。即使加密也于事无补，因为拦截者并不需要知道 Cookie 的意义，只要原样转发 Cookie 就可以达到目的了。

参考答案

（29）D

试题（30）

使用电子邮件客户端从服务器下载邮件，能实现邮件的移动、删除等操作在客户端和邮

箱上更新同步，所使用的电子邮件接收协议是　（30）　。

（30）A．SMTP　　　　B．POP3　　　　C．IMAP4　　　　D．MIME

试题（30）分析

本题考查电子邮件协议方面的基础知识。

SMTP（Simple Mail Transfer Protocol）即简单邮件传输协议，是一组用于从源地址到目的地址传输邮件的规范，通过它来控制邮件的中转方式。SMTP 协议属于 TCP/IP 协议簇，它帮助每台计算机在发送或中转信件时找到下一个目的地。

POP3（Post Office Protocol 3）规定怎样将个人计算机连接到 Internet 的邮件服务器和下载电子邮件的电子协议。它是因特网电子邮件的第一个离线协议标准，POP3 允许用户从服务器上把邮件存储到本地主机（即自己的计算机）上，同时删除保存在邮件服务器上的邮件。

IMAP4 协议与 POP3 协议一样，也是规定个人计算机如何访问网上的邮件服务器进行收发邮件的协议，但是 IMAP4 协议同 POP3 协议相比更高级。IMAP4 支持协议客户机在线或者离线访问并阅读服务器上的邮件，还能交互式地操作服务器上的邮件。开启了 IMAP4 后，在电子邮件客户端收取的邮件仍然保留在服务器上，同时在客户端上的操作都会反馈到服务器上，如删除邮件、标记已读等，服务器上的邮件也会做相应的动作。所以无论从浏览器登录邮箱或者从客户端软件登录邮箱，看到的邮件以及状态都是一致的。

MIME（Multipurpose Internet Mail Extensions），即多用途互联网邮件扩展类型，为多功能 Internet 邮件扩展，它设计的最初目的是在发送电子邮件时附加多媒体数据，让邮件客户程序能根据其类型进行处理。

参考答案

（30）C

试题（31）

在 Linux 系统中，DNS 配置文件的　（31）　参数，用于确定 DNS 服务器地址。

（31）A．nameserver　　B．domain　　　　C．search　　　　D．sortlist

试题（31）分析

本题考查 Linux 应用服务器的基础知识。

在 Linux 中，dtc/resolv.conf 是 DNS 客户配置文件，它包含了主机的域名搜索顺序和 DNS 服务器的地址，常用参数及其意义如下：

nameserver：表明 DNS 服务器的 IP 地址。可以有很多行的 nameserver，每一行一个 IP 地址。

domain：声明主机的域名。很多程序用到它，如邮件系统，当为没有域名的主机进行 DNS 查询时也要用。

search：它的多个参数指明域名的查询顺序。当要查询没有域名的主机时，主机将在由 search 声明的域中分别查找。

sortlist：允许将得到的域名结果进行特定的排序。它的参数为网络/掩码对，允许任意的排列顺序。

参考答案

（31）A

试题（32）

在 Linux 系统中，要将文件复制到另一个目录中，为防止意外覆盖相同文件名的文件，可使用　(32)　命令实现。

（32）A．cp -a　　　　　B．cp -i　　　　　C．cp -R　　　　　D．cp -f

试题（32）分析

本题考查 Linux 文件管理的基础知识。

在 Linux 中，文件复制命名是 cp，cp 命令的功能是把指定的源文件复制到目标文件或是把多个源文件复制到目标目录中。命令的一般格式如下：

cp[-选项] sourcefileName|directorydestfileName|directory

重要选项参数说明如下：

-a：整个目录复制。它保留链接、文件属性，并递归地复制子目录。

-f：删除已经存在的目标文件且不提示。

-i：和-f选项相反，在覆盖目标文件之前将给出提示要求用户确认。

-p：此时 cp 除复制源文件的内容外，还把其修改时间以及访问权限也复制到新文件中。

-R：若给出的源文件是一个目录文件，此时，cp 将递归复制该目录下所有的子目录和文件。此时目标文件必须为一个目录名。

-l：不做复制，只是链接文件。

参考答案

（32）B

试题（33）

在 Linux 系统中，可在　(33)　文件中修改系统主机名。

（33）A．/etc/hostname　　　　　　B．/etc/sysconfig

　　　 C．/dev/hostname　　　　　　D．/dev/sysconfig

试题（33）分析

本题考查 Linux 文件管理的基础知识。

在 Linux 中，etc/sysconfig/network 文件用于制定服务器上的网络配置信息的文件，包含了控制与网络有关的文件和守护程序行为的参数。

NETWORK=yes/no：表示网络是否被配置

HOSTNAME=hostname：表示服务器的主机名

GATEWAY=gw-ip：表示网络网关的 IP 地址

FORWARD_IPv4=yes/no：是否开启 IP 转发功能

参考答案

（33）A

试题（34）

在 Windows 命令提示符运行 nslookup 命令，结果如下所示。为 www.softwaretest.com 提

供解析的 DNS 服务器 IP 地址是 　（34）　。

C:\Documents and Settings\user>nslookup www.softwaretest.com
Server:　ns1.softwaretest.com
Address: 192.168.1.254

Non-authoritative answer：
Name:　www.softwaretest.com
Address: 10.10.1.3

（34）A．192.168.1.254　　　　　　　　B．10.10.1.3
　　　　C．192.168.1.1　　　　　　　　　D．10.10.1.1

试题（34）分析

本题考查 nslookup 命令方面的基础知识。

nslookup 用于查询 DNS 的记录，查询域名解析是否正常，在网络故障时用来诊断网络问题。

上述查询结果中，Server: ns1.softwaretest.com 是当前提供 DNS 服务的服务器，Address: 192.168.1.254 是提供解析服务的 DNS 服务器的 IP 地址。Address: 10.10.1.3 是解析出的 IP 地址。

参考答案

（34）A

试题（35）

Windows Server 2008 R2 上 IIS 7.5 能提供的服务有　（35）　。

（35）A．DHCP 服务　　B．FTP 服务　　　C．DNS 服务　　　D．远程桌面服务

试题（35）分析

本题考查 Windows Server 2008 R2 方面的基础知识。

下图为 Windows Server 2008 R2 上添加服务器角色过程的截图。从图中可知，DHCP 服务、DNS 服务、远程桌面服务是与 Web 服务器（IIS）并列的服务，IIS 中包含有 Web 和 FTP 服务。

参考答案

（35）B

试题（36）、（37）

某网络上 MAC 地址为 00-FF-78-ED-20-DE 的主机，可首次向网络上的 DHCP 服务器发送 __（36）__ 报文以请求 IP 地址配置信息，报文的源 MAC 地址和源 IP 地址分别是 __（37）__ 。

（36）A. Dhcp discover　　　　　　　B. Dhcp request
　　　C. Dhcp offer　　　　　　　　　D. Dhcp ack

（37）A. 0:0:0:0:0:0:0:0　　0.0.0.0
　　　B. 0:0:0:0:0:0:0:0　　255.255.255.255
　　　C. 00-FF-78-ED-20-DE　　0.0.0.0
　　　D. 00-FF-78-ED-20-DE　　255.255.255.255

试题（36）、（37）分析

本题考查 DHCP 服务器的基础知识。

网络上的主机首次向 DHCP 服务器请求 IP 地址配置信息时，以广播的形式发送 DHCP discover 报文，其报文的源 MAC 地址为主机的 MAC 地址，源 IP 地址是 0.0.0.0。

参考答案

（36）A　　（37）C

试题（38）

用户在登录 FTP 服务器的过程中，建立 TCP 连接时使用的默认端口号是 __（38）__ 。

（38）A. 20　　　　　B. 21　　　　　C. 22　　　　　D. 23

试题（38）分析

本题考查 FTP 服务器的基础知识。

FTP 服务基于传输层 TCP 协议，使用 21 和 22 端口，其中建立 TCP 连接使用端口 21，数据传输使用端口 22。

参考答案

（38）B

试题（39）

用户使用域名访问某网站时，是通过 __（39）__ 得到目的主机的 IP 地址。

（39）A. HTTP　　　B. ARP　　　　C. DNS　　　　D. ICMP

试题（39）分析

本题考查应用服务器的基础知识。

用户可以使用 IP 地址或者域名访问网络上的主机，域名访问较为便捷，系统通过域名解析服务通过其域名查找对应的 IP 地址，以便于访问网络中的主机。

参考答案

（39）C

试题（40）

在 DNS 的资源记录中，类型 A __（40）__ 。

（40）A．表示 IP 地址到主机名的映射　　　　B．表示主机名到 IP 地址的映射
　　　C．指定授权服务器　　　　　　　　　　D．指定区域邮件服务器

试题（40）分析

本题考查 DNS 服务器的基础知识。

DNS 资源记录中有以下类型，其作用如下：

- A 记录：也称为主机记录，作用是域名到 IP 地址的映射。
- NS 记录：又称域名服务器记录，用于指出区域的 DNS 服务器。
- SOA 记录：指出域名解析主服务器。
- MX 记录：全称是邮件交换记录。
- Cname 记录：又叫别名记录。
- SRV 记录：是服务器资源记录。
- PTR 记录：也称为指针记录，PTR 记录是 A 记录的逆向记录，提供 IP 地址向域名的映射。

参考答案

（40）B

试题（41）

下列关于防火墙技术的描述中，正确的是　(41)　。

（41）A．防火墙不能支持网络地址转换
　　　B．防火墙通常部署在企业内部网和 Internet 之间
　　　C．防火墙可以查、杀各种病毒
　　　D．防火墙可以过滤垃圾邮件

试题（41）分析

本题考查防火墙的基础知识。

防火墙（Firewall）在计算机科学领域中是一个架设在互联网与企业内网之间的信息安全系统，根据企业预定的策略来监控往来的传输。防火墙可能是一台专属的网络设备或是运行于主机上来检查各个网络接口上的网络传输。它是目前最重要的一种网络防护设备，从专业角度来说，防火墙是位于两个（或多个）网络间，实行网络间访问或控制的一组组件集合的硬件或软件。

防火墙能够实现的功能包括网络隔离、网络地址转换以及部分路由功能等。一般不提供查杀病毒、过滤垃圾邮件的功能。因此，只有 B 选项描述正确。

参考答案

（41）B

试题（42）

SHA-256 是　(42)　算法。

（42）A．加密　　　　　　　　　　　　　　B．数字签名
　　　C．认证　　　　　　　　　　　　　　D．报文摘要

试题（42）分析

本题考查信息安全中的报文摘要算法知识。

SHA-256 是安全散列算法（Secure Hash Algorithm，SHA）的一种，能计算出一个数字消息所对应到的长度固定的字符串（又称报文摘要）的算法。且若输入的消息不同，它们对应到不同字符串的概率很大。SHA 家族的算法，由美国国家安全局（NSA）所设计，并由美国国家标准与技术研究院（NIST）发布，是美国的政府标准。

参考答案

（42）D

试题（43）

根据国际标准 ITU-T X.509 规定，数字证书的一般格式中会包含认证机构的签名，该数据域的作用是___（43）___。

（43）A．用于标识颁发证书的权威机构 CA

　　　　B．用于指示建立和签署证书的 CA 的 X.509 名字

　　　　C．用于防止证书的伪造

　　　　D．用于传递 CA 的公钥

试题（43）分析

本题考查信息安全中的 X.509 数字证书的知识。

X.509 是密码学里公钥证书的格式标准。X.509 证书已应用在包括 TLS/SSL 在内的众多网络协议里，同时它也用在很多非在线应用场景里，比如电子签名服务。X.509 证书里含有公钥、身份信息（比如网络主机名，组织的名称或个体名称等）和签名信息（可以是证书签发机构 CA 的签名，也可以是自签名）。如果是一份经由可信的证书签发机构签名的或者可以通过其他方式验证的证书，证书的拥有者就可以用证书及相应的私钥来创建安全的通信，对文档进行数字签名。除了证书本身功能，X.509 还附带了证书吊销列表和用于从对证书进行签名的证书签发机构直到最终可信点为止的证书合法性验证算法。X.509 是 ITU-T 标准化部门基于之前的 ASN.1 定义的一套证书标准。

证书中包含的认证机构签名用于防止证书的伪造。

参考答案

（43）C

试题（44）

以下关于三重 DES 加密算法的描述中，正确的是___（44）___。

（44）A．三重 DES 加密使用两个不同密钥进行三次加密

　　　　B．三重 DES 加密使用三个不同密钥进行三次加密

　　　　C．三重 DES 加密的密钥长度是 DES 密钥长度的三倍

　　　　D．三重 DES 加密使用一个密钥进行三次加密

试题（44）分析

本题考查密码学中三重数据加密算法的知识。

密码学中，三重数据加密算法（Triple Data Encryption Algorithm，TDEA 或 Triple DEA），或称 3DES（Triple DES），是一种分组密码体制，相当于对每个数据块应用三次数据加密标准（DES）算法。

3DES 使用密钥选项 2 时，其包含 3 个 DES 密钥，K1、K2 和 K3，均为 56 位（除去奇偶校验位），且 K1=K3。加密算法为：

密文 = $E_{K3}(D_{K2}(E_{K1}(明文)))$

也就是说，使用 K1 为密钥进行 DES 加密，再用 K2 为密钥进行 DES "解密"，最后以 K3 进行 DES 加密。

而解密则为其反过程：

明文 = $D_{K1}(E_{K2}(D_{K3}(密文)))$

即以 K3 解密，以 K2 "加密"，最后以 K1 解密。

参考答案

（44）A

试题（45）

以下关于 HTTP 和 HTTPS 的描述中，不正确的是 __（45）__ 。

（45）A. 部署 HTTPS 需要到 CA 申请证书

B. HTTP 信息采用明文传输，HTTPS 则采用 SSL 加密传输

C. HTTP 和 HTTPS 使用的默认端口都是 80

D. HTTPS 由 SSL+HTTP 构建，可进行加密传输、身份认证，比 HTTP 安全

试题（45）分析

本题考查 HTTP 和 HTTPS 协议的基础知识。

数字证书是部署 HTTPS 的必备要素，因此部署时需要到 CA 申请证书。

HTTP 信息采用明文传输，HTTPS 则采用 SSL 加密传输。B 选项描述正确。

HTTP 使用的默认端口是 80，而 HTTPS 的默认端口是 443。C 选项描述不正确。

参考答案

（45）C

试题（46）

假设有一个 LAN，每 10 分钟轮询所有被管理设备一次，管理报文的处理时间是 50ms，网络延迟为 1ms，没有明显的网络拥塞，单个轮询需要时间大约为 0.2s，则该管理站最多可支持 __（46）__ 个设备。

（46）A. 4500　　　　　　　　　　B. 4000

C. 3500　　　　　　　　　　D. 3000

试题（46）分析

本题考查 SNMPv1 实现问题中关于被管设备轮询策略的知识。

假定管理站一次只能与一个代理作用，轮询只是采用 get 请求/响应这种简单形式，而且管理站全部时间都用来轮询，于是有下面的不等式：

$N \leqslant T/\Delta$

其中：N ——被轮询的代理数；

T ——轮询间隔；

Δ ——单个轮询需要的时间。

则：$N \leq T/\Delta = 10 \times 60/0.2 = 3000$。

参考答案

（46）D

试题（47）

某主机能够 ping 通网关，但是 ping 外网主机 IP 地址时显示"目标主机不可达"，出现该故障的原因可能是　（47）　。

　　（47）A．本机 TCP/IP 协议安装错误

　　　　　B．域名服务工作不正常

　　　　　C．网关路由错误

　　　　　D．本机路由错误

试题（47）分析

本题考查网络故障诊断和排除的知识以及关于 ping 命令的使用知识。

本题可通过排除法找到正确答案：

对于选项 A，如果 TCP/IP 协议安装错误，无法 ping 通网关。

对于选项 B，题干明确说明 ping 外网主机 IP 地址，因此跟域名服务无关。

对于选项 D，本机路由错误也会造成无法 ping 通网关。

参考答案

（47）C

试题（48）

Windows 系统中的 SNMP 服务程序包括 SNMPService 和 SNMPTrap 两个。其中 SNMPService 接收 SNMP 请求报文，根据要求发送响应报文；而 SNMPTrap 的作用是　（48）　。

　　（48）A．处理本地计算机上的陷入信息

　　　　　B．被管对象检测到差错，发送给管理站

　　　　　C．接收本地或远程 SNMP 代理发送的陷入信息

　　　　　D．处理远程计算机发来的陷入信息

试题（48）分析

本题考查 Windows 系统中关于 SNMP 服务程序的基础知识。

SNMP Trap 是 SNMP 的一部分，当被监控段出现特定事件，可能是性能问题，甚至是网络设备接口故障等，代理端会给管理站发告警事件。通过告警事件，管理站可以通过定义好的方法来处理告警。

参考答案

（48）B

试题（49）

某主机 IP 地址为 192.168.88.156，其网络故障表现为时断时续。通过软件进行抓包分析，结果如下图所示，造成该主机网络故障的原因可能是　（49）　。

No.	Time	Source	Destination	Protoc	Lengtl	Time to 1	Info
1	0.000000	CompalIn_14:f.	Routerbo_36:2.	ARP	42		Who has 192.168.88.48? Tell 192.168.88.156
2	0.000001	CompalIn_14:f.	Routerbo_36:2.	ARP	42		Who has 192.168.88.48? Tell 192.168.88.190
3	0.000013	CompalIn_14:f.	Routerbo_36:2.	ARP	42		Who has 192.168.88.48? Tell 192.168.88.190
4	0.000015	CompalIn_14:f.	Routerbo_36:2.	ARP	42		Who has 192.168.88.48? Tell 192.168.88.156
5	0.000097	CompalIn_14:f.	CompalIn_14:f.	ARP	42		Who has 192.168.88.190? Tell 192.168.88.48
6	0.000102	CompalIn_14:f.	CompalIn_14:f.	ARP	42		Who has 192.168.88.190? Tell 192.168.88.48
7	0.000109	CompalIn_14:f.	Routerbo_36:2.	ARP	42		192.168.88.190 is at f0:76:1c:14:f9:43
8	0.000114	CompalIn_14:f.	Routerbo_36:2.	ARP	42		192.168.88.190 is at f0:76:1c:14:f9:43
9	0.000279	Routerbo_36:2.	CompalIn_14:f.	ARP	60		192.168.88.48 is at e4:8d:8c:36:23:3a
10	0.000279	Routerbo_36:2.	68:6f:3d:04:5.	ARP	60		192.168.88.48 is at e4:8d:8c:36:23:3a
11	0.010002	CompalIn_14:f.	Routerbo_36:2.	ARP	42		Who has 192.168.88.48? Tell 192.168.88.190
12	0.010004	CompalIn_14:f.	Routerbo_36:2.	ARP	42		Who has 192.168.88.48? Tell 192.168.88.156
13	0.010014	CompalIn_14:f.	Routerbo_36:2.	ARP	42		Who has 192.168.88.48? Tell 192.168.88.156
14	0.010016	CompalIn_14:f.	Routerbo_36:2.	ARP	42		Who has 192.168.88.48? Tell 192.168.88.190
15	0.010269	Routerbo_36:2.	68:6f:3d:04:5.	ARP	60		192.168.88.48 is at e4:8d:8c:36:23:3a

Frame 1: 42 bytes on wire (336 bits), 42 bytes captured (336 bits)
Ethernet II, Src: CompalIn_14:f9:43 (f0:76:1c:14:f9:43), Dst: Routerbo_36:23:3a (e4:8d:8c:36:23:3a)
Address Resolution Protocol (request)

（49）A. 网关地址配置不正确　　　　　　　　B．DNS 配置不正确或者工作不正常
C．该网络遭到 ARP 病毒的攻击　　　　D．该主机网卡硬件故障

试题（49）分析

本题考查通过抓包分析诊断网络故障的能力和 ARP 病毒特征的知识。

题干中明确指出故障的特征是"时断时续"。通过抓包截图可以看出该主机短时间内捕获了大量 ARP 协议封包。结合故障特征来看，造成该主机网络故障的最可能原因就是该网络遭到 ARP 病毒的攻击。

参考答案

（49）C

试题（50）

Windows 中标准的 SNMP Service 和 SNMP Trap 分别使用的默认 UDP 端口是　（50）　。

（50）A. 25 和 26　　　　B．160 和 161　　　　C．161 和 162　　　　D．161 和 160

试题（50）分析

本题考查 Windows 中标注的 SNMP 服务的基础知识。

SNMP 采用 UDP 协议在管理端和 agent 之间传输信息。SNMP 采用 UDP161 端口接收和发送请求，162 端口接收 trap。执行 SNMP 的设备缺省都必须采用这些端口。SNMP 消息全部通过 UDP 端口 161 接收，只有 trap 信息采用 UDP 端口 162。

参考答案

（50）C

试题（51）

公司为服务器分配了 IP 地址段 121.21.35.192/28，下面的 IP 地址中，不能作为 Web 服务器地址的是　（51）　。

（51）A. 121.21.35.204　　　　　　　　　B．121.21.35.205
C．121.21.35.206　　　　　　　　　D．121.21.35.207

试题（51）分析

本题考查 IP 地址的基础知识。

作为服务器 IP 地址，必须是一个主机地址，而不能是一个网络地址或者广播地址。根据 IP 地址段 121.21.35.192/28 计算，IP 地址 121.21.35.207 的最后一个字节的主机位全为 1，是一个广播地址，因此不能作为 Web 服务器地址。

参考答案

（51）D

试题（52）～（54）

使用 CIDR 技术将下列 4 个 C 类地址 202.145.27.0/24、202.145.29.0/24、202.145.31.0/24 和 202.145.33.0/24 汇总为一个超网地址，其地址为　（52）　，下面　（53）　不属于该地址段，汇聚之后的地址空间是原来地址空间的　（54）　倍。

（52）A．202.145.27.0/20　　　　　　　B．202.145.0.0/20
　　　 C．202.145.0.0/18　　　　　　　 D．202.145.32.0/19

（53）A．202.145.20.255　　　　　　　 B．202.145.35.177
　　　 C．202.145.60.210　　　　　　　 D．202.145.64.1

（54）A．2　　　　　 B．4　　　　　 C．8　　　　　 D．16

试题（52）～（54）分析

本题考查 CIDR 的基础知识。

题干的 4 个 IP 地址，202.145.27.0/24、202.145.29.0/24、202.145.31.0/24 和 202.145.33.0/24 中的第三个字节用二进制形式来表示的情形如下：

27：00011011

29：00011101

31：00011111

33：00100001

对以上 4 个 IP 地址进行汇总，得到掩码为 18 位的超网，202.145.0.0/18。

使用 18 位掩码对题干选项的 IP 地址进行与计算，得到网络号的地址为同一个网段的地址，否则为不同的网段地址。

经过和并 4 个网络的地址，现有地址段的地址空间为 2^{14}，原地址空间为 $2^8 \times 4$，现地址空间是原地址空间的 16 倍。

参考答案

（52）C　　（53）D　　（54）D

试题（55）

下面的 IP 地址中，可以用作主机 IP 的是　（55）　。

（55）A．192.168.15.255/20　　　　　　 B．172.16.23.255/20
　　　 C．172.20.83.255/22　　　　　　　D．202.100.10.15/28

试题（55）分析

本题考查 CIDR 的基础知识。

主机地址不能是一个网络地址或者广播地址，即主机部分不能为全 0，或者全 1。

参考答案

（55）B

试题（56）

交换设备上配置 STP 的基本功能包括___（56）___。

①将设备的生成树工作模式配置成 STP

②配置根桥和备份根桥设备

③配置端口的路径开销值，实现将该端口阻塞

④使能 STP，实现环路消除

（56）A．①③④ 　　B．①②③ 　　C．①②③④ 　　D．①②

试题（56）分析

本题考查 STP 的基础知识。STP 是生成树协议 Spanning Tree Protocol 的缩写，主要作用是防止网桥网络中的冗余链路形成环路。当网络中存在环路，配置 STP 通过阻塞某个端口以达到破除环路的目的。

参考答案

（56）C

试题（57）

OSPF 相对于 RIP 的优势在于___（57）___。

①没有跳数的限制

②支持可变长子网掩码（VLSM）

③支持网络规模大

④收敛速度快

（57）A．①③④ 　　B．①②③ 　　C．①②③④ 　　D．①②

试题（57）分析

本题考查 OSPF 与 RIP 的基本概念。OSPF 适合大范围的网络，OSPF 协议中对于路由的跳数是没有限制的；组播触发式更新，OSPF 协议在收敛完成后，会以触发方式发送拓扑变化的信息给其他路由器，这样就可以减少网络带宽的利用率；收敛速度快，如果网络结构出现改变，OSPF 协议的系统会以最快的速度发出新的报文，从而使新的拓扑情况很快扩散到整个网络。本题易混淆的是 RIPv2 支持可变长子网掩码。

参考答案

（57）A

试题（58）

OSPF 协议中 DR 的作用范围是___（58）___。

（58）A．一个 area 　　　　　　B．一个网段

　　　　C．一台路由器 　　　　　　D．运行 OSPF 的网络

试题（58）分析

本题考查的是 OSPF 的基本概念。在一个 OSPF 网络中，选举一个路由器作为指定路由

器 DR。所有其他路由器只和它交换整个网络的一些路由更新信息，再由它对邻居路由器发送更新报文。再指定一个备份指定路由器 BDR，当 DR 出现故障时，BDR 起着备份的作用，确保网络的可靠性。

参考答案

（58）C

试题（59）

GVRP 定义的四种定时器中缺省值最小的是＿＿（59）＿。

（59）A．Hold 定时器　　　　　　　　B．Join 定时器

　　　 C．Leave 定时器　　　　　　　　D．LeaveAll 定时器

试题（59）分析

本题考查 GARP 的基本概念。

GARP 消息发送的时间间隔是通过定时器来实现的，GARP 定义了四种定时器，用于控制 GARP 消息的发送周期：

Hold 定时器：当 GARP 应用实体接收到其他设备发送的注册信息时，不会立即将该注册信息作为一条 Join 消息对外发送，而是启动 Hold 定时器，当该定时器超时后，GARP 应用实体将此时段内收到的所有注册信息放在同一个 Join 消息中向外发送，从而节省带宽资源。

Join 定时器：GARP 应用实体可以通过将每个 Join 消息向外发送两次来保证消息的可靠传输，在第一次发送的 Join 消息没有得到回复的时候，GARP 应用实体会第二次发送 Join 消息。两次 Join 消息发送之间的时间间隔用 Join 定时器来控制。

Leave 定时器：当一个 GARP 应用实体希望注销某属性信息时，将对外发送 Leave 消息，接收到该消息的 GARP 应用实体启动 Leave 定时器，如果在该定时器超时之前没有收到 Join 消息，则注销该属性信息。

LeaveAll 定时器：每个 GARP 应用实体启动后，将同时启动 LeaveAll 定时器，当该定时器超时后，GARP 应用实体将对外发送 LeaveAll 消息，以使其他 GARP 应用实体重新注册本实体上所有的属性信息。随后再启动 LeaveAll 定时器，开始新的一轮循环。

缺省情况下，Hold 定时器的值为 10 厘秒，Join 定时器的值为 20 厘秒，Leave 定时器的值 60 厘秒，LeaveAll 定时器的值为 1000 厘秒。（厘秒=0.01 秒）

参考答案

（59）A

试题（60）

下列命令片段的含义是＿＿（60）＿。

```
<Huawei> system-view
[Huawei] vlan 10
[Huawei-vlan10] name huawei
[Huawei-vlan10] quit
```

（60）A．创建了两个 VLAN　　　　　　B．恢复接口上 VLAN 缺省配置

C．配置 VLAN 的名称　　　　　D．恢复当前 VLAN 名称的缺省值

试题（60）分析

本题考查的是 VLAN 配置的基本命令。该命令片段的含义是配置 VLAN 的名称。

参考答案

（60）C

试题（61）

　_(61)_ 的含义是一台交换机上的 VLAN 配置信息可以传播、复制到网络中相连的其他交换机上。

（61）A．中继端口　　　B．VLAN 中继　　　C．VLAN 透传　　　D．Super VLAN

试题（61）分析

本题考查的是 VLAN 的基本概念。

中继端口是指在一个交换机端口允许一个或多个 VLAN 通信到达网络中相连的另一台交换机上相同的 VLAN 中。

VLAN 中继是指一台交换机上的 VLAN 配置信息可以传播、复制到网络中相连的其他交换机上，采用 GVRP 自动注册来实现。

VLAN 透传是指端口上使能了 QinQ 功能后，从该端口收到的报文就会被打上本端口缺省 VLAN 的 Tag。而 VLAN 透传功能则可使端口在收到带有指定 VLAN Tag 的报文后，不为其添加外层 VLAN Tag 而直接在运营商网络中传输。例如，当某 VLAN 为企业专线 VLAN 或网管 VLAN 时，就可以使用 VLAN 透传功能。

SuperVLAN 又称为 VLAN 聚合（VLAN Aggregation），其原理是一个 Super VLAN 包含多个 Sub VLAN，每个 Sub VLAN 是一个广播域，不同 Sub VLAN 之间二层相互隔离。

参考答案

（61）B

试题（62）

以下关于 BGP 的说法中，正确的是 _(62)_ 。

（62）A．BGP 是一种链路状态协议

　　　　B．BGP 通过 UDP 发布路由信息

　　　　C．BGP 依据延迟来计算网络代价

　　　　D．BGP 能够检测路由循环

试题（62）分析

本题考查路由协议相关知识。

BGP 是一种路径矢量路由协议，通过 TCP 传播路由信息，强调策略不考虑代价，能够检测路由循环。

参考答案

（62）D

试题（63）

快速以太网 100BASE-T4 采用的传输介质为 _(63)_ 。

（63）A．3 类 UTP　　　B．5 类 UTP　　　C．光纤　　　D．同轴电缆

试题（63）分析

本题考查快速以太网标准相关知识。

快速以太网包含 100BASE-TX、100BASE-FX 和 100BASE-T4 三种，其中 100BASE-T4 采用的传输介质为 4 对 3 类 UTP。

参考答案

（63）A

试题（64）

CSMA/CD 采用的介质访问技术属于资源的　（64）　。

（64）A．轮流使用　　B．固定分配　　C．竞争使用　　D．按需分配

试题（64）分析

本题考查 CSMA/CD 协议。

CSMA/CD 是以太网中采用的介质访问技术，是冲突域中竞争使用资源时提高效率采用的技术。

参考答案

（64）C

试题（65）

WLAN 接入安全控制中，采用的安全措施不包括　（65）　。

（65）A．SSID 访问控制　　　　　　B．CA 认证

　　　C．物理地址过滤　　　　　　　D．WPA2 安全认证

试题（65）分析

本题考查 WLAN 接入控制安全措施相关知识。

通过管理无线网络的 SSID 可以限制用户接入网络，同时配合 ACL，可以实现通过不同 SSID 接入的用户访问指定网络；通过维护接入设备的 MAC 地址列表，允许/拒绝指定设备接入无线网络，实现接入控制；WPA2 为基于 WPA 升级的一种新的加密方式，用于 WLAN 接入认证加密。故选 B。

参考答案

（65）B

试题（66）

下列 IEEE 802.11 系列标准中，WLAN 的传输速率达到 300Mb/s 的是　（66）　。

（66）A．802.11a　　B．802.11b　　C．802.11g　　D．802.11n

试题（66）分析

本题考查 IEEE 802.11 标准相关知识。

802.11b 标准于 1998 年发布，运行在 2.4GHz 频段，最大传输速率为 11Mb/s；802.11a 标准于 1999 年发布，运行在 5GHz 频段，最大传输速率，为 54Mb/s；802.11g 标准于 2003 年发布，运行在 2.4 GHz 频段，最大传输速率为 54Mb/s；802.11n 标准于 2009 年发布，可以同时运行在 2.4 GHz 和 5GHz 频段，最大传输速率达到 600Mb/s。

参考答案

（66）D

试题（67）

某单位计划购置容量需求为 60TB 的存储设备，配置一个 RAID 组，采用 RAID5 冗余，并配置一块全局热备盘，至少需要 __(67)__ 块单块容量为 4TB 的磁盘。

（67）A. 15   B. 16   C. 17   D. 18

试题（67）分析

本题考查 RAID5 相关知识。

RAID5 冗余方式由数据盘+1 块校验盘组成，故实际可用容量为 $N–1$；60TB 存储容量需要配置的 4TB 磁盘数量为：60÷4+1=16 块，再加上热备盘 1 块，共计需要 17 块磁盘。

参考答案

（67）C

试题（68）

对某银行业务系统的网络方案设计时，应该优先考虑 __(68)__ 原则。

（68）A. 开放性   B. 先进性   C. 经济性   D. 高可用性

试题（68）分析

银行业务的网络要求必须提供 7×24×365 小时连续服务的能力，所以高可用性是需要优先考虑的。可用性是网络系统设计的重要指标，是指网络或网络设备可用于执行预期任务的时间所占总量的百分比，可用性百分比越高，就意味着设备或者系统出现故障的可能性越小，提供的正常服务时间越多。可以通过设备冗余、负载均衡等设计，避免单点故障对系统服务产生影响，从而达到可用性 100%。

参考答案

（68）D

试题（69）

在项目管理过程中，变更总是不可避免，作为项目经理应该让项目干系人认识到 __(69)__ 。

（69）A. 在项目设计阶段，变更成本较低

     B. 在项目实施阶段，变更成本较低

     C. 项目变更应该由项目经理批准

     D. 应尽量满足建设方要求，不需要进行变更控制

试题（69）分析

本题考查信息系统项目管理关于变更管理的相关知识。

相对于项目实施阶段变更，在项目设计阶段变更成本较低，因为实施阶段变更可能会影响到其他相关联的项目内容，需要重新进行设计调整、设计验证测试，会影响整个项目进度、成本、风险控制等。

项目过程中，变更是不可避免的，但并不意味着可以随意变更，必须进行变更控制，变更控制包括：变更识别、评审及批准、更新项目范围、成本、预算、进度、质量需求、记录变更的所有影响等，项目变更由变更控制委员会批准，而不是项目经理。

参考答案

（69）A

试题（70）

进行项目风险评估最关键的时间点是　（70）　。

（70）A．计划阶段　　　B．计划发布后　　　C．设计阶段　　　D．项目出现问题时

试题（70）分析

本题考查信息系统项目管理关于风险管理的相关知识。

项目风险管理为信息系统项目管理的重要方面，风险管理贯穿项目的整个过程，在项目计划阶段首先需要编制风险管理计划，进行潜在风险识别和评估，并制订风险应对计划。

参考答案

（70）A

试题（71）～（75）

The Address Resolution Protocol (ARP) was developed to enable communications on an internetwork and perform a required function in IP routing. ARP lies between layers　（71）　of the OSI model, and allows computers to introduce each other across a network prior to communication. ARP finds the　（72）　address of a host from its known　（73）　address. Before a device sends a datagram to another device, it looks in its ARP cache to see if there is a MAC address and corresponding IP address for the destination device. If there is no entry, the source device sends a　（74）　message to every device on the network. Each device compares the IP address to its own. Only the device with the matching IP address replies with a packet containing the MAC address for the device (except in the case of "proxy ARP"). The source device adds the　（75）　device MAC address to its ARP table for future reference.

（71）A．1 and 2　　　B．2 and 3　　　C．3 and 4　　　D．4 and 5

（72）A．IP　　　B．logical　　　C．hardware　　　D．network

（73）A．IP　　　B．physical　　　C．MAC　　　D．virtual

（74）A．unicast　　　B．multicast　　　C．broadcast　　　D．point-to-point

（75）A．source　　　B．destination　　　C．gateway　　　D．proxy

参考译文

地址解析协议（ARP）被开发用于促进网络间的通信并执行 IP 路由中必需的功能。ARP 位于 OSI 模型的第 2 层和第 3 层中间，允许计算机在一个网络通信前相互介绍。ARP 根据一个主机一直的 IP 地址解析出该主机的硬件地址。在一个设备给另一个设备发送数据报文之前，它查询自己的 ARP 缓存，看是否有目的设备的 MAC 地址和对应的 IP 地址。如果未发现相关条目，源设备会发送一个广播消息给网络上的所有设备。每个设备对比消息中的 IP 地址和自己的 IP 地址。只有 IP 地址匹配的设备（ARP 代理除外）回复一个包含设备 MAC 地址的数据包。源设备把目的设备的 MAC 地址添加到它的 ARP 列表中，以备后续使用。

参考答案

（71）B　　（72）C　　（73）A　　（74）C　　（75）B

第 10 章 2020 下半年网络工程师下午试题分析与解答

试题一（共 20 分）

阅读以下说明，回答问题 1 至问题 3，将解答填入答题纸对应的解答栏内。

【说明】

某校园宿舍网络拓扑结构如图 1-1 所示，数据规划如表 1-1 内容所示。该网络采用敏捷分布式组网在每个宿舍部署一个 AP，AP 连接到中心 AP，所有 AP 和中心 AP 统一由 AC 进行集中管理，为每个宿舍提供高质量的 WLAN 网络覆盖。

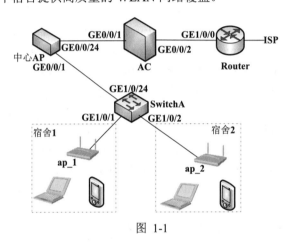

图 1-1

表　1-1

配置项	数据
Router GE1/0/0	Vlanif101：10.23.101.2/24
AC GE0/0/2	Vlanif101：10.23.101.1/24　业务 Vlan
AC GE0/0/1	Vlanif100：10.23.100.1/24　管理 Vlan
DHCP 服务器	AC 作为 DHCP 服务器为用户、中心 AP 和接入 AP 分配 IP 地址
AC 的源接口 IP 地址	Vlanif100：10.23.100.1/24
AP 组	名称：ap-group1；引用模板：VAP 模板 wlan-net、域管理模板 default
域管理模板	名称：default；国家码：中国（cn）
SSID 模板	名称：wlan-net；SSID 名称：wlan-net
安全模板	名称：wlan-net；安全策略：WPA-WPA2+PSK+AES 密码：a1234567
VAP 模板	名称：wlan-net　转发模式：隧道转发业务 VLAN：VLAN101 引用模板：SSID 模板 wlan-net　安全模板 wlan-net
SwitchA	默认接口都加入了 VLAN 1，二层互通，不用配置

【问题 1】（10 分）

补充命令片段的配置。

1. Router 的配置文件

```
[Huawei] sysname Router
[Router] vlan batch  (1)
[Router] interface gigabitethernet 1/0/0
[Router-GigabitEthernet1/0/0] port link-type trunk
[Router-GigabitEthernet1/0/0] port trunk allow-pass vlan 101
[Router-GigabitEthernet1/0/0] quit
[Router] interface vlanif 101
[Router-Vlanif101] ip address  (2)
[Router-Vlanif101] quit
```

2. AC 的配置文件

```
#配置 AC 和其他网络设备互通
[HUAWEI] sysname  (3)
[AC] vlan batch 100 101
[AC] interface gigabitethernet 0/0/1
[AC-GigabitEthernet0/0/1] port link-type trunk
[AC-GigabitEthernet0/0/1]port trunk pvid vlan 100
[AC-GigabitEthernet0/0/1] port trunk allow-pass vlan 100
[AC-GigabitEthernet0/0/1] port-isolate  (4)   //实现端口隔离
[AC-GigabitEthernet0/0/1] quit
[AC] interface gigabitethernet 0/0/2
[AC-GigabitEthernet0/0/2] port link-type trunk
[AC-GigabitEthernet0/0/2] port trunk allow-pass vlan 101
[AC-GigabitEthernet0/0/2] quit

#配置中心 AP 和 AP 上线
[AC] wlan
[AC-wlan-view] ap-group name ap-group1
[AC-wlan-ap-group-ap-group1] quit
[AC-wlan-view] regulatory-domain-profile name default
[AC-wlan-regulate-domain-default] country-code  (5)
[AC-wlan-regulate-domain-default] quit
[AC-wlan-view] ap-group name ap-group1
[AC-wlan-ap-group-ap-group1] regulatory-domain-profile  (6)
 Warning: Modifying the country code will clear channel, power and antenna
gain configurations of the radio and reset the AP. Continue?[Y/N]:y
[AC-wlan-ap-group-ap-group1] quit
[AC-wlan-view] quit
[AC] capwap source interface  (7)
```

```
[AC] wlan
[AC-wlan-view] ap auth-mode mac-auth
[AC-wlan-view] ap-id 0 ap-mac 68a8-2845-62fd//中心 AP 的 MAC 地址
[AC-wlan-ap-0] ap-name central_AP
Warning: This operation may cause AP reset. Continue? [Y/N]:y
[AC-wlan-ap-0] ap-group ap-group1
Warning: This operation may cause AP reset. If the country code changes,
it will clear channel, power and antenna gain configuration s of the radio,
Whether to continue? [Y/N]:y
[AC-wlan-ap-0] quit
```
其他相同配置略去
```
# 配置 WLAN 业务参数
[AC-wlan-view] security-profile name wlan-net
[AC-wlan-sec-prof-wlan-net] security wpa-wpa2 psk pass-phrase （8） aes
[AC-wlan-sec-prof-wlan-net] quit
[AC-wlan-view] ssid-profile name wlan-net
[AC-wlan-ssid-prof-wlan-net] ssid （9）
[AC-wlan-ssid-prof-wlan-net] quit
[AC-wlan-view] vap-profile name wlan-net
[AC-wlan-vap-prof-wlan-net] forward-mode tunnel
[AC-wlan-vap-prof-wlan-net] service-vlan vlan-id （10）
[AC-wlan-vap-prof-wlan-net] security-profile wlan-net
[AC-wlan-vap-prof-wlan-net] ssid-profile wlan-net
[AC-wlan-vap-prof-wlan-net] quit
[AC-wlan-view] ap-group name ap-group1
[AC-wlan-ap-group-ap-group1] vap-profile wlan-net wlan 1 radio 0
[AC-wlan-ap-group-ap-group1] vap-profile wlan-net wlan 1 radio 1
[AC-wlan-ap-group-ap-group1] quit
```

【问题 2】（6 分）

上述网络配置命令中 AP 的认证方式是 （11） 方式，通过配置 （12） 实现统一配置。

（11）～（12）备选答案：

A．MAC　　　　　　B．SN　　　　　　C．AP 地址　　　　　　D．AP 组

将 AP 加电后，执行 （13） 命令可以查看到 AP 是否正常上线。

（13）备选答案：

A．display ap all　　B．display vap ssid

【问题 3】（4 分）

1．组播报文对无线网络空口的影响主要是 （14） ，随着业务数据转发的方式不同，组播报文的抑制分别在 （15） 和 （16） 配置。

2．该网络 AP 部署在每一间宿舍的原因是 （17） 。

试题一分析

本题考查 WLAN 接入网络的相关技术。在房间较多的场景中采用每个宿舍部署一个 AP，AP 接入到中心 AP，所有 AP 和中心 AP 统一由 AC 进行集中管理。该组网方式可以避免由

于宿舍大楼中房间较多，房间之间的墙壁等障碍物会使无线信号严重衰减，影响 WLAN 信号覆盖的问题。

该网络的配置步骤是：

1．配置中心 AP、AP、AC 和上层网络设备之间实现二层互通。

2．配置 AC 作为 DHCP 服务器为中心 AP 和 AP 分配 IP 地址。

3．配置中心 AP 和 AP 上线。包括创建 AP 组，用于将需要进行相同配置的中心 AP 和 AP 都加入到 AP 组，实现统一配置；配置 AC 的系统参数，包括国家码、源接口；配置 AP 上线的认证方式并离线导入中心 AP 和 RU，实现中心 AP 和 AP 正常上线等。

4．配置 WLAN 业务，实现用户访问 WLAN 网络功能。

【问题 1】

本题考查根据配置步骤和数据规划表补充配置文件中的命令片段，分析如下：

问题（1）～（2）配置 Router 的接口 GE1/0/0 加入 VLAN101，创建接口 VLANIF101 并配置 IP 地址为 10.23.101.2/24。配置 SwitchA，使中心 AP 和 AP 二层互通。对于本题中的 SwitchA，接口默认都加入了 VLAN 1，二层互通，所以无须配置。

本题中未考查 DHCP 的配置，相关命令片段略去。

问题（3）～（4）补充 AC 的命名及使能端口隔离 enable。

问题（5）～（7）创建域管理模板，在域管理模板下配置 AC 的国家码并在 AP 组下引用域管理模板；配置 AC 的源接口。

问题（8）～（10）分别配置的是 WPA-WPA2+PSK+AES 的安全策略密码为 "a1234567"；创建名为 "wlan-net" 的 SSID 模板，并配置 SSID 名称为 "wlan-net"；创建名为 "wlan-net" 的 VAP 模板，配置业务数据转发模式、业务 VLAN101。

【问题 2】

ap auth-mode 命令用来配置 AP 认证模式。命令格式 ap auth-mode { mac-auth | no-auth | sn-auth }的含义分别是 MAC 地址认证、不认证和 SN 认证。

display ap all 命令用来查看业务型 VAP 的相关信息，包括查看 AP 是否正常上线。

【问题 3】

纯组播报文由于协议要求在无线空口没有 ACK 机制保障，且无线空口链路不稳定，为了纯组播报文能够稳定发送，通常会以低速报文形式发送。如果网络侧有大量异常组播流量涌入，则会造成无线空口拥堵。为了减小大量低速组播报文对无线网络造成的冲击，通常要配置组播报文抑制功能。

业务数据转发方式采用直接转发时，在直连 AP 的交换机接口上配置组播报文抑制。

业务数据转发方式采用隧道转发时，在 AC 的流量模板下配置组播报文抑制。

参考答案

【问题 1】

（1）101　　　　　　　　　　　（2）10.23.101.2/24 或 10.23.101.2　255.255.255.0

（3）AC　　　　　　　　　　　 （4）enable

（5）cn　　　　　　　　　　　　（6）default

（7）vlanif 100　　　　　（8）a1234567

（9）wlan-net　　　　　（10）101

【问题 2】

（11）A　（12）D　（13）A

【问题 3】

（14）拥塞

（15）AP 交换机接口或接口

（16）AC 流量模板或模板

（17）房间之间的墙壁等障碍物会使无线信号严重衰减，影响 WLAN 信号质量

试题二（共 20 分）

阅读以下说明，回答问题 1 至问题 4，将解答填入答题纸对应的解答栏内。

【说明】

小王为某单位网络中心网络管理员，该网络中心部署有业务系统、网站对外提供信息服务，业务数据通过 SAN 存储网络，集中存储在磁盘阵列上，使用 RAID 实现数据冗余；部署邮件系统供内部人员使用，并配备有防火墙、入侵检测系统、Web 应用防火墙、上网行为管理系统、反垃圾邮件系统等安全防护系统，防范来自内外部网络的非法访问和攻击。

【问题 1】（4 分）

网络管理员在处理终端 A 和 B 无法打开网页的故障时，在终端 A 上 ping127.0.0.1 不通，故障可能是　(1)　原因造成；在终端 B 上能登录互联网即时聊天软件，但无法打开网页，故障可能是　(2)　原因造成。

（1）～（2）备选答案：

A．链路故障　　　　　　　　B．DNS 配置错误

C．TCP/IP 协议故障　　　　 D．IP 配置错误

【问题 2】（8 分）

网络管理员监测到部分境外组织借新冠疫情对我国信息系统频繁发起攻击，其中，图 2-1 访问日志所示为　(3)　攻击，图 2-2 访问日志所示为　(4)　攻击。

132.232.*.*访问 www.xxx.com/default/save.php, 可疑行为：eval (base64_decode($_POST, 已被拦截。

图 2-1

132.232.*.* 访问 www.xxx.com/NewsType.php?SmallClass=' union select 0,username+CHR(124)+password from admin

---

图 2-2

网络管理员发现邮件系统收到大量不明用户发送的邮件，标题含"武汉旅行信息收集""新型冠状病毒肺炎的预防和治疗"等和疫情相关字样，邮件中均包含相同字样的 Excel 文件，经检测分析，这些邮件均来自某境外组织，Excel 文件中均含有宏，并诱导用户执行宏，下

载和执行木马后门程序，这些驻留程序再收集重要目标信息，进一步扩展渗透，获取敏感信息，并利用感染计算机攻击防疫相关的信息系统，上述所示的攻击手段为　(5)　攻击，应该采取　(6)　等措施进行防范。

（3）～（5）备选答案：

    A. 跨站脚本　　　　B. SQL 注入　　　C. 宏病毒　　　　　D. APT

    E. DDos　　　　　　F. CC　　　　　　　G. 蠕虫病毒　　　　H. 一句话木马

【问题 3】（5 分）

存储区域网络（Storage Area Network，SAN）可分为　(7)　、　(8)　两种，从部署成本和传输效率两个方面比较这两种 SAN 网络，比较结果为　(9)　。

【问题 4】（3 分）

请简述 RAID2.0 技术的优势（至少列出 2 点优势）。

试题二分析

本题考查网络故障排查、安全防护和存储系统 RAID 的相关知识。

此类题目要求考生掌握网络通信、安全防护和存储系统知识，熟悉浏览器、聊天软件等应用，能快速排查网络故障；熟悉存储区域网络，根据 IP-SAN 和 FC-SAN 的优缺点及不同的应用场景，合理选择，简单了解 RAID2.0 的技术特点；熟悉常用安全防护设备的作用和部署方式，具备常见网络攻击的识别和防范能力。

【问题 1】

127.0.0.1 是 IPv4 的一个保留地址，ping 127.0.0.1 一般作为测试本机 TCP/IP 协议栈是否正常，本例中，在终端 A 上 ping127.0.0.1 不通，说明本机的 TCP/IP 协议栈故障，故空　(1)　处应填入"TCP/IP 协议故障"（备选答案 C）；在终端 B 上能登录互联网即时聊天软件，说明与互联网连接正常，不存在链路故障和 IP 配置错误现象，但无法打开网页，一般是由于 DNS 配置不正确，输入的域名无法解析，使得网页无法打开，故空　(2)　处应填入"DNS 配置错误"（备选答案 B）。

【问题 2】

在网络攻击和渗透时，会利用文件上传漏洞上传一句话木马到目标网站，继而提权获取系统权限，窃取数据或者破坏信息系统。eval (base64_decode($_POST 为典型的 PHP 一句话木马，eval()函数使括号内的字符串当作代码执行，base64_decode()函数对数据进行解码，$_POST[变量]表示使用 POST 方式接受变量参数值。PHP、ASP、ASPX 编写的网站系统存在多种一句话木马形式，但其基本原理相同，应做好相应的防范。故图 2-1 访问日志所示为一句话木马攻击，空　(3)　处应填入"一句话木马"（备选答案 H）。

图 2-2 所示的访问日志中，在 URL 中以参数 SmallClass 值的形式注入 SQL 语句' union select 0,username+CHR(124)+password from admin，通过 GET 方式传到服务器端，服务器端接收到该参数值后，有可能会拼接到对数据库操作的 SQL 语句中，执行后，通过报错、条件为真等方式，非法获取敏感信息或者绕过密码验证。故图 2-2 访问日志所示为 SQL 注入攻击，空　(4)　处应填入"SQL 注入"（备选答案 B）。

APT（Advanced Persistent Threat）攻击，即高级可持续威胁攻击，也称为定向威胁攻击，是有组织的，有明确目的性，长期综合运用多种攻击手段对特定目标进行渗透的活动。经常利用电子邮件获取内部网络或者操作系统权限，然后投送木马文件，并利用操作系统或者内部网络的漏洞，进行横向渗透，逐步接近目标，最终完成攻击计划。APT 攻击除使用多种途径外，经常有计划地采用多个阶段穿透一个网络，获取有价值的信息。上述案例中，攻击的过程包含：扫描探测（利用热点事件大量随机发送邮件，等待机会）→工具投送（邮件中携带含恶意宏的文件）→漏洞利用（利用操作系统漏洞，诱导用户执行宏）→木马植入（通过执行宏，在该计算机下载和执行木马后门程序）→远程控制→横向渗透→获取数据。有计划有预谋，通过多种手段和方法达到最终目的，为典型的 APT 攻击。故空 (5) 处应填入"APT"（备选答案 D）。从上述可知，APT 攻击较为隐蔽，单一手段无法较好地防范该类攻击，以上述案例为例，（1）应加强邮件系统防护和过滤，阻断通过邮件渗透和发起初步攻击；（2）终端计算机应安装防病毒软件，不明文件中含有宏时需谨慎执行，阻止木马程序运行；（3）通过上网行为管理、Web 信誉管理、访问控制手段等阻止非法外链，使得无法远程下载木马程序，可以阻止对内网终端的远程控制；（4）加强内网安全防护，特别是重要部门的数据安全防护；（5）部署 APT 防护相关设备。

【问题 3】

存储区域网络（SAN）是通过专用高速网将一个或多个网络存储设备和服务器连接起来的专用存储系统，依据其传输方式，分为 FC-SAN 和 IP-SAN。从部署成本来说，FC-SAN 通过光纤通道连接服务器和存储系统，需要配备 HBA 卡、光纤交换机、FC 光模块、光纤传输介质等设备和线缆，需花费较多费用购置上述设备，故其部署成本较高；IP-SAN 通过 IP 以太网将存储系统和服务器连接起来，仅需要网卡和以太网交换机即可，使用的设备可以与内外网络共用，其购置费用较为便宜，故部署成本很低。从传输效率来说，目前 IP 网络主流的是 1～10GE，FC 网络主流的是 8～16Gb/s，FC 网络传输速率更高（10GE 的 IP 网络和 8Gb/s 的 FC 网络传输速率相近）；FC 网络开销更小，网络延时更低，所以总体上来说，FC 的传输效率更高。

【问题 4】

RAID2.0 为增强型 RAID 技术，把大容量磁盘先按照固定的容量切割成多个更小的分块，RAID 组建立在这些小分块上，条带不再需要与磁盘进行绑定，而是"浮动"在磁盘之上，热备盘也不再是作为一整块磁盘存在，而是切割成多个更小的分块，分布在不同的磁盘上，可以称作热备块。RAID2.0 中，重构时不需要对垃圾块重构，不再整盘重构，由于需要重构的块分布在不同磁盘上，可以在多个磁盘上并发重构，这样重构速度会提高很多；RAID2.0 中逻辑卷分散分布，大范围跨物理磁盘，可以使多个磁盘分担负载，避免出现热点磁盘；当某块磁盘出现故障需要重构时，不用立即增加新磁盘，可以利用其他磁盘上空闲的数据块进行重构，有效利用磁盘空间；由于条带是基于块的，所以容易扩容，扩容后自动均衡分布。故 RAID2.0 较传统 RAID 的技术优势有：重构快、磁盘负载均衡、磁盘利用率高、易扩容、热备盘分散分布、LUN 空间分散分布等。

参考答案

【问题 1】

（1）C　　　　　　（2）B

【问题 2】

（3）H　　　　　　（4）B　　　　　　（5）D

（6）邮件系统过滤、终端计算机安装防病毒软件、阻止非法外联、部署 APT 防护设备

【问题 3】

（7）IP-SAN

（8）FC-SAN　　（注：（7）、（8）不分先后顺序）

（9）部署成本：IP-SAN 比 FC-SAN 成本低；传输效率：FC-SAN 比 IP-SAN 传输效率更高。

【问题 4】

技术优势：重构快、磁盘负载均衡、磁盘利用率高、易扩容、热备盘分散分布、LUN 空间分散分布。

试题三（共 20 分）

阅读以下说明，回答问题 1 至问题 4，将解答填入答题纸对应的解答栏内。

【说明】

图 3-1 为某大学的校园网络拓扑，其中出口路由器 R4 连接了三个 ISP 网络，分别是电信网络（网关地址 218.63.0.1/28）、联通网络（网关地址 221.137.0.1/28）以及教育网（网关地址 210.25.0.1/28）。路由器 R1、R2、R3、R4 在内网一侧运行 RIPv2.0 协议实现动态路由的生成。

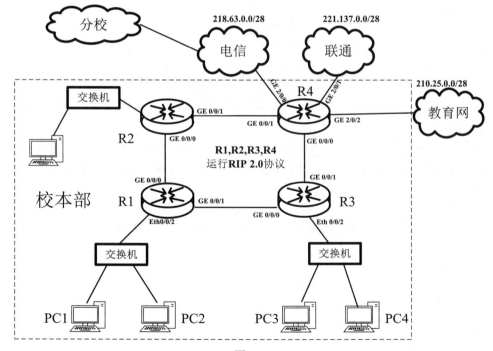

图 3-1

PC 机的地址信息如表 3-1 所示，路由器部分接口地址信息如表 3-2 所示。

表 3-1

主机	所属 VLan	IP 地址	网关
PC1	Vlan10	10.10.0.2/24	10.10.0.1/24
PC2	Vlan8	10.8.0.2/24	10.8.0.1/24
PC3	Vlan3	10.3.0.2/24	10.3.0.1/24
PC4	Vlan4	10.4.0.2/24	10.4.0.1/24

表 3-2

路由器	接口	IP 地址
R1	Vlanif8	10.8.0.1/24
	Vlanif10	10.10.0.1/24
	GigabitEthernet0/0/0	10.21.0.1/30
	GigabitEthernet0/0/1	10.13.0.1/30
R2	GigabitEthernet0/0/0	10.21.0.2/30
	GigabitEthernet0/0/1	10.42.0.1/30
R3	Vlanif3	10.3.0.1/24
	Vlanif4	10.4.0.1/24
	GigabitEthernet0/0/0	10.13.0.2/30
	GigabitEthernet0/0/1	10.34.0.1/30
R4	GigabitEthernet0/0/0	10.34.0.2/30
	GigabitEthernet0/0/1	10.42.0.2/30
	GigabitEthernet2/0/0	218.63.0.4/28
	GigabitEthernet2/0/1	221.137.0.4/28
	GigabitEthernet2/0/2	210.25.0.4/28

【问题 1】（2 分）

如图 3-1 所示，校本部与分校之间搭建了 IPSec VPN。IPSec 的功能可以划分为认证头 AH、封装安全负荷 ESP 以及密钥交换 IKE。其中用于数据完整性认证和数据源认证的是　(1)　。

【问题 2】（2 分）

为 R4 添加默认路由，实现校园网络接入 Internet 的默认出口为电信网络，请将下列命令补充完整。

[R4]iproute-static　(2)　

【问题 3】（5 分）

在路由器 R1 上配置 RIP 协议，请将下列命令补充完整：

[R1]　(3)　

[R1-rip-1]network　(4)　

[R1-rip-1]version 2

[R1-rip-1]undo summary

各路由器上均完成了 RIP 协议的配置，在路由器 R1 上执行 display ip routing-table，由 RIP 生成的路由信息如下所示：

Destination/Mask	Proto	Pre	Cost	Flags	NextHop	Interface
10.3.0.0/24	RIP	100	1	D	10.13.0.2	GigabitEthernet0/0/1
10.4.0.0/24	RIP	100	1	D	10.13.0.2	GigabitEthernet0/0/1
10.34.0.0/30	RIP	100	1	D	10.13.0.2	GigabitEthernet0/0/1
10.42.0.0/24	RIP	100	1	D	10.21.0.2	GigabitEthernet0/0/0

根据以上路由信息可知，下列 RIP 路由是由　(5)　路由器通告的：

10.3.0.0/24	RIP	100	1	D	10.13.0.2	GigabitEthernet0/0/1
10.4.0.0/24	RIP	100	1	D	10.13.0.2	GigabitEthernet0/0/1

请问 PC1 此时是否可以访问电信网络？为什么？

答：　(6)　。

【问题 4】(11 分)

图 3-1 中，要求 PC1 访问 Internet 时导向联通网络，禁止 PC3 在工作日 8:00 至 18:00 访问电信网络。

请在下列配置步骤中补全相关命令：

第 1 步：在路由器 R4 上创建所需 ACL
创建用于 PC1 策略的 ACL：
```
[R4]acl 2000
[R4-acl-basic-2000] rule 1 permit source   (7)
[R4-acl-basic-2000] quit
```
创建用于 PC3 策略的 ACL：
```
[R4] time-range satime  (8)  working-day
[R4]acl number 3001
[R4-acl-adv-3001] rule deny source   (9)   destination 218.63.0.0 240.255.255.255
time-range satime
```
第 2 步：执行如下命令的作用是　(10)　。
```
[R4]traffic classifier 1
[R4-classifier-1]if-match acl 2000
[R4-classifier-1]quit
[R4]traffic classifier 3
[R4-classifier-3]if-match acl 3001
[R4-classifier-3]quit
```
第 3 步：在路由器 R4 上创建流行为并配置重定向
```
[R4]traffic behavior 1
[R4-behavior-1]redirect   (11)   221.137.0.1
[R4-behavior-1]quit
[R4]traffic behavior 3
[R4-behavior-3]  (12)
[R4-behavior-3]quit
```

第 4 步：创建流策略，并在接口上应用（仅列出了 R4 上 GigabitEthernet 0/0/0 接口的配置）

```
[R4]traffic policy 1
[R4-trafficpolicy-1]classifier 1 (13)
[R4-trafficpolicy-1]classifier 3 (14)
[R4-trafficpolicy-1]quit
[R4]interGigabitEthernet 0/0/0
[R4-GigabitEthernet0/0/0]traffic-policy 1 (15)
[R4-GigabitEthernet0/0/0]quit
```

试题三分析

本题考查中大型园区网络规划与部署的能力。

此类题目要求考生根据题目描述的需求，结合中大型园区网络规划与部署的基本原则回答相关问题。既要求考生具有一定的宏观知识，又要求考生对具体技术细节、配置过程及相关命令具有一定的熟悉程度。本题涉及的知识点包括：园区之间 IPSec VPN 建设的基础知识、RIP 路由协议原理及配置方法、ACL 配置方法以及策略路由配置过程及命令等。

【问题 1】

本问题考查 IPSec 基础知识。

IP 安全（IP Security）体系结构，简称 IPSec，是 IETF IPSec 工作组于 1998 年制定的一组基于密码学的安全的开放网络安全协议。IPSec 工作在 IP 层，为 IP 层及其上层协议提供保护。IPSec 提供访问控制、无连接的完整性、数据来源验证、防重放保护、保密性、自动密钥管理等安全服务。

AH（认证头）为 IP 报文提供数据完整性验证和数据源身份认证，使用的是 HMAC 算法。

ESP（封装安全载荷）通过加密载荷实现机密性保护。

IKE（Internet 密钥交换）利用 ISAKMP 语言来定义密钥交换，是对安全服务进行协商的手段。

【问题 2】

本问题考查静态路由、默认路由的配置命令。

静态路由的配置要点是正确确定目标网络和下一跳地址。本题需要配置缺省路由，而题目要求默认出口为电信网络。根据题干描述，电信网络网关地址为 218.63.0.1/28。因此，配置命令如下：

```
[R4] iproute-static 0.0.0.0 0.0.0.0 218.63.0.1
```

【问题 3】

本问题考查 RIP 路由协议的配置命令以及通过 RIP 路由表判断网络状态的能力。

第（3）空和第（4）空直接考查命令。启动或开启 RIP 协议的命令即为 rip；题干要求配置 RIP 2.0，但执行 version 2 命令之前先执行了 network 命令，此时通告网络只需要包含 R1 的直连路由即可。根据表 3-2，第（4）空的答案应为：10.0.0.0。

通过 R1 的 RIP 路由信息表，结合题目给出的拓扑图可得出第（5）空的答案为 R3。

对于第（6）空，进一步判断得知 R1 并未包含通往电信网络的路由，因此 PC1 不能访问电信网络。此空考查考生对 RIP 协议配置的熟悉程度。此时路由器 R4 并未将本地直连路由（到达任意一个 ISP 的路由）导入 RIP 并通告，因此不可能有通往电信网络的路由。

【问题 4】

本问题考查策略路由的配置过程和命令。

策略路由配置的一般过程和步骤是：

1. 配置各设备基本参数；

2. 创建 ACL 用于匹配策略要求的网段；

3. 创建流分类，匹配 ACL 命中的流；

4. 创建流行为，配置重定向；

5. 创建流策略，在接口上应用流策略。

本题有两个策略要求，要求 PC1 访问 Internet 时导向联通网络，禁止 PC3 在工作日 8:00 至 18:00 访问电信网络。

第（7）空题干明确指出创建用于 PC1 策略的 ACL，因此提供 PC1 的 IP 地址即可，10.10.0.2 255.255.255.255；

第（8）空题干明确指出时间段为 8:00 至 18:00，因此按要求填写：8:00 to 18:00 即可；

第（9）空题干明确指出创建用于 PC3 策略的 ACL，因此提供 PC3 的 IP 地址即可，10.3.0.2 255.255.255.255；

第（10）空即为：在路由器 R4 上创建流分类，匹配相关 ACL；

第（11）空为标准命令，填写 ip-nexthop 用于指示重定向下一条地址；

第（12）空，流行为 behavior 3 用于识别匹配 PC3 的流，因此应该拒绝通过，填写 deny 即可；

创建流策略后，classifier 1 匹配 behavior 1（第（13）空）；classifier 3 匹配 behavior 3（第（14）空）；

在 R4 的 GigabitEthernet0/0/0 接口上应用流策略 traffic-policy 1，显然应该为入方向，因此第（15）空填写 inbound。

参考答案

【问题 1】

（1）认证头 AH，仅回答认证头或仅回答 AH 都得分。

【问题 2】

（2）0.0.0.0　0.0.0.0　218.63.0.1

【问题 3】

（3）rip

（4）10.0.0.0

（5）R3

（6）不能。因为 R1 中的路由表中没有能够到达任意一个 ISP 的路由或者 R4 未将其关于三个 ISP 的静态路由导入 RIP。

【问题 4】

（7）10.10.0.2 255.255.255.255　　（8）8:00 to 18:00　　（9）10.3.0.2 255.255.255.255

（10）在路由器 R4 上创建流分类，匹配相关 ACL

（11）ip-nexthop　　　　　　　（12）deny　　　　（13）behavior 1

（14）behavior 3　　　　　　　（15）inbound

试题四（共 15 分）

阅读以下说明，回答问题 1 至问题 2，将解答填入答题纸对应的解答栏内。

【说明】

某公司的网络拓扑结构如图 4-1 所示。

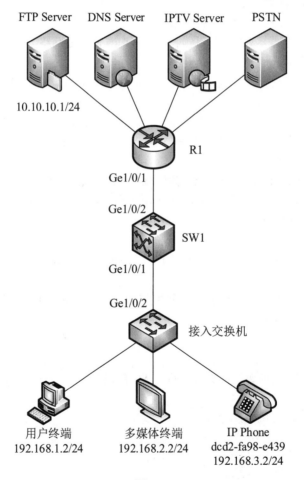

图 4-1

公司管理员对各业务使用的 VLAN 做如下规划：

业务类型	VLAN	IP 地址段	网关地址	服务器地址段
Internet	100	192.168.1.0	192.168.1.1	192.168.1.250～192.168.1.254
IPTV	200	192.168.2.0	192.168.2.1	192.168.2.240～192.168.2.254
VoIP	300	192.168.3.0	192.168.3.1	192.168.3.250～192.168.3.254

为了便于统一管理，避免手工配置，管理员希望各种终端均能够自动获取 IP 地址。语音终端根据其 MAC 地址为其分配固定的 IP 地址，同时还需要到 FTP 服务器 10.10.10.1 上动态获取启动配置文件 configuration.ini，公司 DNS 服务器地址为 10.10.10.2。所有地址段均路由可达。

【问题 1】（3 分）

公司拥有多种业务，例如 Internet、IPTV、VoIP 等，不同业务使用不同的 IP 地址段。为了便于管理，需要根据业务类型对用户进行管理。以便路由器 R1 能通过不同的 VLAN 分流不同的业务。

VLAN 划分可基于 __(1)__ 、子网、__(2)__ 、协议和策略等多种方法。

本例可采用基于 __(3)__ 的方法划分 VLAN 子网。

【问题 2】（12 分）

下面是在 SW1 上创建 DHCP Option 模板并在 DHCP Option 模板视图下配置需要为语音客户端 IP Phone 分配的启动配置文件和获取启动配置文件的文件服务器地址，请将配置代码或注释补充完整。

```
<HUAWEI> (4)
[HUAWEI] sysname SW1
[SW1] (5) option template template1
[SW1-dhcp-option-template-template1] gateway-list (6) //配置网关地址
[SW1-dhcp-option-template-template1] bootfile (7) //获取配置文件
[SW1-dhcp-option-template-template1] next-server (8) //获取配置文件地址
[SW1-dhcp-option-template-template1] quit
```
下面创建地址池，同时为 IP Phone 分配固定 IP 地址以及配置信息。请将配置代码补充完整。
```
[SW1] ip pool pool3
[SW1-ip-pool-pool3] network (9) mask 255.255.255.0
[SW1-ip-pool-pool3] dns-list (10)
[SW1-ip-pool-pool3] (11) 192.168.3.1
[SW1-ip-pool-pool3] excluded-ip-address (12) 192.168.3.254
[SW1-ip-pool-pool3] lease unlimited
[SW1-ip-pool-pool3] static-bind ip-address 192.168.3.2 mac-address (13)
option-template template1 //使用模板
[SW1-ip-pool-pool3] quit

#在对应 VLAN 上使能 DHCP
[SW1] interface vlanif (14)
[SW1-Vlanif300] (15) select global
[SW1-Vlanif300] quit
```

试题四分析

本题目考查 VLAN 划分和 DHCP 服务器配置的相关知识及应用。

【问题 1】

本问题考查 VLAN 的划分方法。可以基于端口、子网、IP 地址、协议和策略划分 VLAN，根据业务的不同，可采取不同的 VLAN 划分策略。

根据该问题的业务描述，本例可以基于子网的方法划分 VLAN。

【问题 2】

本问题考查 DHCP 服务器的配置方法。

根据需求描述，需要在 SW1 上使用 DHCP Option 模板为语音客户端分配启动配置文件，设置加载启动配置文件的文件服务器地址，其中文件名和文件服务器地址可以在上文中和 VLAN 规划表中找到，并为语音客户端分配固定的 IP 地址，同时在服务器上启用 DHCP 服务器。

参考答案

【问题 1】

(1) 接口或交换机接口或端口或交换机端口

(2) MAC 地址或 MAC 或物理地址

(3) 子网/IP 子网/网段

【问题 2】

(4) system-view	(5) dhcp	(6) 192.168.3.1
(7) configuration.ini	(8) 10.10.10.1	(9) 192.168.3.0
(10) 10.10.10.2	(11) gateway-list	(12) 192.168.3.250
(13) dcd2-fa98-e439	(14) 300	(15) dhcp

第11章 2021上半年网络工程师上午试题分析与解答

试题（1）

以下关于 RISC 和 CISC 计算机的叙述中，正确的是 __(1)__ 。

（1）A. RISC 不采用流水线技术，CISC 采用流水线技术

　　B. RISC 使用复杂的指令，CISC 使用简单的指令

　　C. RISC 采用较多的通用寄存器，CISC 采用很少的通用寄存器

　　D. RISC 采用组合逻辑控制器，CISC 普遍采用微程序控制器

试题（1）分析

本题考查计算机系统的基础知识。

CISC（Complex Instruction Set Computer，复杂指令集计算机）的基本思想是进一步增强原有指令的功能，用更为复杂的新指令取代原先由软件子程序完成的功能，实现软件功能的硬化，导致机器的指令系统越来越庞大和复杂。

RISC（Reduced Instruction Set Computer，精简指令集计算机）的基本思想是通过减少指令总数和简化指令功能降低硬件设计的复杂度，使指令能单周期执行，并通过优化编译提高指令的执行速度，采用硬布线控制逻辑提高执行速度，应用重叠寄存器窗口技术以及超流水及超标量技术等。

CISC 和 RISC 都要用流水线技术，RISC 采用组合逻辑控制器，为了处理复杂指令功能，CISC 普遍采用微程序控制器。

参考答案

（1）D

试题（2）

以下关于闪存（Flash Memory）的叙述中，错误的是 __(2)__ 。

（2）A. 掉电后信息不会丢失，属于非易失性存储器

　　B. 以块为单位进行删除操作

　　C. 采用随机访问方式，常用来代替主存

　　D. 在嵌入式系统中用来代替 ROM 存储器

试题（2）分析

本题考查计算机系统的基础知识。

闪存（Flash Memory）是一种非易失性存储器（即在断电情况下仍能保持所存储的数据信息），数据删除不是以单个的字节为单位而是以固定的区块（大小一般为 256KB 到 20MB）为单位（NOR Flash 为字节存储）。闪存是电子可擦除只读存储器（EEPROM）的变种，EEPROM 能在字节水平上进行删除和重写而不是整个芯片擦写，而闪存的大部分芯片需要块擦除。由

于其断电时仍能保存数据，闪存通常被用来保存设置信息，例如，在微机的 BIOS（基本程序）、PDA（个人数字助理）、数码相机中保存资料等。

主存（Main Memory）的作用是存放指令和数据，并能由中央处理器（CPU）直接随机存取。内存部件经过了很多次的技术改进，从最早的 DRAM 一直到 FPMDRAM、EDODRAM、SDRAM 等，内存的速度一直在提高，且容量也在不断增加。

闪存并不是用来代替内存的存储器。

参考答案

（2）C

试题（3）

以下关于区块链的说法中，错误的是　(3)　。

（3）A．比特币的底层技术是区块链

　　　B．区块链技术是一种全面记账的方式

　　　C．区块链是加密数据按照时间顺序叠加生成临时、不可逆向的记录

　　　D．目前区块链可分为公有链、私有链、联盟链三种类型

试题（3）分析

本题考查对区块链相关知识的理解。

从科技层面来看，区块链涉及数学、密码学、互联网和计算机编程等很多科学技术问题。从应用视角来看，区块链是一个分布式的共享账本和数据库，具有去中心化、不可篡改、全程留痕、可以追溯、集体维护、公开透明等特点。这些特点保证了区块链的"诚实"与"透明"，为区块链创造信任奠定基础。而区块链丰富的应用场景，基本上都基于区块链能够解决信息不对称问题，实现多个主体之间的协作信任与一致行动。

区块链是分布式数据存储、点对点传输、共识机制、加密算法等计算机技术的新型应用模式。它本质上是一个去中心化的数据库，同时作为比特币的底层技术，是一串使用密码学方法相关联产生的数据块，每一个数据块中包含了一批次比特币网络交易的信息，用于验证其信息的有效性（防伪）和生成下一个区块。

对于 C 选项，区块链是加密数据按照时间顺序叠加生成临时、不可逆向的记录，这一说法是错误的，正确的说法是生成永久、不可逆向的记录。

参考答案

（3）C

试题（4）

基于 Android 的移动端开发平台是一个以　(4)　为基础的开源移动设备操作系统。

（4）A．Windows　　　　B．Unix　　　　C．Linux　　　　D．DOS

试题（4）分析

本题考查电子商务平台开发技术的基本知识。

Android 是一个以 Linux 为基础的开源移动设备操作系统，主要用于智能手机和平板电脑，由 Google 成立的 Open Handset Alliance（OHA，开放手持设备联盟）持续领导与开发中。而 Android 是基于 Linux 内核操作系统，Android 系统对 Linux 内核进行了加强。在 Android

的系统架构中，底层以 Linux 核心为基础，由 C 语言开发，只提供基本功能；中间层包括函数库 Library 和虚拟机 Virtual Machine，由 C++开发；最上层是各种应用软件，包括通话程序、短信程序等，应用软件则由各公司自行开发，使用 Java 语言进行编码。

参考答案

（4）C

试题（5）

企业信息化的作用不包括　(5)　。

（5）A．优化企业资源配置　　　　　　B．实现规范化的流程管理

　　　C．延长产品的开发周期　　　　　　D．提高生产效率，降低运营成本

试题（5）分析

本题考查信息技术的基础知识。

企业信息化将缩短产品的开发周期，加快产品更新换代。

参考答案

（5）C

试题（6）

　(6)　指用计算机平均每秒能执行的百万条指令数来衡量计算机性能的一种指标。

（6）A．CPI　　　　　　B．PCI　　　　　　C．MIPS　　　　　　D．MFLOPS

试题（6）分析

本题考查计算机系统的基础知识。

计算机的性能指标中，CPI（Clock cycle Per Instruction）表示执行一条指令所需的时钟周期数。MIPS（Million Instruction Per Second）表示每秒执行多少百万条指令。MFLOPS（Meg Floating-point Operations Per Second）表示每秒执行多少百万次浮点运算。

总线标准 PCI（Peripheral Component Interconnect，外部设备互联）总线是高性能的 32 位或 64 位总线，是专为高度集成的外围部件、扩充插板和处理器/存储器系统设计的互联机制。

参考答案

（6）C

试题（7）

根据《计算机软件保护条例》的规定，对软件著作权的保护不包括　(7)　。

（7）A．目标程序　　　　　　　　　　B．软件文档

　　　C．源程序　　　　　　　　　　　D．软件中采用的算法

试题（7）分析

本题考查知识产权的基础知识。

软件著作权的客体是指计算机软件，包括计算机程序及其有关文档。受保护的软件必须符合两个条件：一是必须是开发者独立开发的；二是已固定在某种有形物体上。算法给出的是求解问题的思路和方法，不是软件著作权的保护对象。

参考答案

（7）D

试题（8）

对十进制数 47 和 0.25 分别表示为十六进制形式，为 （8） 。

（8）A．2F, 0.4　　　　　B．2F, 0.D　　　　　C．3B, 0.4　　　　　D．3B, 0.D

试题（8）分析

本题考查计数制转换的基础知识。

$47_{10} = 10\ 1111_2 = 2F_{16}$，$0.25_{10} = 0.0100_2 = 0.4_{16}$。

参考答案

（8）A

试题（9）

软件的 （9） 是以用户为主，包括软件开发人员和质量保证人员都参加的测试，一般使用实际应用数据进行测试，除了测试软件功能和性能外，还对软件可移植性、兼容性、可维护性、错误的恢复功能等进行确认。

（9）A．单元测试　　　B．集成测试　　　C．系统测试　　　D．验收测试

试题（9）分析

本题考查软件工程的基础知识。

软件产品在交付用户之前要进行验收测试。验收测试以用户为主，但开发人员和质量保证人员都参加，除了测试软件功能和性能外，还对软件可移植性、兼容性、可维护性、错误的恢复功能等进行确认。

参考答案

（9）D

试题（10）

"当多个事务并发执行时，任一事务的更新操作直到其成功提交的整个过程，对其他事务都是不可见的"，这一特性通常被称为事务的 （10） 。

（10）A．原子性　　　B．一致性　　　C．隔离性　　　D．持久性

试题（10）分析

本题考查数据库事务的基础知识。

事务具有原子性（atomicity）、一致性（consistency）、隔离性（isolation）和持久性（durability）。这 4 个特性也称为事务的 ACID 性质。其中，事务的隔离性是指事务相互隔离，即当多个事务并发执行时，任一事务的更新操作直到其成功提交的整个过程，对其他事务都是不可见的。

参考答案

（10）C

试题（11）

下列通信设备中，采用存储转发方式处理信号的设备是 （11） 。

（11）A．中继器　　　B．放大器　　　C．交换机　　　D．集线器

试题（11）分析

本题考查交换机交换的基本原理。

中继器、放大器、集线器均是物理层设备，采用的原理是对接收到的信号在另一端发送出去。交换机采用存储转发方式对接收的数据先进行存储，接着进行差错检测丢弃出错的帧，然后对正确的帧依据目的地址进行转发。

参考答案

（11）C

试题（12）

光信号在单模光纤中是以＿＿（12）＿＿方式传输。

（12）A．直线传输　　　　B．渐变反射　　　　C．突变反射　　　　D．无线收发

试题（12）分析

本题考查光纤传输的基本原理。

光信号的传输有多模突变、多模渐变及单模等 3 种方式。前 2 种属于多模传输，即光信号的传输沿着多个入射方向反射传输；单模则是沿着一个方向直线传输。

参考答案

（12）A

试题（13）

在曼彻斯特编码中，若波特率为 10Mbps，其数据速率为＿＿（13）＿＿Mbps。

（13）A．5　　　　　　B．10　　　　　　C．16　　　　　　D．20

试题（13）分析

本题考查曼彻斯特编码的基本原理。

在曼彻斯特编码中，调制速率是数据速率的 2 倍，即调制 2 个信号元素表示 1 位数据。所以波特率为 10Mbps 时其数据速率为 5Mbps。

参考答案

（13）A

试题（14）

100BASE-FX 采用的编码技术为＿＿（14）＿＿。

（14）A．曼彻斯特编码　　　　　　　　B．4B5B+NRZI

　　　C．MLT-3+NRZI　　　　　　　　D．8B6T

试题（14）分析

本题考查 100BASE-FX 的编码基本原理。

快速以太网有 100BASE-TX、100BASE-FX 和 100BASE-T4 这 3 种标准，100BASE-TX采用 MLT-3+NRZI 编码，100BASE-FX 采用 4B5B+NRZI，100BASE-T4 采用 8B6T 编码。

参考答案

（14）B

试题（15）

在 PCM 调制中，若对模拟信号的采样数据使用 64 级量化，则至少需使用＿＿（15）＿＿位二进制。

（15）A．4　　　　　　　B．5　　　　　　　C．6　　　　　　　D．7

试题（15）分析

本题考查 PCM 调制的基本原理。

在 PCM 调制中，若对模拟信号的采样数据使用 64 级量化，需要采用 6 比特二进制来表示每一个编码。

参考答案

（15）C

试题（16）

万兆以太网标准中，传输距离最远的是　__（16）__。

（16）A．10GBASE-S　　　　　　　　　　B．10GBASE-L

　　　C．10GBASE-LX4　　　　　　　　　D．10GBASE-E

试题（16）分析

本题考查万兆以太网标准的基本原理。

万兆以太网标准中，10GBASE-S 采用 850nm 光纤，距离可达 300m；10GBASE-L 采用 1310nm 光纤，距离可达 10km；10GBASE-E 采用 1350nm 光纤，距离可达 40km。

参考答案

（16）D

试题（17）

2.4GHz 频段划分成 11 个互相覆盖的信道，中心频率间隔为　__（17）__ MHz。

（17）A．4　　　　　　　B．5　　　　　　　C．6　　　　　　　D．7

试题（17）分析

本题考查万兆以太网标准的基本原理。

2.4GHz 频段划分成 11 个互相覆盖的信道，中心频率间隔为 5MHz。

参考答案

（17）B

试题（18）

以下编码中，编码效率最高的是　__（18）__。

（18）A．BAMI　　　　B．曼彻斯特　　　　C．4B5B　　　　D．NRZI

试题（18）分析

本题考查编码相关技术。

BAMI 采用 3 个电平表示二进制"0"和"1"；曼彻斯特采用 2 个码元表示 1 比特；4B5B 采用 5 比特码组表示 4 比特数据；NRZI 用 2 个电平表示二进制"0"和"1"。综上，效率最高的是 NRZI。

参考答案

（18）D

试题（19）

以下关于 HDLC 协议的说法中，错误的是　__（19）__。

（19）A. HDLC 是一种面向比特计数的同步链路控制协议

　　　　B. 应答 RNR5 表明编号为 4 之前的帧均正确，接收站忙暂停接收下一帧

　　　　C. 信息帧仅能承载用户数据，不得做它用

　　　　D. 传输的过程中采用无编号帧进行链路的控制

试题（19）分析

本题考查 HDLC 协议的基本原理。

HDLC 是一种面向比特计数的同步链路控制协议，因为它采用了比特填充技术；应答 RNR5 表明编号为 4 之前的帧均正确，接收站忙，暂停接收下一帧；信息帧除了承载用户数据外，还采用捎带技术进行应答，用作差错控制；在 HDLC 传输的过程中，采用无编号帧进行链路的控制。

参考答案

（19）C

试题（20）

ICMP 协议是第三层协议，其报文封装在　（20）　中传送。

（20）A. 以太帧　　　　B. IP 数据报　　　　C. UDP 报文　　　　D. TCP 报文

试题（20）分析

本题考查 ICMP 协议的基本原理。

ICMP 协议是第三层协议，但其报文是采用 IP 数据报进行封装的，作用是报告 IP 报文在传送过程中出现的差错。

参考答案

（20）B

试题（21）、（22）

TCP 使用的流量控制协议是　（21）　，TCP 头中与之相关的字段是　（22）　。

（21）A. 停等应答　　　　　　　　B. 可变大小的滑动窗口协议

　　　　C. 固定大小的滑动窗口协议　　D. 选择重发 ARQ 协议

（22）A. 端口号　　　　　　　　　　B. 偏移

　　　　C. 窗口　　　　　　　　　　　D. 紧急指针

试题（21）、（22）分析

本题考查 TCP 协议的基本原理。

TCP 通过窗口字段告知对端自己接收缓存空余字节数，对端依据这个值来调整发送窗口的大小，故 TCP 使用的流量控制协议是可变大小的滑动窗口协议。

参考答案

（21）B　　（22）C

试题（23）

TCP 伪首部不包含的字段为　（23）　。

（23）A. 源地址　　　　B. 目的地址　　　　C. 标识符　　　　D. 协议

试题（23）分析

本题考查 TCP 协议的基本原理。

TCP 首部中，将首部信息和伪首部信息结合起来进行首部校验，首部信息包括源地址、目的地址和协议等。

参考答案

（23）C

试题（24）、（25）

假设一个 IP 数据报总长度为 3000B，要经过一段 MTU 为 1500B 的链路，该 IP 报文必须经过分片才能通过该链路。该原始 IP 报文须被分成＿＿（24）＿＿个片，若 IP 首部没有可选字段，则最后一个片首部中 Offset 字段为＿＿（25）＿＿。

（24）A. 2　　　　　　B. 3　　　　　　C. 4　　　　　　D. 5

（25）A. 370　　　　　B. 740　　　　　C. 1480　　　　D. 2960

试题（24）、（25）分析

本题考查 IP 协议分片与重装的基本原理。

IP 数据报总长度为 3000B，分片时要加上首部，故需要分成 3 个片。Offset 字段的单位为 8 字节，前 2 个片分了 2960 字节数据，即 370 个 8 字节，故最后一个片首部中 Offset 字段为 370。

参考答案

（24）B　　　（25）A

试题（26）

用于自治系统 AS 之间路由选择的路由协议是＿＿（26）＿＿。

（26）A. RIP　　　　　B. OSPF　　　　C. IS-IS　　　　D. BGP

试题（26）分析

本题考查 Internet 路由协议的基本原理。

RIP、OSPF 和 IS-IS 均是自治系统 AS 内路由协议，BGP 是自治系统 AS 之间路由选择的路由协议。

参考答案

（26）D

试题（27）

以下关于 OSPF 协议的描述中，错误的是＿＿（27）＿＿。

（27）A. OSPF 是一种链路状态协议

　　　B. OSPF 路由器中可以配置多个路由进程

　　　C. OSPF 网络中用区域 0 来表示主干网

　　　D. OSPF 使用 LSA 报文维护邻居关系

试题（27）分析

本题考查 OSPF 路由协议的基本原理。

OSPF 是一种链路状态路由协议；因为 OSPF 可以分层，所以 OSPF 路由器中可以配置多个路由进程；OSPF 网络中用区域 0 来表示主干网；OSPF 使用 Hello 报文维护邻居关系。

参考答案

（27）D

试题（28）

Telnet 是一种用于远程访问的协议。以下关于 Telnet 的描述中，正确的是　（28）　。

（28）A．不能传输登录口令　　　　　　B．默认端口号是 23

　　　　C．一种安全的通信协议　　　　　D．用 UDP 作为传输层协议

试题（28）分析

本题考查 Telnet 方面的基础知识。

Telnet 协议是 TCP/IP 协议族中的一员，是 Internet 远程登录服务的标准协议和主要方式。它为用户提供了在本地计算机上完成远程主机工作的能力，默认端口是 23。使用 Telnet 协议进行远程登录时需要满足以下条件：在本地计算机上必须装有包含 Telnet 协议的客户程序；必须知道远程主机的 IP 地址或域名；必须知道登录标识与口令。

Telnet 远程登录服务分为以下 4 个过程：

①本地与远程主机建立连接。该过程实际上是建立一个 TCP 连接，用户必须知道远程主机的 IP 地址或域名。

②将本地终端上输入的用户名和口令及以后输入的任何命令或字符以 NVT（Net Virtual Terminal）格式传送到远程主机。该过程实际上是从本地主机向远程主机发送一个 IP 数据包。

③将远程主机输出的 NVT 格式的数据转化为本地所接受的格式送回本地终端，包括输入命令回显和命令执行结果。

④最后，本地终端对远程主机进行撤销连接。该过程是撤销一个 TCP 连接。

Telnet 是一个明文传送协议，它将用户的所有内容，包括用户名和密码都明文在互联网上传送，具有一定的安全隐患。

综上所述，Telnet 默认端口号是 23，可以传输登录口令，使用 TCP 作为传输层协议，明文传输，具有安全隐患。

参考答案

（28）B

试题（29）

在浏览器地址栏中输入 192.168.1.1 进行访问时，首先执行的操作是　（29）　。

（29）A．域名解析　　　　　　　　　　B．解释执行

　　　　C．发送页面请求报文　　　　　　D．建立 TCP 连接

试题（29）分析

本题考查浏览器访问方面的基础知识。

浏览器访问网页的过程如下：

（1）浏览器本身是一个客户端，当输入 URL 的时候，首先浏览器会去请求 DNS 服务器，通过 DNS 获取相应域名对应的 IP；

（2）然后通过 IP 地址找到对应的服务器后，要求建立 TCP 连接；

（3）浏览器发送 HTTP Request（请求）包；

（4）服务器收到请求之后，调用自身服务，返回 HTTP Response（响应）包；

（5）客户端收到来自服务器的响应后开始渲染这个 Response 包里的主体（body），等收到全部的内容随后断开与该服务器之间的 TCP 连接。

综上所述，本题中输入的 URL 是 IP 地址，不需要进行域名解析。根据上述流程，首先要执行的操作是建立 TCP 连接。

参考答案

（29）D

试题（30）

邮件发送协议 SMTP 的默认服务端口号是　（30）　。

（30）A．25　　　　　　B．80　　　　　　C．110　　　　　　D．143

试题（30）分析

本题考查因特网应用方面的基础知识。

（1）SMTP 是一种提供可靠且有效的电子邮件传输的协议，默认端口号是 25；

（2）HTTP 是因特网上应用最为广泛的一种网络传输协议，所有的 WWW 文件都必须遵守这个标准，默认端口号是 80；

（3）POP3 即"邮局协议版本 3"，是 TCP/IP 协议族中的一员，主要用于支持使用客户端远程管理在服务器上的电子邮件，默认端口号是 110；

（4）IMAP 是一种邮件获取协议，主要作用是邮件客户端可以通过这种协议从邮件服务器上获取邮件的信息、下载邮件等，默认端口号是 143。

参考答案

（30）A

试题（31）

6to4 是一种支持 IPv6 站点通过 IPv4 网络进行通信的技术，下面 IP 地址中　（31）　属于 6to4 地址。

（31）A．FE90::5EFE:10.40.1.29　　　　　　B．FE80::5EFE:192.168.31.30

　　　　C．2002:C000:022A::　　　　　　　　D．FF80::2ABC:0212

试题（31）分析

本题考查 IPv6 基础知识。

IPv6 中的 6to4 技术是通过使用 IPv4 兼容地址，使得隧道起点可以从 IPv6 报头中自动获得隧道终点的 IPv4 地址，自动完成隧道的配置。

IPv4 兼容地址是在自动配置隧道方式中使用的 IPv6 地址，该地址是由 96 位全为零的前缀和后 32 位 IPv4 地址组成的。可以方便隧道起点设备通过该地址取得内嵌的 IPv4 地址。

当一个连接在 IPv4 网络中的 IPv6 节点想要使用兼容地址自动配置隧道方式与另一个节点进行 IPv6 通信时，只要知道对方节点的 IPv4 兼容地址，就能自动建立与对方节点的隧道，通过隧道实现 IPv6 通信。隧道入口节点从采用兼容地址格式的目的地址中获取后 32 位 IPv4 地址，使用该 IPv4 地址作为隧道终点地址建立隧道。

参考答案

（31）C

试题（32）

使用___（32）___格式的文件展示视频动画可以提高网页内容的载入速度。

（32）A．.jpg　　　　　　B．.avi　　　　　　C．.gif　　　　　　D．.rm

试题（32）分析

本题考查网页应用的基础知识。

网页载入速度会极大地影响用户的上网浏览体验，因此，在不损害浏览内容的前提下，尽量缩小文件的体积有利于提高网页内容的载入速度。在网页上展示动画时，一般会采用.gif 格式的文件来进行展示，该格式的文件属于动图，对缩小文件体积较为有利，并且能够完整地展示文件内容。

参考答案

（32）C

试题（33）

对一个新的 QoS 通信流进行网络资源预约，以确保有足够的资源来保证所请求的 QoS，该规则属于 IntServ 规定的 4 种用于提供 QoS 传输机制中的___（33）___规则。

（33）A．准入控制　　　B．路由选择算法　　　C．排队规则　　　D．丢弃策略

试题（33）分析

本题考查 QoS 的基础知识。

IntServ 主要解决的问题是在发生拥塞时如何共享可用的网络带宽，为保证质量的服务提供必要的支持。在基于 IP 的因特网中，可用的拥塞控制和 QoS 工具是很有限的，路由器只能采用两种机制，即路由选择算法和分组丢弃策略，但这些手段并不足以支持保证质量的服务。IntServ 提议通过 4 种手段来提供 QoS 传输机制。

（1）准入控制：IntServ 对一个新的 QoS 通信流要进行资源预约。如果网络中的路由器确定没有足够的资源来保证所请求的 QoS，则这个通信流就不会进入网络。

（2）路由选择算法：可以基于许多不同的 QoS 参数（而不仅仅是最小时延）来进行路由选择。

（3）排队规则：考虑不同通信流的不同需求而采用有效的排队规则。

（4）丢弃策略：在缓冲区耗尽而新的分组来到时要决定丢弃哪些分组以支持 QoS 传输。

参考答案

（33）A

试题（34）

在 Windows 系统中，用于清除本地 DNS 缓存的命令是___（34）___。

（34）A．ipconfig /release　　　　　　　B．ipconfig /flushdns

　　　C．ipconfig /displaydns　　　　　　D．ipconfig /registerdns

试题（34）分析

本题考查 Windows 命令功能。

ipconfig 是调试计算机网络的常用命令，可查看 IP 参数配置信息。

（1）ipconfig /release：DHCP 客户端手工释放 IP 地址；

（2）ipconfig /flushdns：清除本地 DNS 缓存内容；

（3）ipconfig /displaydns：显示本地 DNS 内容；

（4）ipconfig /registerdns：DNS 客户端手工向服务器进行注册。

参考答案

（34）B

试题（35）

Windows Server 2008 R2 上可配置 __(35)__ 服务，提供文件的上传和下载服务。

（35）A．DHCP   B．DNS   C．FTP   D．远程桌面

试题（35）分析

本题考查 Windows 应用方面的基础知识。

（1）DHCP（动态主机配置协议）是一个局域网的网络协议。指的是由服务器控制一段 IP 地址范围，客户机登录服务器时就可以自动获得服务器分配的 IP 地址和子网掩码。

（2）DNS（域名系统）是互联网的一项服务。它作为将域名和 IP 地址相互映射的一个分布式数据库，能够使用户更方便地访问互联网。

（3）FTP（文件传输协议）是 TCP/IP 协议族中的协议之一。作为网络共享文件的传输协议，在网络应用软件中具有广泛的应用。FTP 的目标是提高文件的共享性，可靠、高效地传送数据。

（4）远程桌面是一种远程控制功能，通过它，我们能够连接远程计算机，访问它的所有应用程序、文件和网络资源，实现实时操作。

参考答案

（35）C

试题（36）、（37）

Windows 系统中，DHCP 客户端通过发送 __(36)__ 报文请求 IP 地址配置信息，当指定的时间内未接收到地址配置信息时，客户端可能使用的 IP 地址是 __(37)__ 。

（36）A．Dhcpdiscover   B．Dhcprequest

　　　C．Dhcprenew   D．Dhcpack

（37）A．0.0.0.0   B．255.255.255.255

　　　C．169.254.0.1   D．192.168.1.1

试题（36）、（37）分析

本题考查 DHCP 的基础知识。

DHCP（Dynamic Host Configuration Protocol，动态主机配置协议）基于 UDP 协议工作，用于为局域网内部的主机动态分配 IP 地址。

设置为自动获取 IP 地址的主机，首先以广播的形式发送 DHCP Discovery 消息，用于查找网络中的 DHCP 服务器，DHCP 服务器收到该消息后，发送 DHCP Offer 消息，以响应客户端，客户端再向 DHCP 服务器发送 DHCP Request 消息，以请求 IP 地址配置信息，DHCP

服务器收到请求后发送 DHCP ACK 消息以确认 IP 地址配置信息。

参考答案

（36）B　　（37）C

试题（38）

邮件客户端需监听　（38）　端口及时接收邮件。

（38）A．25　　　　　　B．50　　　　　　C．100　　　　　　D．110

试题（38）分析

本题考查网络应用的基础知识。

邮件服务是 Internet 的常见应用之一，由邮件发送服务器和邮件接收服务器构成。邮件发送服务器使用 SMTP 协议进行邮件的发送，传输层默认端口为 25；邮件接收服务器使用 POP3 协议进行邮件的接收，传输层默认端口为110。

邮件客户端是用户用于接收和发送邮件的常用软件，其主要监听 110 号端口，以便于及时地接收邮件。

参考答案

（38）D

试题（39）

通常使用　（39）　为 IP 数据报文进行加密。

（39）A．IPSec　　　　　B．PP2P　　　　　C．HTTPS　　　　　D．TLS

试题（39）分析

本题考查 IPSec 的基础知识。

IP 数据报文是网络层报文，IPSec 是加强网络层报文安全的加密技术。

参考答案

（39）A

试题（40）

网管员在 Windows 系统中，使用下面的命令：

```
C:\>nslookup -qt=a cc.com
```

得到的输出结果是：　（40）　。

（40）A．cc.com 主机的 IP 地址　　　　　B．cc.com 的邮件交换服务器地址

　　　C．cc.com 的别名　　　　　　　　　D．cc.com 的 PTR 指针

试题（40）分析

本题考查 Windows 网络命令的基础知识。

nslookup 命令主要用来诊断域名系统（DNS）基础结构的信息。nslookup（name server lookup，域名查询）是一个用于查询 Internet 域名信息或诊断 DNS 服务器问题的工具。在已安装 TCP/IP 协议的电脑上均可以使用这个命令。

该命令的使用方法如下：

```
C:\Users\HP>nslookup
```

```
默认服务器:  UnKnown
Address:  192.168.3.1
> ?
命令:     （标识符以大写表示，[] 表示可选）
NAME                          - 打印有关使用默认服务器的主机/域 NAME 的信息
NAME1 NAME2                    - 同上，但将 NAME2 用作服务器
help or ?                     - 打印有关常用命令的信息
set OPTION                    - 设置选项
all                           - 打印选项、当前服务器和主机
    [no]debug                 - 打印调试信息
    [no]d2                    - 打印详细的调试信息
    [no]defname               - 将域名附加到每个查询
    [no]recurse               - 询问查询的递归应答
    [no]search                - 使用域搜索列表
    [no]vc                    - 始终使用虚拟电路
    domain=NAME               - 将默认域名设置为 NAME
    srchlist=N1[/N2/.../N6]   - 将域设置为 N1，并将搜索列表设置为 N1、N2 等
    root=NAME                 - 将根服务器设置为 NAME
    retry=X                   - 将重试次数设置为 X
    timeout=X                 - 将初始超时间隔设置为 X 秒
    type=X                    - 设置查询类型（如 A、AAAA、A+AAAA、ANY、CNAME、
                                MX、NS、PTR、SOA 和 SRV）
    querytype=X               - 与类型相同
    class=X                   - 设置查询类（如 IN（Internet）和 ANY）
    [no]msxfr                 - 使用 MS 快速区域传送
    ixfrver=X                 - 用于 IXFR 传送请求的当前版本
server NAME                   - 将默认服务器设置为 NAME，使用当前默认服务器
lserver NAME                  - 将默认服务器设置为 NAME，使用初始服务器
root                          - 将当前默认服务器设置为根服务器
ls [opt] DOMAIN [> FILE]      - 列出 DOMAIN 中的地址（可选：输出到文件 FILE）
    -a                        - 列出规范名称和别名
    -d                        - 列出所有记录
    -t TYPE                   - 列出给定 RFC 记录类型（例如 A、CNAME、MX、NS 和
                                PTR 等）的记录
view FILE                     - 对 'ls' 输出文件排序，并使用 pg 查看
exit                          - 退出程序
```

该题目中使用了 set type a 的参数，用于查看指定域名的 IP 地址映射关系。

参考答案

（40）A

试题（41）

在 Linux 系统通过＿＿（41）＿＿命令，可以拒绝 IP 地址为 192.168.0.2 的远程主机登录到该服务器。

（41）A．iptables -A input -p tcp -s 192.168.0.2 -source -port 22 -j DENY

B．iptables -A input -p tcp -d 192.168.0.2 -source -port 22 -j DENY

C．iptables -A input -p tcp -s 192.168.0.2 -destination -port 22 -j DENY

D．iptables -A input -p tcp -d 192.168.0.2 -destination -port 22 -j DENY

试题（41）分析

本题考查 Linux 防火墙配置命令的基础知识。

iptables 是 Linux 系统自带的防火墙，支持数据包过滤、数据包转发、地址转换、基于 MAC 地址的过滤、基于状态的过滤、包速率限制等安全功能。iptables 可用于构建 Linux 主机防火墙，也可以用于搭建网络防火墙。本题考查利用 iptables -A 命令创建防火墙规则，拒绝 IP 地址为 192.168.0.2 的远程主机登录到该服务器。要点包括：-s 192.168.0.2 定义规则的源 IP，destination -port 22 用目标端口 22 定义目标进程为远程登录，DENY 定义规则为拒绝。

参考答案

（41）C

试题（42）

数据包通过防火墙时，不能依据 __（42）__ 进行过滤。

（42）A．源和目的 IP 地址　　　　　　B．源和目的端口

　　　C．IP 协议号　　　　　　　　　　D．负载内容

试题（42）分析

本题考查过滤型防火墙的基本知识。

过滤型防火墙是在网络层与传输层中，可以基于数据源头的地址以及协议类型等标志特征进行分析，确定是否可以通过。在符合防火墙规定标准之下，满足安全性能以及类型才可以进行信息的传递，而一些不安全的因素则会被防火墙过滤、阻挡。防火墙的包过滤技术一般只应用于 OSI 7 层模型的网络层的数据中，其能够完成对防火墙的状态检测，从而预先可以把逻辑策略确定。逻辑策略主要针对地址、端口与源地址，通过防火墙所有的数据都需要进行分析，如果数据包内具有的信息和策略要求是不相符的，则其数据包就能够顺利通过，如果是完全相符的，则其数据包就被迅速拦截。因此，源和目的 IP 地址、源和目的端口以及 IP 协议号均可以用来作为过滤依据。

参考答案

（42）D

试题（43）

为实现消息的不可否认性，A 发送给 B 的消息需使用 __（43）__ 进行数字签名。

（43）A．A 的公钥　　　B．A 的私钥　　　C．B 的公钥　　　D．B 的私钥

试题（43）分析

本题考查数字签名的基础知识。

数字签名是用于实现消息不可否认性的基本密码工具，当发送方签名时，使用自己的私钥进行签名，接收方用发送方的公钥对签名进行验证。如果验证通过，发送方不能否认他发出的消息。

参考答案

（43）B

试题（44）

以下关于 AES 加密算法的描述中，错误的是 __（44）__ 。

（44）A．AES 的分组长度可以是 256 比特

　　　B．AES 的密钥长度可以是 128 比特

　　　C．AES 所用 S 盒的输入为 8 比特

　　　D．AES 是一种确定性的加密算法

试题（44）分析

本题考查 AES 加密算法的基础知识。

密码学中的高级加密标准（Advanced Encryption Standard，AES），又称 Rijndael 加密法，是 NIST 采用的一种分组加密标准。在 AES 标准规范中，分组长度只能是 128 位，AES 按照字节进行加密，每个分组为 16 个字节。密钥的长度可以为 128 位、192 位或 256 位。AES 使用 8 比特 S 盒，因此输入为 8 比特。AES 对消息进行加密时，未引入随机数参与运算，因此对同一个消息的加密，得到的密文是相同的，即 AES 是一种确定性加密算法。

参考答案

（44）A

试题（45）

在对服务器的日志进行分析时，发现某一时间段，网络中有大量包含"USER""PASS"负载的数据，该异常行为最可能是 __（45）__ 。

（45）A．ICMP 泛洪攻击　　　　　　　　B．端口扫描

　　　C．弱口令扫描　　　　　　　　　　D．TCP 泛洪攻击

试题（45）分析

本题考查网络安全技术中关于 Web 安全方面的基础知识。

主机往往使用用户名密码的形式进行远程登录，为了探测到可以登录的用户名和口令，攻击者可使用扫描技术来探测用户名和弱口令，弱口令就是设计简单的密码，弱口令的试探主要基于密码字典进行穷举攻击。网络中有大量包含"USER""PASS"负载的数据，意味着攻击者不断地使用 USER、PASS 命令进行尝试，是典型的弱口令扫描攻击的特征。

参考答案

（45）C

试题（46）

在 SNMPv3 安全模块中的加密部分，为了防止报文内容的泄露，使用 DES 算法对数据进行加密，其密钥长度为 __（46）__ 。

（46）A．56　　　　　B．64　　　　　C．120　　　　　D．128

试题（46）分析

本题考查 DES 加密算法的基础知识。

DES（Data Encryption Standard），即数据加密标准，是一种使用密钥加密的块算法，1977

年被美国联邦政府的国家标准局确定为联邦资料处理标准（FIPS）。DES 算法把 64 位的明文输入块变为 64 位的密文输出块，所使用的密钥实际用到 56 位。

参考答案

（46）A

试题（47）

某主机无法上网，查看"本地连接"属性中的数据发送情况，发现只有发送没有接收，造成该主机网络故障的原因最有可能是__（47）__。

（47）A．IP 地址配置错误　　　　　　　B．TCP/IP 协议故障

　　　　C．网络没有物理连接　　　　　　D．DNS 配置不正确

试题（47）分析

本题考查网络故障排除的基本能力。

TCP/IP 协议故障将无法看到发送数据；网络没有物理连接同样无法发送数据；DNS 配置不正确的故障，采用 IP 地址即可访问目标主机，题干所述的故障现象不符合。

参考答案

（47）A

试题（48）

网络管理员用 netstat 命令监测系统当前的连接情况，若要显示所有 80 端口的网络连接，则应该执行的命令是__（48）__。

（48）A．netstat -n -p|grep SYN_REC | wc -l

　　　　B．netstat -anp |grep 80

　　　　C．netstat -anp |grep 'tcp|udp'

　　　　D．netstat -plan| awk {'print $5'}

试题（48）分析

本题考查网络命令 netstat 的基础知识。

netstat 命令的参数：

-a，显示所有；

-n，不用别名显示，只用数字显示；

-p，显示进程号和进程名。

参考答案

（48）B

试题（49）

在 Linux 系统中，不能为网卡 eth0 添加 IP:192.168.0.2 的命令是__（49）__。

（49）A．ifconfig eth0 192.168.0.2 netmask 255.255.255.0 up

　　　　B．ifconfig eth0 192.168.0.2/24 up

　　　　C．ipaddr add 192.168.0.2/24　dev eth0

　　　　D．ipconfig eth0 192.168.0.2/24 up

试题（49）分析

本题考查 Linux 操作系统网络命令的基础知识。

A、B、C 三个选项的命令都可以完成题干描述的任务。选项 D 中的 ipconfig 命令是 Windows 操作系统的命令，而不适用于 Linux 操作系统。

参考答案

（49）D

试题（50）

Windows 系统想要接收并转发本地或远程 SNMP 代理产生的陷阱消息，则需要开启的服务是 （50） 。

（50）A．SNMP Server 服务   B．SNMP Trap 服务

      C．SNMP Agent 服务   D．RPC 服务

试题（50）分析

本题考查 Windows 网络管理 SNMP 的基础知识。

Windows 系统想要接收并转发本地或远程 SNMP 代理产生的陷阱消息，则需要开启的服务是 SNMP Trap 服务。

参考答案

（50）B

试题（51）

某公司的员工区域使用的 IP 地址段是 172.16.132.0/23，该地址段中最多能够容纳的主机数量是 （51） 台。

（51）A．254   B．510   C．1022   D．2046

试题（51）分析

本题考查 IP 子网划分的基础知识。

题干中 IP 地址为 B 类私有地址，进行了子网划分，子网掩码为 23 位，主机位为 32 - 23=9 位，因此该地址段中有可用 IP 地址 2^9 - 2=510 个，能够容纳的主机数量最多为 510 台。

参考答案

（51）B

试题（52）～（54）

某公司为多个部门划分了不同的局域网，每个局域网中的主机数量如下表所示，计划使用地址段 192.168.10.0/24 划分子网，以满足公司每个局域网的 IP 地址需求，请为各部门选择最经济的地址段或子网掩码长度。

部门	主机数量	地址段	子网掩码长度
营销部	20	192.168.10.64	（52）
财务部	60	（53）	26
管理部	8	192.168.10.96	（54）

（52）A．24   B．25   C．26   D．27

（53）A．192.168.10.0   B．192.168.10.144

　　　　C．192.168.10.160　　　　　　　　D．192.168.10.70

（54）A．30　　　　　B．29　　　　　C．28　　　　　D．27

试题（52）～（54）分析

　　本题考查 IP 地址规划的基础知识。

　　根据题干中的描述，营销部主机数量为 20 台，地址段为 192.168.10.64，可以看出，该地址段进行了子网划分，192.168.10.64 是网络号，主机位应为 5 位，因此子网掩码长度为 27 位。26 位的子网掩码长度可容纳 60 台主机的网络，其地址段应为 192.168.10.0。主机数量为 8，地址段为 192.168.10.96 的子网掩码长度应为 28 位。

参考答案

　　（52）D　　（53）A　　（54）C

试题（55）

　　某学校网络分为家属区和办公区，网管员将 192.168.16.0/24、192.168.18.0/24 两个 IP 地址段汇聚为 192.168.16.0/22，用于家属区 IP 地址段，下面的 IP 地址中可用作办公区 IP 地址的是　（55）　。

（55）A．192.168.19.254/22　　　　　　B．192.168.17.220/22

　　　　C．192.168.17.255/22　　　　　　D．192.168.20.11/22

试题（55）分析

　　本题考查 IP 地址规划的基础知识。

　　可以在办公区域使用的 IP 地址应为可用 IP 地址，根据子网掩码计算，应选择主机位非全 0 或者全 1 的 IP 地址。

参考答案

　　（55）D

试题（56）、（57）

　　在网络管理中，使用 display port vlan 命令可查看交换机的　（56）　信息，使用 port link-type trunk 命令修改交换机　（57）　。

（56）A．ICMP 报文处理方式　　　　　B．接口状态

　　　　C．VLAN 和 Link Type　　　　　D．接口与 IP 对应关系

（57）A．VLAN 地址　　　　　　　　　B．接口状态

　　　　C．接口类型　　　　　　　　　　D．对 ICMP 报文处理方式

试题（56）、（57）分析

　　本题考查交换机的基本命令。

　　命令 display port vlan 查看接口所属 VLAN 以及接口类型；命令 port link-type trunk 用于修改交换机接口类型。

参考答案

　　（56）C　　（57）C

试题（58）

　　下列命令片段实现的功能是　（58）　。

> acl 3000
> rule permit tcp destination-port eq 80 source 192.168.1.0 0.0.0.255
> car cir 4096

（58）A. 限制 192.168.1.0 网段设备访问 HTTP 的流量不超过 4Mbps

B. 限制 192.168.1.0 网段设备访问 HTTP 的流量不超过 80Mbps

C. 限制 192.168.1.0 网段设备的 TCP 的流量不超过 4Mbps

D. 限制 192.168.1.0 网段设备的 TCP 的流量不超过 80Mbps

试题（58）分析

本题考查 ACL 的基本概念。

通过交换机流策略限速可以通过 IP、网段、地址和协议等多种方式实现。本例中 80 端口限制的是 HTTP 流量，带宽限制是 4Mbps。

参考答案

（58）A

试题（59）

当网络中充斥着大量广播包时，可以采取___（59）___措施解决问题。

（59）A. 客户端通过 DHCP 获取 IP 地址

B. 增加接入层交换机

C. 创建 VLAN 来划分更小的广播域

D. 网络结构修改为仅有核心层和接入层

试题（59）分析

本题考查管理交换机的相关知识。

通常情况下，网络中广播包达到一定比例会导致网速变慢，进而会影响网络质量。将广播包限制在一定的范围之内采用的方式是划分更小的广播域。

参考答案

（59）C

试题（60）

下列命令片段含义是___（60）___。

> <Huawei> system-view
> [Huawei] interface vlanif 2
> [Huawei-Vlanif2] undo shutdown

（60）A. 关闭 vlanif 2 接口   B. 恢复接口上 vlanif 缺省配置

C. 开启 vlanif 2 接口   D. 关闭所有 vlanif 接口

试题（60）分析

本题考查交换机的基本知识。

在华为交换机命令中，undo shutdown 的含义是取消或撤销 shutdown，即开启 vlanif 2 接口。

参考答案

（60）C

试题（61）

要实现 PC 切换 IP 地址后，可以访问不同的 VLAN，需要采用基于　(61)　技术划分 VLAN。

（61）A．接口　　　　　　B．子网　　　　　　C．协议　　　　　　D．策略

试题（61）分析

本题考查 VLAN 的基本知识。

VLAN 的划分可以采用多种方式，包括通过 MAC、接口、子网、协议、策略等。本题给出的条件是仅通过配置 PC 的 IP 地址来访问不同的虚拟局域网，符合基于子网划分 VLAN 的特点。

参考答案

（61）B

试题（62）、（63）

在千兆以太网标准中，采用屏蔽双绞线作为传输介质的是　(62)　，使用长波 1330nm 光纤的是　(63)　。

（62）A．1000BASE-SX　　　　　　B．1000BASE-LX

　　　C．1000BASE-CX　　　　　　D．1000BASE-T

（63）A．1000BASE-SX　　　　　　B．1000BASE-LX

　　　C．1000BASE-CX　　　　　　D．1000BASE-T

试题（62）、（63）分析

本题考查千兆以太网标准。

1000BASE-SX 采用波长较短的光纤；1000BASE-LX 采用长波 1330nm 光纤；1000BASE-CX 采用屏蔽双绞线；1000BASE-T 采用超 5 类甚至更高无屏蔽双绞线。

参考答案

（62）C　　（63）B

试题（64）

以太网的最大帧长为1518字节，每个数据帧前面有8个字节的前导字段，帧间隔为9.6μs，在 100BASE-T 网络中发送 1 帧需要的时间为　(64)　。

（64）A．123μs　　　　B．132μs　　　　C．12.3ms　　　　D．13.2ms

试题（64）分析

本题考查以太网传输的基本原理。

计算过程如下：

传输时间为$(1518+8)\times 8/(100\times 10^{6})$=122μs。

发送 1 帧需要的时间为 122+9.6≈132μs。

参考答案

（64）B

试题（65）

定级备案为等级保护第三级的信息系统，应当每 ___（65）___ 对系统进行一次等级测评。

（65）A．半年　　　　B．一年　　　　　C．两年　　　　　D．三年

试题（65）分析

本题考查信息系统等保测评相关的法律法规知识。

《信息安全等级保护管理办法》第十四条明确，定期对信息系统安全等级状况开展等级测评。第三级信息系统应当每年至少进行一次等保测评，第四级信息系统应当每半年至少进行一次等保测评。

参考答案

（65）B

试题（66）

以下措施中，不能加强信息系统身份认证安全的是 ___（66）___ 。

（66）A．信息系统采用 https 访问　　B．双因子认证

　　　　C．设置登录密码复杂度要求　　D．设置登录密码有效期

试题（66）分析

本题考查信息系统安全防护措施的相关知识。

采用 https 访问时数据进行加密传输，加强了信息系统的数据传输安全。而双因子认证（采用两种身份验证方式）、设置登录密码复杂度要求、设置登录密码有效期均为加强身份认证安全的常用手段和措施。

参考答案

（66）A

试题（67）

___（67）___ 存储方式常使用 NFS 协议为 Linux 操作系统提供文件共享服务。

（67）A．DAS　　　B．NAS　　　　　C．IP-SAN　　　　D．FC-SAN

试题（67）分析

本题考查 NAS 存储文件共享协议的相关知识。

NAS（Network Attached Storage，网络附加存储）常用于非结构文档的文件共享场景，其文件共享协议有 NFS 和 CIFS，NFS 主要用于 Linux、UNIX 主机之间的文件共享，而 CIFS 用于 Windows 主机之间的文件共享。

参考答案

（67）B

试题（68）

在网络系统设计时，不可能使所有设计目标都能达到最优，下列措施中较为合理的是 ___（68）___ 。

（68）A．尽量让最低建设成本目标达到最优

　　　　B．尽量让最短的故障时间目标达到最优

　　　　C．尽量让最大的安全性目标达到最优

　　D．尽量让优先级较高的目标达到最优

试题（68）分析

本题考查网络规划和设计的相关知识。

网络系统设计时，可能会有多个设计目标，这些目标之间可能相互冲突，不存在一个网络设计方案能够使所有的目标都能达到最优，为使设计方案最优，网络管理人员和设计人员一起为这些目标建立优先级，尽量让优先级比较高的目标达到最优。

参考答案

（68）D

试题（69）

在结构化布线系统设计时，配线间到工作区信息插座的双绞线最大不超过 90 米，信息插座到终端计算机网卡的双绞线最大不超过　__（69）__　米。

（69）A．90　　　　　　B．60　　　　　　C．30　　　　　　D．10

试题（69）分析

本题考查结构化布线系统的相关知识。

由于双绞线的传输距离一般不超过 100 米，在结构化布线系统中采用双绞线布线时，配线间到工作区信息插座之间的布线距离最长不超过 90 米，信息插座到终端计算机网卡的布线距离最长不超过 10 米。

参考答案

（69）D

试题（70）

下列关于项目收尾的说法中错误的是　__（70）__　。

（70）A．项目收尾应收到客户或买方的正式验收确认文件

　　　　B．项目收尾包括管理收尾和技术收尾

　　　　C．项目收尾应向客户或买方交付最终产品、项目成果、竣工文档等

　　　　D．合同中止是项目收尾的一种特殊情况

试题（70）分析

本题考查信息系统项目管理的相关知识。

项目收尾包括：

①管理收尾：包括执行项目或阶段性管理收尾规程所涉及的所有活动及其相关角色和职责、参与的项目团队成员等；制定和建立将项目产品或服务移交到运营和生产的步骤。

②合同收尾：包含了项目合同、采购或买进协议的合同收尾过程所涉及的所有活动和相关职责，其中合同中止也是合同收尾的一种情况。

③最终产品、服务或成果：提交项目被授权生产的最终产品、服务或成果。

④组织过程资产：使用配置管理系统定义一个项目文档存储位置的列表，文档清单应包括客户、出资人或买方的正式确认文件，以表明项目或阶段已经满足了客户要求和项目产品、服务或成果的相关规范。

项目收尾中并无技术收尾。

参考答案

（70）B

试题（71）～（75）

Network Address Translation (NAT) is an Internet standard that enables a local-area network to use one set of IP addresses for internal traffic and another set of ___(71)___ IP addresses for external traffic. The main use of NAT is to limit the number of public IP addresses that an organization or company must use, for both economy and ___(72)___ purposes. NAT remaps an IP address space into another by modifying network address information in the ___(73)___ header of packets while they are in transit across a traffic routing device. It has become an essential tool in conserving global address space in the face of ___(74)___ address exhaustion. When a packet traverses outside the local network, NAT converts the private IP address to a public IP address. If NAT runs out of public addresses, the packets will be dropped and ___(75)___ "host unreachable" packets will be sent.

（71）A．local　　　　B．private　　　C．public　　　　D．dynamic

（72）A．political　　　B．fairness　　　C．efficiency　　　D．security

（73）A．MAC　　　　B．IP　　　　　C．TCP　　　　　D．UDP

（74）A．IPv4　　　　B．IPv6　　　　C．MAC　　　　　D．logical

（75）A．BGP　　　　B．IGMP　　　　C．ICMP　　　　　D．SNMP

参考译文

　　网络地址转换（NAT）是一个因特网标准，它使得局域网可以使用一组 IP 地址访问内部网络，使用另一组公有 IP 地址访问外部网络。NAT 的主要用处是，为了经济和安全目的，限制一个组织或公司必须使用的公有 IP 地址的数量。在报文跨路由设备传输过程中，NAT 通过修改报文的 IP 头部中的网络地址信息来把一个 IP 地址空间重映射到另一个 IP 地址空间。NAT 已经成为应对 IPv4 地址枯竭时保留全局地址空间的重要工具。当一个报文从局域网向外传输时，NAT 把私有 IP 地址转化为公有 IP 地址。如果 NAT 用完了公有 IP 地址，这些报文会被丢弃，ICMP 的"主机不可达"报文会被发送。

参考答案

　　（71）C　　（72）D　　（73）B　　（74）A　　（75）C

第 12 章　2021 上半年网络工程师下午试题分析与解答

试题一（共 20 分）

阅读以下说明，回答问题 1 至问题 4，将解答填入答题纸对应的解答栏内。

【说明】

某企业网络拓扑图如图 1-1 所示。该网络可以实现的网络功能有：

1. 汇聚层交换机 A 与交换机 B 采用 VRRP 技术组网；

2. 用防火墙实现内外网地址转换和访问策略控制；

3. 对汇聚层交换机、接入层交换机（各车间部署的交换机）进行 VLAN 划分。

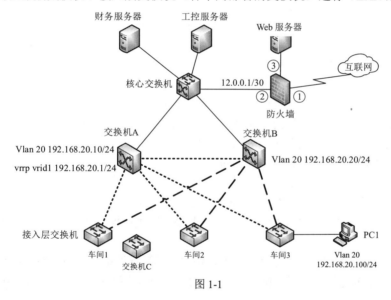

图 1-1

【问题 1】（6 分）

为图 1-1 中的防火墙划分安全域，接口①应配置为 __(1)__ 区域，接口②应配置为 __(2)__ 区域，接口③应配置为 __(3)__ 区域。

【问题 2】（4 分）

VRRP 技术实现 __(4)__ 功能，交换机 A 与交换机 B 之间的连接线称为 __(5)__ 线，其作用是 __(6)__ 。

【问题 3】（6 分）

图 1-1 中 PC1 的网关地址是 __(7)__ ；在核心交换机上配置与防火墙互通的默认路由，其目标地址应是 __(8)__ ；若禁止 PC1 访问财务服务器，应在核心交换机上采取 __(9)__ 措施实现。

【问题 4】（4 分）

　　若车间 1 增加一台接入交换机 C，该交换机需要与车间 1 接入层交换机进行互联，其连接方式有　(10)　和　(11)　；其中　(12)　方式可以共享使用交换机背板带宽，(13) 方式可以使用双绞线将交换机连接在一起。

试题一分析

　　本题考查中小企业网络安全规划的案例应用。该企业采用单核心简单组网，网络规划具有一定的安全性，主要体现在服务器部署位置与防火墙配合适当，防火墙对内网起到了安全防护作用；用户采用 VLAN 虚拟局域网，防止不同类型的用户相互访问，起到了数据流量的隔离；采用 VRRP 技术，网络链路相互备份。

【问题 1】

　　本问题考查防火墙的基本配置。接口①对应的是互联网，定义为非信任区，接口②对应的是内部网络，定义为信任区，接口③对应的是 Web 服务器，定义为非军事区。

【问题 2】

　　本问题考查 VRRP 技术。VRRP（Virtual Router Redundancy Protocol，虚拟路由冗余协议）是一种容错协议。它通过把两台路由设备组成一台虚拟的路由设备，并通过一定的机制来保证当主机的下一跳设备出现故障时，可以及时将业务切换到其他设备，从而保持通信的连续性和可靠性。

　　路由器使能 VRRP 功能后，会根据优先级确定自己在备份组中的角色。优先级高的路由器成为 Master 路由器，优先级低的成为路由器。心跳线的作用就是保证两台 VRRP 设备能够接到对端的 VRRP 报文，当设备出现故障，导致 Backup 接收不到 Master 的报文，它自己就会广播 VRRP 报文，并且把自己设为 Master。

【问题 3】

　　本问题考查 ACL 或路由策略的具体配置。

　　由于采用 VRRP 技术，PC1 的网关地址应该是虚拟网关地址，也就是图 1-1 中指示的 vrrp vrid1 的地址。

　　在核心交换机上配置与防火墙互通的默认路由，其目标地址应是防火墙接口②的地址。

　　要禁止 PC1 访问财务服务器，在核心交换机上对 PC1 的地址做路由条目限制或者 ACL 策略。

【问题 4】

　　交换机之间的物理连接通常可以通过网线进行级联，也可以通过专用线缆进行堆叠。堆叠技术可以将多台交换机虚拟成一台交换设备，作为一个整体参与数据转发，堆叠后的交换机具有提高可靠性、扩展端口数量、增大带宽、简化组网等作用。

参考答案

【问题 1】

　　（1）非信任或 untrust

　　（2）信任或 trust

　　（3）DMZ 或非军事

【问题 2】

（4）虚拟路由冗余 或 虚拟链路冗余 或 交换机热备份

（5）心跳

（6）对交换机的状态进行监测或传递心跳报文

【问题 3】

（7）192.168.20.1

（8）12.0.0.1

（9）配置 ACL 或 路由条目限制（阻断） 或 访问控制

【问题 4】

（10）级联

（11）堆叠　　　　　（10）～（11）不分先后顺序

（12）堆叠

（13）级联

试题二（共 20 分）

阅读以下说明，回答问题 1 至问题 3，将解答填入答题纸对应的解答栏内。

【说明】

图 2-1 所示为某单位网络拓扑图片段。

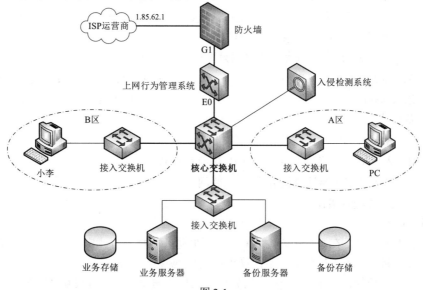

图 2-1

故障一

　　某天，网络管理员小王接到网络故障报告，大楼 A 区用户无法上网，经检查，A 区接入交换机至中心机房核心交换机网络不通，中心机房核心交换机连接 A 区接入交换机的端口灯不亮。

故障二

某天，网络管理员小王接到大楼用户上网故障报告，B 区用户小李的计算机网络连接显示正常，但是无法正常打开网页，即时聊天软件不能正常登录。

【问题 1】（6 分）

针对故障一，网络管理员使用　__(1)__　设备对光缆检查，发现光衰非常大，超出正常范围，初步判断为光缆故障，使用　__(2)__　设备判断出光缆的故障位置，经检查故障点发现该处光缆断裂，可采用　__(3)__　措施处理较为合理。

（1）、（2）备选答案（每个备选答案只可选一次）：

　　　A．网络寻线仪　　　B．可见光检测笔　　　C．光时域反射计　　　D．光功率计

（3）备选答案：

　　　A．使用两台光纤收发器连接　　　　　　B．使用光纤熔接机熔接断裂光纤

　　　C．使用黑色绝缘胶带缠绕接线　　　　　D．使用一台五电口小交换机连接

【问题 2】（8 分）

针对故障二，小王在小李的计算机上执行　__(4)__　命令显示地址解析协议缓存表内容，检测后发现该缓存表无异常内容；通过执行　__(5)__　命令发送 ICMP 回声请求测试，结果显示与 B 区接入交换机、核心交换机、上网行为管理系统、入侵检测系统均连接正常，但是与防火墙 G1 接口和 ISP 网关不通；通过执行　__(6)__　1.85.62.1 命令显示到达 ISP 运营商网关的路径，结果显示上网行为管理系统 E0 接口地址以后均为"*"；更换该计算机的 IP 地址后，网络正常，由此判断，该故障产生的原因可能是　__(7)__　。

（4）～（6）备选答案（每个备选答案只可选一次）：

　　　A．ipconfig　　　B．ping　　　　C．netstat　　　　D．arp

　　　E．tracert　　　　F．route　　　　G．nslookup　　　H．net

（7）备选答案：

　　　A．上网行为管理系统禁止该计算机 IP 访问互联网

　　　B．入侵检测系统禁止该计算机 IP 访问互联网

　　　C．防火墙禁止该计算机 IP 访问互联网

　　　D．DNS 配置错误

【问题 3】（6 分）

为保障数据安全，在数据中心本地和异地定时进行数据备份。其中本地备份磁盘阵列要求至少坏 2 块磁盘而不丢失数据（不计算热备盘），应采用　__(8)__　磁盘冗余方式；异地备份使用互联网传输数据，应采用　__(9)__　措施保障数据传输安全；在有限互联网带宽情况下，应采用　__(10)__　措施提高异地备份速度。

（8）备选答案：

　　　A．RAID 0　　　B．RAID 1　　　C．RAID 5　　　D．RAID 6

（9）备选答案：

　　　A．两端备份服务器设置复杂密码　　　B．两端搭建 VPN 隧道进行传输

　　　　C．异地备份点出口部署防火墙设备　　D．本地出口部署入侵防御系统
（10）备选答案：
　　　　A．增量备份　　　　　　　　　　　　B．缩短备份周期
　　　　C．数据加密　　　　　　　　　　　　D．工作时间备份

试题二分析

　　本题考查网络故障排查、存储系统 RAID 和数据安全的相关知识及应用。

　　此类题目要求考生掌握网络通信、安全防护和存储系统知识，熟悉网络故障检测工具、诊断命令，能快速排查网络故障并处置；熟悉 RAID 磁盘冗余和数据安全知识，使用安全可靠的方式，做好数据备份和恢复。

【问题 1】

　　网络寻线仪由发射器和寻线器组成，发射器发出的声音信号通过 RJ45/RJ11 接口传输到连接的线缆，使目标线缆回路周围产生环绕的声音信号场，用寻线器在回路沿途和末端识别它发出的信号场，从而找到这条线缆，可以迅速高效地从大量的线缆中找到目标线缆，主要用于双绞线和电话线寻线，是网络线缆、通信线缆日常维护过程中查找线缆的必备工具。

　　可见光检测笔又叫红光笔，常用于光纤故障检测，通过在光纤一端发射穿透力强、肉眼可见的红色激光，在光纤另一端查看是否有红光来判断该光纤是否中断，红光笔可以判断光纤是否中断，但是无法判断中断点距离，一般用于光时域反射计盲区内短距离的故障检测。

　　光时域反射计（Optical Time-Domain Reflectometer，OTDR）在一端发射光信号并接受其反射回来的信号，根据所用时间、光在玻璃体的传播速度、折射率来计算出距离，可以精确地测量光纤的长度、定位光纤的中断位置，是光纤故障处置的常用工具。

　　光功率计用于测量绝对光功率或通过一段光纤的光功率相对损耗情况，通过测量连接损耗、检验连续性来评估光纤链路传输质量，其价格便宜，携带方便，为测量光纤光衰的常用工具。

　　由此可知，针对故障一，可以使用光功率计检查光纤链路传输质量，测量光衰情况；当发现光纤链路可能故障时，使用 OTDR 精确判断故障点位置。

　　当发现光纤中断时，使用光纤熔接机熔接断裂光纤即可，而不能像接电线一样使用绝缘胶带接线，电口交换机由于无光口，就算熔接光纤接头也无法连接；光纤收发器也叫光电转换器，用于光纤和双绞线的连接转换，无法解决光缆中断故障，故选择可见光检测笔。

【问题 2】

　　ARP 命令用于显示和修改地址解析协议（ARP）使用的 IP 地址到 MAC 地址的转换表，即地址解析协议缓存表。

　　Ping 命令通过发送 ICMP 报文，并等待接收回应报文，用来测试数据包能否到达目标主机，根据是否到达目标主机来判断网络丢包率，根据往返时间来计算网络延迟。

　　Tracert（路由跟踪）命令的作用是查询本机到目标 IP 地址要经过的路由器信息和 IP 地址并显示返回时间，如果大量显示*或者返回超时，则说明到目标 IP 的各路由节点有问题，或者不通。

　　根据故障二的描述，表明计算机网卡、到交换机的物理链路均正常；通过 ARP 命令诊断发现 ARP 缓存表正常，不存在 ARP 攻击；通过 Ping 命令和 Tracert 命令诊断，可以判断上网行为管理系统配置相关策略禁止该计算机 IP 地址访问外部网络。

【问题 3】

RAID 0 级别仅实现条带化,并无配置冗余磁盘,只要坏 1 块磁盘就会发生数据丢失;RAID 1 级别数据冗余采用镜像方式,即同一份数据存储在 2 块磁盘上,当 1 块磁盘故障后,另外 1 块磁盘上的数据依旧可以使用,当只有 2 块磁盘组成 RAID 1 时,只能坏 1 块磁盘,如果坏掉 2 块磁盘,就会丢失数据;RAID 5 级别至少需要 3 块磁盘,数据存储在任意 2 块磁盘上,校验数据存储在另外 1 块磁盘上,但是校验数据并不是固定存储在某块磁盘上,每块磁盘上都存储数据和校验信息,当其中 1 块磁盘故障时,使用其他 2 块磁盘存储的信息即可恢复故障盘的数据,但是该方式只能保证坏 1 块磁盘不丢失数据,如果坏掉 2 块磁盘,就会丢失数据;RAID 6 级别至少需要 4 块磁盘,数据存储在任意 2 块磁盘上,校验数据存储在另外 2 块磁盘上,但是校验数据并不是固定存储在某 2 块磁盘上,每块磁盘上都存储数据和校验信息,当其中 1 块或者 2 块磁盘故障时,使用其他任意 2 块磁盘存储的信息即可恢复故障盘的数据。

通过互联网进行数据传输时,常采用建立 VPN 隧道数据加密来保障数据传输安全,其他备选答案均不能加强数据传输安全,故空(9)应选择备选答案 B。

通过互联网有限带宽进行数据备份时,应减少单次备份数据传输量来提高数据备份效率,常采用增量备份、数据去重等方式,其他选项并不能达到目的,故空(10)应选择备选答案 A。

参考答案

【问题 1】

  (1) D

  (2) C

  (3) B

【问题 2】

  (4) D

  (5) B

  (6) E

  (7) A

【问题 3】

  (8) D

  (9) B

  (10) A

试题三(共 20 分)

阅读以下说明,回答问题 1 至问题 3,将解答填入答题纸对应的解答栏内。

【说明】

图 3-1 为某大学的校园网络拓扑,由于生活区和教学区距离较远,R1 和 R6 分别作为生活区和教学区的出口设备,办公区内部使用 OSPF 作为内部路由协议。通过部署 BGP 获得所需路由,使生活区和教学区可以互通。通过配置路由策略,将 R2 <--> R3 <-->R4 链路作为主链路,负责转发 R1 和 R6 之间的流量;当主链路断开时,自动切换到 R2 <-->R5 <-->R4 这条路径进行通信。

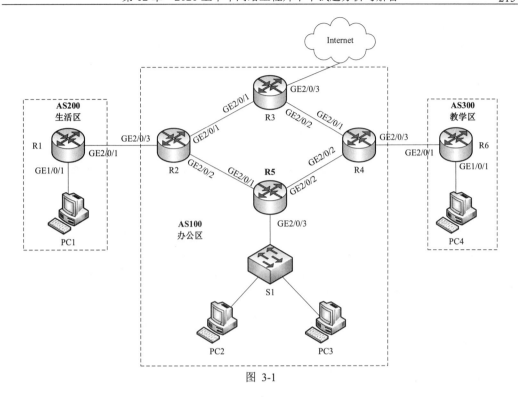

图 3-1

办公区自制系统编号 100、生活区自制系统编号 200、教学区自制系统编号 300，路由器接口地址信息如表 3-1 所示。

表 3-1

设备	接口	IP 地址	设备	接口	IP 地址
R1	GE1/0/1	10.10.0.1/24	R4	GE2/0/1	10.2.0.101/24
	GE2/0/1	10.20.0.1/24		GE2/0/2	10.40.1.101/24
R2	GE2/0/1	10.1.0.101/24		GE2/0/3	10.50.0.2/24
	GE2/0/2	10.30.0.101/24	R5	GE2/0/1	10.30.0.102/24
	GE2/0/3	10.20.0.2/24		GE2/0/2	10.40.1.102/24
R3	GE2/0/1	10.1.0.102/24		GE2/0/3	10.3.0.102/24
	GE2/0/2	10.2.0.102/24	R6	GE1/0/1	10.60.0.1/24
	GE2/0/3	218.63.0.2/24		GE2/0/1	10.50.0.1/24

【问题 1】（2 分）

该网络中，网络管理员要为 PC2 和 PC3 设计一种接入认证方式，如果无法通过认证，接入交换机 S1 可以拦截 PC2 和 PC3 的业务数据流量。下列接入认证技术可以满足要求的是___(1)___。

（1）备选答案：

      A．Web/PORTAL   B．PPPoE   C．802.1x   D．短信验证码认证

【问题 2】（2 分）

在疫情期间，利用互联网开展教学活动，通过部署 VPN 实现 Internet 访问校内受限的资源。以下适合通过浏览器访问的实现方式是___(2)___。

（2）备选答案：

      A．IPSec VPN   B．SSLVPN   C．L2TP VPN   D．MPLS VPN

【问题 3】（16 分）

假设各路由器已经配置好了各个接口的参数，根据说明补全命令或者回答相应的问题。以 R1 为例配置 BGP 的部分命令如下：

//启动 BGP，指定本地 AS 号，指定 BGP 路由器的 Router ID 为 1.1.1.1，配置 R1 和 R2 建立 EBGP 连接

```
[R1]bgp  (3)
[R1-bgp]router-id 1.1.1.1
[R1-bgp]peer 10.20.0.2 as-number 100
```

以 R2 为例配置 OSPF：

```
[R2]ospf 1
[R2-ospf-1] import-route  (4)   //导入 R2 的直连路由
[R2-ospf-1] import-route bgp
[R2-ospf-1] area  (5)
[R2-ospf-1-area-0.0.0.0] network 10.1.0.0 0.0.0.255
[R2-ospf-1-area-0.0.0.0] network 10.30.0.0 0.0.0.255
```

以路由器 R2 为例配置 BGP：

//启动 BGP，指定本地 AS 号，指定 BGP 路由器的 Router ID 为 2.2.2.2

```
[R2]bgp 100
[R2-bgp]router-id 2.2.2.2
[R2-bgp]peer 10.2.0.101 as-number 100
//上面这条命令的作用是 (6) 。
[R2-bgp]peer 10.40.1.101 as-number 100
[R2-bgp]peer 10.20.0.1 as-number 200
```

```
//配置 R2 发布路由
[R2-bgp] ipv4-family unicast
[R2-bgp-af-ipv4] undo synchronization
[R2-bgp-af-ipv4] preference 255 100 130
//上面这条命令执行后，IBGP 路由优先级高还是 OSPF 路由优先级高？
```
答：　(7)　。

以路由器 R2 为例配置路由策略：

```
//下面两条命令的作用是　(8)　。
[R2] acl number 2000
[R2-acl-basic-2000] rule 0 permit source 10.20.0.0 0.0.0.255
```
//配置路由策略，将从对等体 10.20.0.1 学习到的路由发布给对等体 10.2.0.101 时，设置本地优先级为 200，请补全以下配置命令
```
[R2] route-policy local-pre permit node 10
[R2-route-policy-local-pre-10] if-match ip route-source acl　(9)　
[R2-route-policy-local-pre-10] apply local-preference　(10)　
```

试题三分析

　　本题考查路由基础知识和配置，OSPF、BGP 路由配置以及路由策略配置的综合知识和能力，包括认证和 VPN 的相关知识。

　　此类题目要求考生认真阅读题目，对拓扑图描述的网络进行分析，结合考生掌握的上述路由相关协议的配置原理和命令分析作答，属于典型的命令配置类题目。

【问题 1】

　　本问题的题干要求如果无法通过认证，接入交换机 S1 可以拦截 PC2 和 PC3 的业务数据流量，选项中能达到要求的认证方式只有 802.1x，对于其他三种类型的认证，交换机均不拦截业务数据流量。

【问题 2】

　　本问题结合受疫情影响的社会现实情况，针对基于互联网开展线上教学的技术问题，考查关于 VPN 的相关知识，适合通过浏览器访问的实现方式是 SSLVPN。此技术也是现实实践中应用较为广泛、性价比较高的方案。

【问题 3】

　　本问题考查配置 BGP 和 OSPF 相关功能。考生应根据 BGP 和 OSPF 的配置原理，熟悉配置命令，进行正确配置。

参考答案

【问题 1】

　　（1）C

【问题 2】

　　（2）B

【问题 3】

　　（3）200

　　（4）direct

　　（5）0.0.0.0

　　（6）配置 R2 和 R4 建立 IBGP 连接

　　（7）IBGP 路由优先级高

　　（8）创建 ACL 2000，允许源 IP 地址为 10.20.0.0/24 的报文通过

　　（9）2000

　　（10）200

试题四（共 15 分）

　　阅读以下说明，回答问题 1 和问题 2，将解答填入答题纸对应的解答栏内。

【说明】

　　某公司在网络环境中部署多台 IP 电话和无线 AP，计划使用 PoE 设备为 IP 电话和无线 AP 供电，拓扑结构如图 4-1 所示。

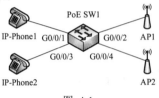

图 4-1

【问题 1】（5 分）

　　PoE（Power Over Ethernet）也称为以太网供电，是在现有的以太网 Cat.5 布线基础架构不作任何改动的情况下，利用现有的标准五类、超五类和六类双绞线在为基于 IP 的终端（如 IP 电话机、无线局域网接入点 AP、网络摄像机等）同时　__(1)__　和　__(2)__　。

　　完整的 PoE 系统由供电端设备（PSE，Power Sourcing Equipment）和受电端设备（PD，Powered Device）两部分组成。依据 802.3af/at 标准，有两种供电方式，使用空闲脚供电和使用　__(3)__　脚供电，当使用空闲脚供电时，双绞线的　__(4)__　线对为正极、　__(5)__　线对为负极为 PD 设备供电。

　　（1）～（5）备选答案：

　　　　A．提供电功率　　　　B．4、5　　　　C．传输数据　　　　D．7、8

　　　　E．3、6　　　　　　　F．数据

【问题 2】（10 分）

　　公司的 IP-Phone1 和 AP1 为公司内部员工提供语音和联网服务，要求有较高的供电优先级，且 AP 的供电优先级高于 IP-Phone；IP-Phone2 和 AP2 用于放置在公共区域，为游客提供语音和联网服务，AP2 在每天的 2：00—6：00 时间段内停止供电。IP-Phone 的功率不超过 5W，AP 的功率不超过 15W。配置接口最大输出功率，以确保设备安全。

　　请根据以上需求说明，将下面的配置代码补充完整。

```
<HUAWEI> (6)
[HUAWEI]  (7)  SW1
[SW1] poe power-management  (8)
[SW1] interface gigabitethernet 0/0/1
[SW1-GigabitEthernet0/0/1] poe power  (9)
[SW1-GigabitEthernet0/0/1] poe priority  (10)
[SW1-GigabitEthernet0/0/1] quit
[SW1] interface gigabitethernet 0/0/2
[SW1-GigabitEthernet0/0/2] poe power  (11)
[SW1-GigabitEthernet0/0/2] poe priority  (12)
[SW1-GigabitEthernet0/0/2] quit
[SW1] interface  (13)
[SW1-GigabitEthernet0/0/3] poe power 5000
[SW1-GigabitEthernet0/0/3] quit
[SW1]  (14)  tset 2:00 to 6:00 daily
[SW1] interface gigabitethernet 0/0/4
[SW1-GigabitEthernet0/0/4] poe  (15)  time-range tset
Warning: This operation will power off the PD during this time range poe.
Continue?[Y/N]:y
[SW1-GigabitEthernet0/0/4] quit
```

（6）～（15）备选答案：

A．sysname / sysn	B．5000	C．time-range	D．power-off
E．auto	F．system-view / sys	G．critical	H．high
I．15000	J．gigabitethernet 0/0/3		

试题四分析

本题考查无线网络接入点的部署和基本配置。

本类题目要求考生能够仔细阅读题干，并对题干中所要求的拓扑结构、配置需求等内容仔细**分析**和理解，并根据题干的上下文对配置代码和配置内容补充完整。

【问题 1】

本问题考查的是 PoE 的基本知识。属于对基础知识的考查。完整的 PoE 系统由供电端设备和受电端设备组成，供电一般采用空闲脚提供电源。

【问题 2】

本问题考查的是对无线接入点的基本配置。考生需要认真阅读问题描述文字，并理解其配置需求和配置要求，根据配置代码的上下文，对配置代码进行补全。

参考答案

【问题 1】

（1）A

（2）C　　　　　（1）～（2）不分先后顺序

（3）F

（4）B

　　（5）D

【问题 2】

　　（6）F

　　（7）A

　　（8）E

　　（9）B

　　（10）H

　　（11）I

　　（12）G

　　（13）J

　　（14）C

　　（15）D

第13章 2021下半年网络工程师上午试题分析与解答

试题（1）

微机系统中，___（1）___不属于 CPU 的运算器组成部件。

（1）A．程序计数器　　B．累加寄存器　　C．多路转换器　　D．ALU 单元

试题（1）分析

本题考查计算机系统基础知识。

计算机中为了保证程序指令能够连续地执行下去，CPU 必须确定下一条指令的地址。程序计数器（Program Counter，PC）就是用来存放当前待执行指令的地址的寄存器，属于 CPU 中控制器的部件。

参考答案

（1）A

试题（2）

Python 语言的特点不包括___（2）___。

（2）A．跨平台、开源　　　　　　　B．编译型

　　　C．支持面向对象程序设计　　　D．动态编程

试题（2）分析

本题考查 Python 语言的特点。

Python 语言是近年来比较流行的语言，广泛应用在软件开发、科学计算等多个领域。Python 是一种跨平台、开源、免费的高级程序设计语言，是解释型语言，Python 中的一切都是对象，支持面向对象程序设计，是动态编程的。

参考答案

（2）B

试题（3）

软件测试时，白盒测试不能发现___（3）___。

（3）A．代码路径中的错误　　　B．死循环

　　　C．逻辑错误　　　　　　　D．功能错误

试题（3）分析

本题考查白盒测试和黑盒测试的相关概念。

白盒测试又称为结构测试，主要目的是发现软件程序编码过程中的错误。这种方法是把测试对象看作一个打开的盒子，它允许测试人员利用程序内部的逻辑结构及有关信息，设计或选择测试用例，对程序的所有逻辑路径进行测试，通过在不同点检查程序状态，确定实际状态是否与预期的状态一致。

黑盒测试是把测试对象看作一个黑盒子，测试人员完全不考虑程序内部的逻辑结构和内

部特性，只依据程序的需求规格说明书，检查程序的功能是否符合它的功能说明。

参考答案

（3）D

试题（4）

云计算有多种部署模型，当云按照服务方式提供给大众时，称为　(4)　。

（4）A．公有云　　　　　B．私有云　　　　　C．专属云　　　　　D．混合云

试题（4）

本题考查云计算的基本概念。

云计算常见的部署模式有公有云、私有云、社区云和混合云。对于公有云，云的基础设施一般是被云计算服务提供商所拥有，该组织将云计算服务销售给公众，公有云通常在远离客户建筑物的地方托管（一般为云计算服务提供商建立的数据中心），可实现灵活的扩展，提供一种降低客户风险和成本的方法。

对于私有云来说，云的基础设施是为某个客户单独使用而构建的，因而提供对数据、安全性和服务质量的最有效控制。私有云可部署在企业数据中心，也可部署在一个主机托管场所，被一个单一的组织拥有或租用。

参考答案

（4）A

试题（5）

某工厂使用一个软件系统实现质检过程的自动化，并逐步替代人工质检。该系统属于　(5)　。

（5）A．面向作业处理的系统　　　　　　B．面向管理控制的系统

　　　C．面向决策计划的系统　　　　　　D．面向数据汇总的系统

试题（5）分析

本题考查信息系统的类型。

面向作业处理的系统是实现处理过程自动化的系统，面向管理控制的系统是实现辅助管理、管理自动化的系统，面向决策计划的系统是为决策计划提供支撑的系统。

本题中质检自动化系统属于处理过程的自动化，应该是面向作业处理的系统。

参考答案

（5）A

试题（6）

外包是一种合同协议。外包合同中的关键核心文件是　(6)　。

（6）A．技术等级协议（TLA）　　　　　B．服务等级协议（SLA）

　　　C．项目执行协议（PEA）　　　　　D．企业管理协议（EMA）

试题（6）分析

本题考查对外包合同管理的理解。

外包是一种合同协议。外包成功的关键因素之一是选择具有良好社会形象和信誉、相关行业经验丰富、能够引领或紧跟信息技术发展的外包商作为战略伙伴。外包合同中的关键核

心文件是服务等级协议（SLA，Service Level Agreement），SLA 是评估外包服务质量的重要标准。而在外包合同管理中没有技术等级协议（TLA）、企业管理协议（EMA）及项目执行协议（PEA）的提法。

参考答案

　　（6）B

试题（7）

　　数据标准化是一种按照预定规程对共享数据实施规范化管理的过程。数据标准化的对象是数据元素和元数据。以下①～⑥中，___(7)___ 属于数据标准化主要包括的三个阶段。

　　①数据元素标准阶段　　②元数据标准阶段　　③业务建模阶段

　　④软件安装部署阶段　　⑤数据规范化阶段　　⑥文档规范化阶段

　　（7）A．①②③　　　　B．③⑤⑥　　　　C．④⑤⑥　　　　D．①③⑤

试题（7）分析

　　本题考查对公司级数据管理的理解。

　　企业信息化的最终目标是实现各种不同业务信息系统间跨地域、跨行业、跨部门的信息共享和业务协同，而信息共享和业务协同则是建立在信息使用者和信息拥有者对共享数据的涵义、表示及标识有着相同的而无歧义的理解基础上，这就涉及数据标准化问题。数据标准化是一种按照预定规程对共享数据实施规范化管理的过程。数据标准化的对象是数据元素和元数据。数据标准化主要包括业务建模阶段、数据规范化阶段及文档规范化阶段等三个阶段。业务建模阶段是业务领域专家和业务建模专家按照业务流程要求，利用业务建模技术对现实业务需求、业务流程及业务信息进行抽象分析的过程；数据规范化阶段是针对数据元素进行提取、规范化及管理的过程；文档规范化阶段是数据规范化成果的实际应用的关键，是实现离散数据有效合成的重要途径。没有所谓的数据元素标准阶段、元数据标准阶段及软件安装部署阶段这样的提法。

参考答案

　　（7）B

试题（8）

　　在软件开发过程中，系统测试阶段的测试目标来自于___(8)___阶段。

　　（8）A．需求分析　　　B．概要设计　　　C．详细设计　　　D．软件实现

试题（8）分析

　　本题考查软件测试的基础知识。

　　软件测试是软件开发的最后一个阶段，经过测试的软件才可以交付给用户使用，之后进入到软件维护阶段。软件测试又可以分为单元测试、集成测试和系统测试三个阶段。其中单元测试的测试目标来自详细设计阶段，集成测试的测试目标来自概要设计阶段，系统测试的测试目标来自需求分析阶段。

参考答案

　　（8）A

试题（9）

信息系统的文档是开发人员与用户交流的工具。在系统规划和系统分析阶段，用户与系统分析人员交流所使用的文档不包括　(9)　。

(9) A. 可行性研究报告　　　　　　　B. 总体规划报告

　　 C. 项目开发计划　　　　　　　　D. 用户使用手册

试题（9）分析

本题考查软件文档的基础知识。

软件文档在软件开发和维护过程中起着非常重要的作用，需要足够的重视。每个开发阶段都有对应的文档产生，考生应掌握每个阶段应该撰写的文档类型。如系统规划和系统分析阶段，应包含可行性研究报告、总体规划报告和项目开发计划。

参考答案

(9) D

试题（10）

　(10)　是构成我国保护计算机软件著作权的两个基本法律文件。

(10) A.《计算机软件保护条例》和《软件法》

　　 B.《中华人民共和国著作权法》和《软件法》

　　 C.《中华人民共和国著作权法》和《计算机软件保护条例》

　　 D.《中华人民共和国版权法》和《中华人民共和国著作权法》

试题（10）分析

本题考查知识产权的基础知识。

《中华人民共和国著作权法》和《计算机软件保护条例》是构成我国保护计算机软件著作权的两个基本法律文件。

参考答案

(10) C

试题（11）

在光纤通信中，　(11)　设备可以将光信号放大进行远距离传输。

(11) A. 光纤中继器　　B. 光纤耦合器　　C. 光发信机　　　D. 光检测器

试题（11）分析

本题考查光纤通信系统中设备功能的基础知识。

光纤中继器：补偿光的衰减，对失真的脉冲信号进行整形；

光纤耦合器：是一种电-光-电转换器件，用于实现光信号分路/合路；

光发信机：主要作用是产生光信号，实现信号的电-光转换；

光检测器：主要作用是将光信号转换成电信号。

根据题意，只有光纤中继器符合要求。

参考答案

(11) A

试题（12）

在 10GBase-ER 标准中，使用单模光纤最大传输距离是 __(12)__ 。

（12）A. 300 米　　　　B. 5 公里　　　　C. 10 公里　　　　D. 40 公里

试题（12）分析

本题考查以太网标准相关基础知识。

10GBase-ER 为 IEEE 规定的万兆以太网标准之一，其中"ER"代表的含义是"超长距离"，该标准使用 1550nm 的单模光纤，传输距离可以达到 40km。

参考答案

（12）D

试题（13）

在 OSI 参考模型中，传输层处理的数据单位是 __(13)__ 。

（13）A. 比特　　　　B. 帧　　　　　　C. 分组　　　　　　D. 报文

试题（13）分析

本题考查 OSI 体系结构中各层传输的数据单位的基础知识。

比特是物理层传输的数据单位；帧是数据链路层传输的数据单位；分组是网络层传输的数据单位；报文是传输层传输的数据单位。

参考答案

（13）D

试题（14）、（15）

某信道带宽为 1MHz，采用 4 幅度 8 相位调制最大可以组成 __(14)__ 种码元；若此信道信号的码元宽度为 10 微秒，则数据速率为 __(15)__ kb/s。

（14）A. 5　　　　　B. 10　　　　　C. 16　　　　　D. 32

（15）A. 50　　　　B. 100　　　　C. 500　　　　D. 1000

试题（14）、（15）分析

本题考查信号编码的相关基础知识。

采用 4 幅度 8 相位调制最大可以组成 32 种码元。若此信道信号的码元宽度为 10 微秒，即每秒传送 $1/10^{-5}=10^5$ 个码元，故码元速率为 10^5 波特。又因为系统由 32 种码元组成，每个信号元素可以表示 5 比特，故数据速率为 500kb/s。

参考答案

（14）D　　（15）C

试题（16）

使用 ADSL 接入电话网采用的认证协议是 __(16)__ 。

（16）A. 802.1x　　　　B. 802.5　　　　C. PPPoA　　　　D. PPPoE

试题（16）分析

本题考查 ADSL 相关基础知识。

使用 ADSL 接入电话网采用的认证协议是 PPPoE。

参考答案

（16）D

试题（17）

在主机上禁止 __（17）__ 协议，可以不响应来自别的主机的 ping 包。

（17）A. UDP　　　　　B. ICMP　　　　　C. TLS　　　　　D. ARP

试题（17）分析

本试题考查 ICMP 协议的相关基础知识。

ping 命令是 ICMP 协议的一个子集。

参考答案

（17）B

试题（18）

HDLC 协议中，帧的编号和应答号存放在 __（18）__ 字段中。

（18）A. 标志　　　　　B. 地址　　　　　C. 控制　　　　　D. 数据

试题（18）分析

本题考查 HDLC 协议的相关基础知识。

HDLC 协议的控制字段将帧类型分成了信息帧、监控帧和无编号帧 3 种类型，帧的编号和应答号包含在控制字段中。

参考答案

（18）C

试题（19）

在 OSPF 路由协议中，路由器在 __（19）__ 进行链路状态广播。

（19）A. 固定 30 秒后周期性地　　　　　B. 固定 60 秒后周期性地

　　　 C. 收到对端请求后　　　　　　　D. 链路状态发生改变后

试题（19）分析

本题考查 OSPF 路由协议的相关基础知识。

在 OSPF 路由协议中，路由器在链路状态发生改变后进行链路状态广播。

参考答案

（19）D

试题（20）、（21）

ARP 报文分为 ARP Request 和 ARP Response，其中 ARP Request 采用 __（20）__ 进行传送，ARP Response 采用 __（21）__ 进行传送。

（20）A. 广播　　　　　B. 组播　　　　　C. 多播　　　　　D. 单播

（21）A. 广播　　　　　B. 组播　　　　　C. 多播　　　　　D. 单播

试题（20）、（21）分析

本题考查有关 ARP 协议解析 IP 地址过程的基础知识。

ARP Request 为 ARP 请求包，是发送端主机要获得接收端主机 MAC 地址时使用，采用广播的方式在全网进行发送；ARP Request 为 ARP 响应包，当接收端主机收到发送端的请求包后，使用自己的 MAC 地址进行回复时使用响应包，响应包采用单播的方式发送。

参考答案

（20）A　　（21）D

试题（22）

Ping 使用了___(22)___类型的 ICMP 查询报文。

（22）A．Echo Reply　　　　　　　　　　B．Host Unreachable

　　　 C．Redirect for Host　　　　　　　　D．Source Quench

试题（22）分析

本题考查 ICMP 主要报文类型的基础知识。

Echo Reply 为询问类报文，类型值为 0，用于回显应答（ping 应答）；

Host Unreachable 为差错报告报文，类型值为 3，用于主机不可到达错误报告；

Redirect for Host 为差错报告报文，类型值为 5，用于对主机重定向报告；

Source Quench 为差错报告报文，类型值为 4，表示源点抑制，源端被关闭。

参考答案

（22）A

试题（23）

以下关于路由协议的叙述中，错误的是___(23)___。

（23）A．路由协议是通过执行一个算法来完成路由选择的一种协议

　　　 B．动态路由协议可以分为距离向量路由协议和链路状态路由协议

　　　 C．路由协议是一种允许数据包在主机之间传送信息的协议

　　　 D．路由器之间可以通过路由协议学习网络的拓扑结构

试题（23）分析

本题考查有关路由协议的基本概念。

路由协议是一种指定数据包转发方式的协议，也就是要通过算法完成路由选择的过程，所以选项 A 的说法是正确的；常见的动态路由协议有 RIP、OSPF、BGP 等，其中 RIP 属于距离向量，OSPF 属于链路状态，因此选项 B 的说法是正确的；在 RIP、OSPF、BGP 等路由协议中，路由器可以从运行在相同路由选择协议的其他路由器中学习并建立路由，因此选项 D 的说法正确；数据包在主机之间传送信息的说法是错误的，所以选项 C 的说法错误。

参考答案

（23）C

试题（24）

以下关于 RIPv2 对于 RIPv1 改进的说法中，错误的是___(24)___。

（24）A．RIPv2 是基于链路状态的路由协议

　　　 B．RIPv2 可以支持 VLSM

　　　 C．RIPv2 可以支持认证，有明文和 MD5 两种方式

　　　 D．RIPv2 采用的是组播更新

试题（24）分析

本题考查 RIPv2 路由协议的知识。

RIPv2 相较于 RIPv1，支持可变长子网掩码、支持路由聚合、支持指定下一跳、支持组播更新、支持对协议报文进行验证（明文和 MD5）。另外，RIPv2 是基于距离向量的路由算法。

参考答案

（24）A

试题（25）

以下关于 OSFP 路由协议的说法中，错误的是　__(25)__　。

（25）A．OSPF 是基于分布式的链路状态协议

　　　B．OSPF 是一种内部网关路由协议

　　　C．OSPF 可以用于自治系统之间的路由选择

　　　D．OSPF 为减少洪泛链路状态的信息量，可以将自治系统划分为更小的区域

试题（25）分析

本题考查 OSPF 路由协议的基础知识。

首先，OSPF 是一种使用链路状态路由算法的路由协议；其次，它是一种内部网关协议，工作在单一自治系统内部；最后，OSPF 划分区域，划分区域的好处就是把利用洪泛法交换链路状态信息的范围局限到每一个区域，减少整个网络的通信量。由此可以看出，选项 C 描述的内容是错误的。

参考答案

（25）C

试题（26）

以下关于 IS-IS 路由协议的说法中，错误的是　__(26)__　。

（26）A．IS-IS 是基于距离矢量路由选择协议的路由协议

　　　B．IS-IS 属于内部网关路由协议

　　　C．IS-IS 路由协议将自治系统分为骨干区域和非骨干区域

　　　D．IS-IS 路由协议中 Level-2 路由器可以和不同区域的 Level-2 或者 Level-1-2 路由器形成邻居关系

试题（26）分析

本题考查 OSPF 路由协议的基础知识。

首先，IS-IS 路由协议是基于分级链路状态的路由协议，是一种内部网关协议。

其次，为了支持大规模的路由网络，IS-IS 在自治系统内采用骨干区域与非骨干区域两级的分层结构。一般来说，将 Level-1 路由器部署在非骨干区域，Level-2 路由器和 Level-1-2 路由器部署在骨干区域。每一个非骨干区域都通过 Level-1-2 路由器与骨干区域相连。

最后，在不同区域中，Level-1 路由器无法和其他路由器建立邻居关系，Level-2 路由器可以和除了 Level-1 路由器以外的路由器建立邻居关系，Level-1-2 路由器可以和除了 Level-1 路由器以外的路由器建立邻居关系。

参考答案

（26）A

试题（27）

以下关于 BGP 路由协议的说法中，错误的是　（27）　。

（27）A．BGP 协议是一种外部网关协议

　　　　B．BGP 协议为保证可靠性使用 TCP 作为承载协议，使用端口号是 179

　　　　C．BGP 协议使用 keep-alive 报文周期性地证实邻居站的连通性

　　　　D．BGP 协议不支持路由汇聚功能

试题（27）分析

本题考查 BGP 路由协议的基础知识。

首先，BGP 是一种实现自治系统之间的路由可达，并选择最佳路由的距离向量路由协议；

其次，BGP 作为自治系统间的路由协议，需要携带大量的路由信息，因此 BGP 需要一种可靠的协议来承载，所以选择了 TCP 协议作为其承载协议，端口号为 179；

然后，BGP 对等体间通过 5 种报文进行交互，其中 keep-alive 报文为周期性发送，其作用就是用于保持 BGP 连接；

最后，BGP 协议是支持路由汇聚功能的。

参考答案

（27）D

试题（28）

下列协议中，使用明文传输的是　（28）　。

（28）A．SSH　　　　　　B．Telnet　　　　　　C．SFTP　　　　　　D．HTTPS

试题（28）分析

本题考查文件传输方面的基础知识。

SSH 为 Secure Shell 的缩写，由 IETF 的网络小组所制定，是专为远程登录会话和其他网络服务提供安全性的协议，可以有效防止远程管理过程中的信息泄露问题。

Telnet 协议是 TCP/IP 协议族中的一员，是 Internet 远程登录服务的标准协议和主要方式。Telnet 是一个明文传送协议，它将用户的所有内容（包括用户名和密码）都明文在互联网上传送，具有一定的安全隐患。

SFTP 是 SSH 文件传输协议（SSH File Transfer Protocol，也称 Secret File Transfer Protocol）的简称，是一种数据流连接，提供文件访问、传输和管理功能的网络传输协议。

HTTPS 的全称是 Hyper Text Transfer Protocol over Secure Socket Layer，是以安全为目标的 HTTP 通道，在 HTTP 的基础上通过传输加密和身份认证保证了传输过程的安全性。

参考答案

（28）B

试题（29）

在浏览器地址栏输入 ftp://ftp.tsinghua.edu.cn/进行访问时，首先执行的操作是（29）　。

（29）A．域名解析　　　　　　　　　　B．建立控制命令连接

　　　　　C．建立文件传输连接　　　　　　　D．发送 FTP 命令

试题（29）分析

　　本题考查浏览器访问方面的基础知识。

　　在浏览器地址栏输入 ftp://ftp.tsinghua.edu.cn/进行访问时，流程如下：

　　（1）浏览器作为一个客户端，对用户输入的 URL 进行域名解析；

　　（2）由于题干中的 URL 是一个 FTP 域名，因此接下来要进行 FTP 的工作流程；

　　（3）FTP 工作流程具体为：FTP 客户首先发起建立 1 个与 FTP 服务器端口号 21 之间的 TCP 控制连接，指定 TCP 作为传输层协议；客户在建立的控制连接上获得身份认证；客户在建立的控制连接上发送命令来浏览远程主机的目录；当服务器接收到 1 个文件传输命令时，在服务器端口号 20 创建 1 个与客户的 TCP 数据连接；1 个文件传输后，服务器结束这个 TCP 数据连接；之后再次传输，服务器创建第 2 个 TCP 与客户的数据连接来传输下一个文件。

参考答案

　　（29）A

试题（30）

　　下列端口号中，不属于常用电子邮件协议默认使用的端口的是　（30）　。

　　（30）A．23　　　　　　B．25　　　　　　C．110　　　　　　D．143

试题（30）分析

　　本题考查电子邮件协议方面的基础知识。

　　23 端口是 Telnet 的默认端口，提供在本地主机上完成远程主机工作的能力。

　　25 端口是 SMTP 服务的默认端口，主要用于发送邮件。

　　110 端口是 POP3 服务的默认端口，主要用于接收邮件。

　　143 端口是 IMAP 服务的默认端口，主要用于电子邮件的接收。

参考答案

　　（30）A

试题（31）

　　在 Linux 中，用于解析主机域名的文件是　（31）　。

　　（31）A．/dev/host.conf　　　　　　　　　B．/etc/hosts

　　　　　C．/dev/resolv.conf　　　　　　　　D．/etc/resolv.conf

试题（31）分析

　　在 Linux 中，用于解析主机域名的文件是/etc/hosts。/etc/resolv.conf 是 DNS（域名系统）的配置文件。

参考答案

　　（31）B

试题（32）

　　在 Linux 中，可以使用命令　（32）　将文件 abc.txt 拷贝到目录/home/my/office 中，且保留原文件访问权限。

　　（32）A．$ cp -l abc.txt /home/my/office　　　B．$ cp -p abc.txt /home/my/office

　　C.　$ cp -R abc.txt /home/my/office　　　　D.　$ cp -f abc.txt /home/my/office

试题（32）分析

　　在 Linux 中，拷贝文件的命令是 cp，涉及的几个参数如下：

　　-l：将目标文件建立为源文件的硬链接文件，而不是复制源文件。

　　-p：复制后目标文件保留源文件的属性（包括所有者、所属组、权限和时间）。

　　-R：递归复制，用于复制目录。

　　-f：覆盖已经存在的目标文件而不给出提示。

参考答案

　　（32）B

试题（33）

　　在 Linux 中，要使用命令"chmod –R xxx /home/abc"修改目录/home/abc 的访问权限为可读、可写、可执行，命令中的"xxx"应该是　（33）　。

　　（33）A．777　　　　　　　B．555　　　　　　　C．444　　　　　　　D．222

试题（33）分析

　　权限 r 代表可读（read）、w 代表可写（write）、x 代表可执行（execute）。可以用数字来代表权限：r=4，表示可读；w=2，表示可写；x=1 表示可执行，删除权限，用数字 0 表示。这三个权限对应的位置不会改变，如果没有权限，就用减号-表示。例如：

　　rwx：表示可读、可写、可执行，对应的权限值为 7（4+2+1）。

　　r--：表示可读、不可写、不可执行，对应的权限值为 4（4+0+0）。

　　对所有者、所属组和其他用户分别设置对应权限，且顺序固定，因此，题中的权限值为 777。

参考答案

　　（33）A

试题（34）

　　在 Windows 中，DNS 客户端手工向服务器注册时使用的命令是　（34）　。

　　（34）A．ipconfig /release　　　　　　　B．ipconfig /flushdns

　　　　　C．ipconfig /displaydns　　　　　　D．ipconfig /registerdns

试题（34）分析

　　本题考查 ipconfig 命令的用法。

　　ipconfig 命令用于显示本机 TCP/IP 配置的详细信息，部分指令的具体功能如下：

- ipconfig /release：DHCP 客户端手工释放 IP 地址；
- ipconfig /flushdns：清除本地 DNS 缓存内容；
- ipconfig /displaydns：显示本地 DNS 内容；
- ipconfig /registerdns：DNS 客户端手工向服务器进行注册。

参考答案

　　（34）D

试题（35）

Windows Server 2008 R2 上内嵌的 Web 服务器是 ___（35）___ 服务器。

（35）A．IIS   B．Apache   C．Tomcat   D．Nginx

试题（35）分析

本题考查 Windows Server 2008 R2 方面的基础知识。

如下图所示，Windows Server 2008 R2 上内嵌的 Web 服务器是 IIS。

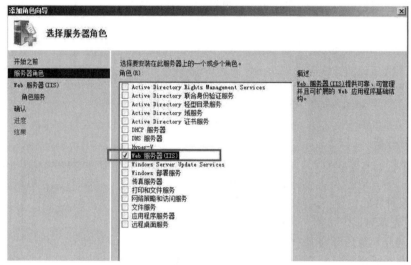

参考答案

（35）A

试题（36）

Windows 中，在命令行输入 ___（36）___ 命令可以得到如下的回显。

```
Server:  UnKnown
Address:  159.47.11.80
xxx.edu.cn
        primary name server = ns1.xxx.edu.cn
        responsible mail addr = mail@xxx.edu.cn
        serial  = 2020061746
        refresh = 1200 (20 mins)
        retry   = 7200 (2 hours)
        expire  = 3600 (1 hour)
        default TTL = 3600 (1 hour)
```

（36）A．nslookup -type=A xxx.edu.cn   B．nslookup -type=CNAME xxx.edu.cn

        C．nslookup -type=NS xxx.edu.cn   D．nslookup -type=PTR xxx.edu.cn

试题（36）分析

本题考查 Windows 命令的基础知识。

根据题干，可以看到是 nslookup 命令的输出结果，根据输出结果可知，该输出结果为反向记录。

参考答案

（36）D

试题（37）、（38）

用户使用 ftp://zza.com 访问某文件服务，默认通过目标端口为 __（37）__ 的请求报文建立 __（38）__ 连接。

（37）A. 20　　　　　　B. 21　　　　　　C. 22　　　　　　D. 23

（38）A. TCP　　　　　B. UDP　　　　　C. HTTP　　　　　D. FTP

试题（37）、（38）分析

本题考查 FTP 协议的基础知识。

FTP（File Transfer Protocol）协议是文件传输协议，基于 C/S 模型设计，通常用于在公司或者机构建立文件服务器，提供文件的临时存储、上传和下载服务。该协议基于 TCP 协议工作，使用 20 和 21 端口。其中 21 端口用于传输控制信息，20 端口用于数据传输。

参考答案

（37）B　　（38）A

试题（39）

以下关于电子邮件服务的说法中，正确的是 __（39）__ 。

（39）A. 收到的邮件会即时自动地存储在预定目录中

　　　　B. 电子邮件需要用户手动接收

　　　　C. 不同操作系统使用不同的默认端口

　　　　D. 电子邮件地址格式允许用户自定义

试题（39）分析

本题考查邮件服务的基础知识。

电子邮件是互联网的传统服务之一。通过 SMTP（Simple Mail Transfer Protocol）和 POP（Post Office Protocol）协议第三版进行邮件的发送和接收。邮件服务器可以自行接收用户发送的邮件，并存放在邮件服务器的预定目录中，等待用户查看邮件，无需用户手动接收邮件；SMTP 协议的默认端口为 25，POP 协议的默认端口为 110，在任何操作系统中，要提供正常的邮件服务，均需使用指定的默认端口，不可更改；电子邮件的地址格式为：用户名@域名，用户可以自定义其用户名，但是邮件地址格式不可更改。

参考答案

（39）A

试题（40）

用户可以使用 __（40）__ 向 DHCP 服务器重新请求 IP 地址配置。

（40）A. ipconfig /renew　　　　　　　　B. ipconfig /release

　　　　C. ipconfig /reconfig　　　　　　　D. ipconfig /reboot

试题（40）分析

本题考查 DHCP 的基础知识。

DHCP（Dynamic Host Configuration Protocol）是动态主机配置协议，用于在局域网中为客户端提供动态 IP 地址配置，当客户机登录服务器时，可以自动获得服务器分配的 IP 地址和子网掩码。用户可以使用网络命令 ipconfig 来查看当前的 IP 地址配置信息，使用 ipconfig /renew 来重新向服务器获取 IP 地址，使用 ipconfig /release 命令放弃当前的 IP 地址配置。

参考答案

（40）A

试题（41）

Linux 防火墙 iptables 命令的 -P 参数表示　（41）　。

（41）A．协议　　　　　　　　B．表　　　　　　　C．策略　　　　　　D．跳转

试题（41）分析

本题考查 Linux 操作系统中关于防火墙的知识及相关命令。

iptables 命令参数 -P，即 policy，表示策略；-p，即 protocol，表示协议。

参考答案

（41）C

试题（42）

在防火墙域间安全策略中，不是 Outbound 方向数据流的是　（42）　。

（42）A．从 Trust 区域到 Local 区域的数据流

　　　　B．从 Trust 区域到 Untrust 区域的数据流

　　　　C．从 Trust 区域到 DMZ 区域的数据流

　　　　D．从 DMZ 区域到 Untrust 区域的数据流

试题（42）分析

本题考查防火墙的区域划分及其相关知识。

防火墙通常划分为五个区域，依据安全优先级从低到高依次为：Untrust（不信任域）、DMZ（隔离区）、Trust（信任域）、Local（本地）和 Management（管理）。报文从低级别的安全区域向高级别的安全区域流动时为入方向（Inbound），报文从由高级别的安全区域向低级别的安全区域流动时为出方向（Outbound）。

参考答案

（42）A

试题（43）

PKC 证书主要用于确保　（43）　的合法性。

（43）A．主体私钥　　　　　B．CA 私钥　　　　　C．主体公钥　　　　D．CA 公钥

试题（43）分析

本题考查公钥基础设施中公钥数字证书的基本概念。

公钥数字证书就是由证书权威 CA 颁发的用于证明主体公钥的数字载体。

参考答案

（43）C

试题（44）

　　AES 是一种___（44）___。

　　（44）A．公钥加密算法　　　　　　　B．流密码算法

　　　　　C．分组加密算法　　　　　　　D．消息摘要算法

试题（44）分析

　　本题考查信息安全领域关于加密算法部分的基本概念。

　　高级加密标准（Advanced Encryption Standard，AES）在密码学中又称为 Rijndael 加密法。AES 是典型的对称加密体制算法，是最常用的分组加密算法之一。

参考答案

（44）C

试题（45）

　　以下关于 HTTPS 的描述中，正确的是___（45）___。

　　（45）A．HTTPS 和 SHTTP 是同一个协议的不同简称

　　　　　B．HTTPS 服务器端使用的缺省 TCP 端口是 110

　　　　　C．HTTPS 是传输层协议

　　　　　D．HTTPS 是 HTTP 和 SSL/TLS 的组合

试题（45）分析

　　本题考查应用层协议 HTTP 以及 HTTPS 的基础知识。

　　HTTPS（Hyper Text Transfer Protocol over Secure Socket Layer），是以安全为目标的 HTTP 传输通道，在 HTTP 的基础上通过传输加密和身份认证保证了传输过程的安全性。HTTPS 在 HTTP 的基础上加入 SSL，HTTPS 的安全基础是 SSL/TLS，因此加密的详细内容就需要 SSL/TLS。

参考答案

（45）D

试题（46）

　　与 SNMP 所采用的传输层协议相同的是___（46）___。

　　（46）A．HTTP　　　　　B．SMTP　　　　　C．FTP　　　　　D．DNS

试题（46）分析

　　本题考查应用层协议 SNMP 的基础知识。

　　简单网络管理协议（SNMP）是专门设计用于在 IP 网络管理网络节点（服务器、工作站、路由器、交换机及 HUBS 等）的一种标准协议，它是一种应用层协议。SNMP 所采用的传输层协议是 UDP，与 DNS 采用的传输层协议相同。备选答案中 HTTP、SMTP 和 FTP 在传输层均采用 TCP 协议。

参考答案

（46）D

试题（47）

管理员发现交换机的二层转发表空间被占满，清空后短时间内仍然会被再次占满。造成这种现象的原因可能是　（47）　。

（47）A. 交换机内存故障　　　　　　　B. 存在环路造成广播风暴

　　　　C. 接入设备过多　　　　　　　　D. 利用虚假的 MAC 进行攻击

试题（47）分析

本题考查网络交换机的故障诊断能力。

交换机内存故障会导致交换机不工作，甚至无法配置管理。存在环路造成的广播风暴具有交换机所有端口指示灯不停闪烁的特征，而且无法清空二层转发表。接入设备过多对目前交换机而言不可能造成直接的故障。题干描述的现象属于典型的利用虚假的 MAC 进行攻击的特征。

参考答案

（47）D

试题（48）

某网络结构如下图所示。PC1 的用户在浏览器地址栏中输入 www.abc.com 后无法获取响应页面，而输入 61.102.58.77 可以正常打开 Web 页面，则导致该现象的可能原因是　（48）　。

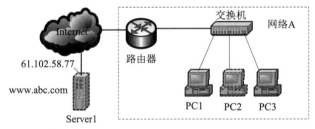

（48）A. 域名解析失败　　　　　　　　B. 网关配置错误

　　　　C. PC1 网络参数配置错误　　　　D. 路由配置错误

试题（48）分析

本题考查网络故障综合诊断能力。

PC1 的用户在浏览器地址栏中输入 www.abc.com 后无法获取响应页面，而输入 61.102.58.77 可以正常打开 Web 页面。说明由 PC1 至 Server1 的网络通路是畅通的，不存在网关配置错误、PC1 网络参数配置错误、路由配置错误。题干描述的现象是典型的域名解析失败故障。

参考答案

（48）A

试题（49）、（50）

某数据中心做存储系统设计，从性价比角度考量，最合适的冗余方式是　（49）　，当该 RAID 配备 N 块磁盘时，实际可用数为　（50）　块。

（49）A. RAID 0　　　　B. RAID 1　　　　C. RAID 5　　　　D. RAID 10

（50）A. *N*　　　　　B. *N*–1　　　　C. *N*/2　　　　D. *N*/4

试题（49）、（50）分析

本题考查关于 RAID 磁盘冗余技术的基础知识。

RAID 5 至少需要 3 块硬盘。这种模式把每个数据块打散，然后均匀分布到各个硬盘，它将奇偶校验的数据均匀地分散到不同的硬盘。这样如果有一个硬盘坏掉了，丢失的数据可以从奇偶校验里面计算出来。以上优势，RAID 5 可以兼顾，任意 N-1 块硬盘都有完整的数据。RAID 0 没有数据冗余、没有奇偶校验，一块硬盘或者以上就可做 RAID 0，缺点是无冗余能力，一块硬盘损坏，数据全无，因此数据安全性低。RAID 1 模式下，如果有 *n* 块硬盘，那么会把数据保存 *n* 份一模一样的，性价比相对较低。因此，有冗余要求且以性价比为首要考虑因素，则应选择 RAID 5。

参考答案

（49）C　　（50）B

试题（51）

下面的 IP 地址中，能够作为主机地址的是　（51）　。

（51）A. 168.254.0.243/30　　　　　　B. 10.20.30.40/29

　　　C. 172.16.18.0/22　　　　　　　D. 192.168.11.191/26

试题（51）分析

本题考查 IP 地址的基础知识。

IPv4 地址由 32 位二进制数字构成，通常使用点分十进制的方式来标记。从左往右分别为网络位和主机位。当主机位全部为 0 时，该 IP 地址表示当前的网络号；当主机位全部为 1 时，该 IP 地址表示当前网络的广播地址。除了网络号和广播地址以外的当前网络的其他 IP 地址，均可作为主机地址使用。计算方法可以将 IP 地址划分成二进制，查看其主机位是否全部为 0 或者全部为 1。

参考答案

（51）C

试题（52）

下面的 IP 地址中，不属于同一网络的是　（52）　。

（52）A. 172.20.34.28/21　　　　　　B. 172.20.39.100/21

　　　C. 172.20.32.176/21　　　　　　D. 172.20.40.177/21

试题（52）分析

本题考查 IP 地址的基础知识。

当两个 IP 地址的网络号相同时，它们属于同一网络，可以使用二进制 IP 地址和二进制子网掩码进行与运算，所得结果相同的，即为同一网络。

参考答案

（52）D

试题（53）、（54）

某公司中，最大的局域网可容纳 200 个主机，最小的局域网可容纳 20 个主机，若使用可变长子网掩码划分子网，其最长的掩码 __(53)__ 位，最短的掩码 __(54)__ 位。

（53）A．24　　　　　B．25　　　　　C．26　　　　　D．27

（54）A．24　　　　　B．25　　　　　C．26　　　　　D．27

试题（53）、（54）分析

本题考查 IP 地址划分的基础知识。

题干中所描述的"最长掩码"是指掩码中网络部分的位数为最长，反之则为最短。可分别计算 $x=\log_2 20$ 和 $y=\log_2 200$ 的结果，将 x、y 取整后，即得到两个局域网的主机地址位数，然后计算 32-x，32-y 即为最长和最短掩码。

参考答案

（53）D　　（54）A

试题（55）

PC1 的 IP 地址为 192.168.5.16，PC2 的 IP 地址为 192.168.5.100，PC1 和 PC2 在同一网段中，其子网掩码可能是 __(55)__ 。

（55）A．255.255.255.240　　　　　B．255.255.255.224

　　　 C．255.255.255.192　　　　　D．255.255.255.128

试题（55）分析

本题考查 CIDR 的计算方法。

根据题干描述，IP 地址 192.168.5.16 和 192.168.5.100 处于同一网段，将以上两个 IP 地址使用二进制显示如下：

11000000.101011000.00000101.00010000

11000000.101011000.00000101.01100100

在以上的二进制表示中，取最长的相同位，即为其子网掩码的二进制长度，将其都变为"1"，其他位用"0"填充，即 11111111.11111111.11111111.10000000，转换为十进制表示即为 255.255.255.128。

参考答案

（55）D

试题（56）

下列命令片段含义是 __(56)__ 。

```
<HUAWEI> system-view
[HUAWEI] observe-port 1 interface gigabitethemet 0/0/1
[HUAWEI] interface gigabitethernet 0/0/2
[HUAWEI-Gigabit Ethernet(1/0/2) ] port-mirroring to observe-port 1inbound
```

（56）A．配置端口镜像　　　　　B．配置链路聚合

　　　 C．配置逻辑接口　　　　　D．配置访问控制策略

试题（56）分析

本题考查交换机命令。

镜像是将经过指定端口的报文复制一份到另外一个指定端口，通过配置镜像功能进行网络监控和故障定位。

参考答案

（56）A

试题（57）

使用　（57）　命令可以 OSPF 接口信息。

（57）A．display ospf error　　　　　　B．display this

　　　　C．display ospf brief　　　　　　D．display ospf interface

试题（57）分析

本题考查 OSPF 的常用调试命令。

OSPF 常用的调试命令包括查看 OSPF 摘要信息、查看启动 OSPF 的接口信息、查看 OSPF 出错信息、查看 OSPF 包调试信息等。

display ospf interface 可以 OSPF 接口信息。

参考答案

（57）D

试题（58）

GVRP 是跨交换机进行 VLAN 动态注册和删除的协议，关于对 GVRP 的描述不准确的是　（58）　。

（58）A．GVRP 是 GARP 的一种应用，由 IEEE 制定

　　　　B．交换机之间的协议报文交互必须在 VLAN Trunk 链路上进行

　　　　C．GVRP 协议所支持的 VLAN ID 范围为 1-1001

　　　　D．GVRP 配置时需要在每一台交换机上建立 VLAN

试题（58）分析

本题考查 GVRP 的基础知识。

通常对跨以太网交换机的 VLAN 进行动态注册和删除的二层协议包括 GVRP 和 VTP。GVRP 协议所支持的 VLAN ID 范围为 1-4094，而 VTP 协议只支持 1-1001 号的 VLAN。

参考答案

（58）C

试题（59）

使用命令 vlan batch 10 15 to 19 25 28 to 30 创建了　（59）　个 VLAN。

（59）A．6　　　　　　B．10　　　　　　C．5　　　　　　D．9

试题（59）分析

本题考查 VLAN 划分命令的基本用法。

从命令描述来看，划分的 VLAN 分别是 10、15-19、25、28-30，共 10 个。

参考答案

（59）B

试题（60）、（61）

VLAN 帧的最小帧长是 __(60)__ 字节，其中表示帧优先级的字段是 __(61)__ 。

(60) A. 60　　　　　　B. 64　　　　　　C. 1518　　　　　　D. 1522

(61) A. TYPE　　　　B. PRI　　　　　C. CFI　　　　　　D. VID

试题（60）、（61）分析

本题考查 VLAN 帧格式，属于 VLAN 的基础知识。

IEEE 802.1Q 标准对 Ethernet 帧格式进行了修改，在源 MAC 地址字段和协议类型字段之间加入 4 字节的 802.1Q Tag。VLAN 最小帧长是 64 字节。802.1Q Tag 包括 4 部分内容，分别是 TYPE（类型）、PRI（优先级）、CFI（标准格式指示位）、VID（帧所属 VLAN）。

参考答案

(60) B　　　　　(61) B

试题（62）

与 CSMA 相比，CSMA/CD __(62)__ 。

(62) A. 充分利用传播延迟远小于传输延迟的 特性，减少了冲突后信道的浪费

　　 B. 将冲突的产生控制在传播时间内，减少了冲突的概率

　　 C. 在发送数据前和发送数据过程中侦听信道，不会产生冲突

　　 D. 站点竞争信道，提高了信道的利用率

试题（62）分析

本题考查 CSMA/CD 协议的相关基础知识。

与 CSMA 相比，CSMA/CD 在传输过程中同时进行冲突检测，一旦检测到冲突立即停止传输并发干扰信号告知对方，这样减少了冲突后信道的浪费，即充分利用传播延迟远小于传输延迟的特性，减少了冲突后信道的浪费。

参考答案

(62) A

试题（63）

采用 CSMA/CD 进行介质访问，两个站点连续冲突 3 次后再次冲突的概率为 __(63)__ 。

(63) A. 1/2　　　　B. 1/4　　　　　C. 1/8　　　　　D. 1/16

试题（63）分析

本题考查 CSMA/CD 协议的相关基础知识。

CSMA/CD 冲突后采用二进制指数后退算法进行冲突恢复。两个站点连续冲突 3 次后冲突窗口大小为 2^3，再次冲突的概率为 8/64=1/8。

参考答案

(63) C

试题（64）

下列通信技术标准中，使用频带相同的是 __(64)__ 。

(64) A. 802.11a 和 802.11b　　　　B. 802.11b 和 802.11g

　　 C. 802.11a 和 802.11g　　　　D. 802.11a 和 802.11n

试题（64）分析

本题考查 802.11 a/b/g/n/ac。

不同的后缀代表着不同的物理层标准工作频段，如下表所示。

协议	频率
802.11	2.4GHz
802.11a	5GHz
802.11b	2.4GHz
802.11g	2.4GHz
802.11n	2.4GHz 或 5GHz
802.11ac	2.4GHz 或 5GHz

参考答案

（64）B

试题（65）

以下关于 Wi-Fi 6 的说法中，错误的是　__（65）__。

（65）A．支持完整版的 MU-MIMO　　　　B．理论吞吐量最高可达 9.6Gbps

　　　 C．遵从协议 802.11ax　　　　　　 D．工作频段在 5GHz

试题（65）分析

本题考查 Wi-Fi 6 的相关基础知识。

Wi-Fi 6 遵从协议 802.11ax，主要工作在 2.4GHz、5GHz 和 6GHz，主要使用了OFDMA、MU-MIMO等技术。MU-MIMO（多用户多入多出）技术允许路由器同时与多个设备通信，而不是依次进行通信。MU-MIMO 允许路由器一次与四个设备通信，Wi-Fi 6 将允许与多达 8个设备通信，最高速率可达 9.6Gbps。

参考答案

（65）D

试题（66）

以下关于无线漫游的说法中，错误的是　__（66）__。

（66）A．漫游是由 AP 发起的

　　　 B．漫游分为二层漫游和三层漫游

　　　 C．三层漫游必须在同一个 SSID

　　　 D．客户端在 AP 间漫游，AP 可以处于不同的 VLAN

试题（66）分析

本题考查无限漫游的基础知识。

无线漫游是指在同一个 SSID 下，无线终端在移动到两个 AP 覆盖范围的临界区域时，与新的 AP 进行关联并与原有 AP 断开关联，且在此过程中保持不间断的网络连接。漫游分为二层漫游和三层漫游。不同的 AP 可以处于不同的 VLAN，在发生漫游时，先由客户端向AP 发出申请。

参考答案

（66）A

试题（67）

在大型无线规划中，AP 通常通过 DHCP option __（67）__ 来获取 AC 的 IP 地址。

（67）A．43 　　　　B．60 　　　　C．66 　　　　D．138

试题（67）分析

本题考查实际工程建设过程中 AP 的部署方法。

大型无线网络建设一般采用 AC+AP 的架构。AP 发现 AC 有两种方式：

方式一：AP 上静态指定 AC 列表。

方式二：AP 通过 DHCP 方式获取 AC 列表（利用 option 43 选项）。

参考答案

（67）A

试题（68）

网络规划中冗余设计不能 __（68）__ 。

（68）A．提高链路可靠性 　　　　B．增强负载能力

　　　　C．提高数据安全性 　　　　D．加快路由收敛

试题（68）分析

本题考查网络规划中冗余思想的相关概念。

在网络规划中往往通过冗余设计来提高整个系统的可靠性。冗余的链路不仅提供了链路的备份，还可以提高负载能力。数据中心的冗余设计也大大提高了数据的安全性。而路由的收敛速度更多的是由协议本身和路由器的性能决定的。

参考答案

（68）D

试题（69）

某公司局域网使用 DHCP 动态获取 10.10.10.1/24 网段的 IP 地址，某天公司大量终端获得了 192.168.1.0/24 网段的地址，可在接入交换机上配置 __（69）__ 功能杜绝该问题再次出现。

（69）A．dhcp relay 　　　　　　B．dhcp snooping

　　　　C．mac-address static 　　　　D．arp static

试题（69）分析

本题考查 dhcp snooping 的相关知识。

公司的局域网已经架设了 dhcp 服务器，为了屏蔽非法的 dhcp，阻止非法的 dhcp 服务器对用户 discover 报文的应答，可以开启 dhcp snooping 功能来指定监听端口。

参考答案

（69）B

试题（70）

项目范围管理过程如下所示，其正确的流程顺序是 __（70）__ 。

①定义范围 　　　②核实范围 　　　③收集需求

④控制范围　　　⑤创建工作分解结构

（70）A．②④①③⑤　　　　　　　　　B．①②④③⑤

　　　C．③⑤①②④　　　　　　　　　D．③①⑤②④

试题（70）分析

本题考查项目管理的相关知识。

项目范围是指产生项目产品所包括的所有工作及产生这些产品所用的过程。主要包括收集需求、定义范围、创建工作分解结构、核实范围、控制范围。

参考答案

（70）D

试题（71）~（75）

Network security is the protection of the underlying networking infrastructure from 　（71）　 access, misuse, or theft. It involves creating a secure infrastructure for devices, users and applications to work in a 　（72）　 manner. Network security combines multiple layers of defenses at the edge and in the network. Each network security layer implements 　（73）　 and controls. Authorized users gain access to network resources. A 　（74）　 is a network security device that monitors incoming and outgoing network traffic and decides whether to allow or block specific traffic based on a defined set of security rules. A virtual 　（75）　 network encrypts the connection from an endpoint to a network, often over the internet. Typically, a remote-access VPN uses IPsec or Secure Sockets Layer to authenticate the communication between device and network.

（71）A．unauthorized　　B．authorized　　C．normal　　D．frequent

（72）A．economical　　B．secure　　C．fair　　D．efficient

（73）A．computing　　B．translation　　C．policies　　D．simulations

（74）A．firewall　　B．router　　C．gateway　　D．switch

（75）A．public　　B．private　　C．personal　　D．political

参考译文

网络安全是保护底层网络基础设施免受未经授权的访问、误用或盗窃。它涉及为设备、用户和应用程序创建一个安全的基础设施，以便以安全的方式工作。网络安全结合了在网络边缘和网络内部的多层防御。每个网络安全层执行策略和控制。授权用户可以访问网络资源。防火墙是一种网络安全设备，它监控进出的网络流量，并根据一组已定义的安全规则决定是否允许或阻止特定的流量。虚拟专用网络通常通过互联网对端点到网络的连接进行加密。通常情况下，远程接入 VPN 使用 IPsec 或安全套接字层来验证设备与网络之间的通信。

参考答案

（71）A　　　　（72）B　　　　（73）C　　　　（74）A　　　　（75）B

第 14 章　2021 下半年网络工程师下午试题分析与解答

试题一（共 20 分）

　　阅读以下说明，回答问题 1 至问题 3，将解答填入答题纸对应的解答栏内。

【说明】

　　某单位由于业务要求，在六层的大楼内同时部署有线和无线网络，楼外停车场部署无线网络。网络拓扑如图 1-1 所示。

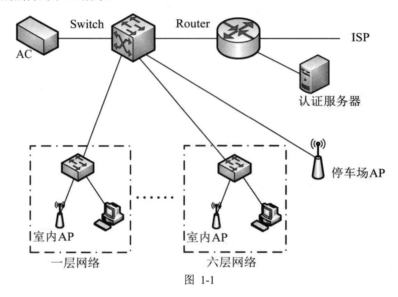

图 1-1

【问题 1】（8 分）

　　1. 该网络规划中，相较于以旁路方式部署，将 AC 直连部署存在的问题是　(1)　；相较于部署在核心层，将 AC 部署在接入层存在的问题是　(2)　。

　　2. 在不增加网络设备的情况下，防止外网用户对本网络进行攻击，隐藏内部网络的 NAT 策略通常配置在　(3)　。

　　（3）备选答案：

　　　　A．AC　　　　　　　　　B．Switch　　　　　　　C．Router

　　3. 某用户通过手机连接该网络的 Wi-Fi 信号，使用 Web 页面进行认证后上网，则该无线网络使用的认证方式是　(4)　认证。

　　（4）备选答案：

　　　　A．PPPoE　　　　　　　B．Portal　　　　　　　C．IEEE 802.1x

【问题 2】（8 分）

1. 若停车场需要部署 3 个相邻的 AP，在进行 2.4G 频段规划时，为避免信道重叠可以采用的信道是　（5）　。

（5）备选答案：

　　　A. 1、4、7　　　　　　　B. 1、6、9　　　　　　　C. 1、6、11

2. 若在大楼内相邻的办公室共用 1 台 AP 会造成信号衰减，造成信号衰减的主要原因是　（6）　。

（6）备选答案：

　　　A. 调制方案　　　　　B. 传输距离　　　　　　C. 设备老化　　　　D. 障碍物

3. 在网络规划中，对 AP 供电方式可以采取　（7）　供电或 DC 电源适配器供电。

4. 不考虑其他因素的情况下，若室内 AP 区域信号场强> -60dBm，停车场 AP 区域的场强> -70dBm，则用户在　（8）　区域的上网体验好。

【问题 3】（4 分）

在结构化布线系统中，核心交换机到楼层交换机的布线通常称为　（9）　，拟采用 50/125 微米多模光纤进行互连，使用 1000Base-SX 以太网标准，传输的最大距离约是（10）米。

（9）备选答案：

　　　A. 设备间子系统　　　B. 管理子系统　　　　C. 干线子系统

（10）备选答案：

　　　A. 100　　　　　　　　B. 550　　　　　　　　C. 5000

试题一分析

本题主要考查中、小企业网络规划的案例，重点考查无线网络的相关概念和基本应用。

【问题 1】

本题主要考查的是设备部署及网络认证的基础知识。

AC 控制器在无线覆盖中使用，用来集中管理所有的 AP，可以称为 AP "管家"。将 AC 采用直连的方式部署，有线网络和无线网络的数据流量都会通过 AC，数据量较大会产生网络传输瓶颈；将 AC 部署在接入层，就需在核心层配置更多的策略来确保不同位置的 AP 受控，增加了配置管理的复杂度。

在本案例中，网络的边界设备是 Router，NAT 策略在该设备上配置可以起到隐藏内网的作用。

认证技术是 AAA（认证，授权，计费）的初始步骤，AAA 一般包括用户终端、AAA Client、AAA Server 和计费软件四个环节。用户终端与 AAA Client 之间的通信方式通常称为 "认证方式"。目前的主要技术有以下三种：PPPoE、Portal、IEEE 802.1x。

PPPoE 认证一般需要外置 BAS，认证完成后，业务数据流也必须经过 BAS 设备，容易造成单点瓶颈和故障；Portal 认证通过用户登录到 Portal Server 后，使用 Web 浏览内容和实现认证；802.1x 认证接入层交换机无需支持 802.1q 的 VLAN，对设备的整体性能要求不高，但是需要特定客户端软件。

【问题 2】

本题考查的是无线网络的相关概念。

2.4G 频段被分为 14 个交叠的、错列的 20MHz 信道，信道编码从 1 到 14，邻近的信道之间存在一定的重叠范围。一般场景通常推荐采用 1、6、11 这种至少分别间隔 4 个信道的信道组合方式来部署蜂窝式的无线网络覆盖，同理也可以选用 2、7、12 或 3、8、13 的组合方式。

无线信号在传输过程中信号强度会逐渐衰减。由于接收端只能接收识别一定阈值以上信号强度的无线信号，当信号衰减过大后，接收端将无法识别无线信号。影响信号衰减的常见因素有障碍物、传输距离、频率、天线、数据传输速率、调制方案等。

dBm 表示无线功率的绝对值，它的数值是以 1mW 功率为基准的一个比值。公式为 dBm=10×lg(毫瓦数/1)。值越大，表示信号越好，如-70dBm 信号比-90dBm 好。

【问题 3】

本题考查的是综合布线的基本知识。

综合布线系统是由工作区子系统、水平子系统、管理区子系统、干线子系统、设备间子系统、建筑群子系统组成的。其中干线子系统是综合布线系统的中心系统，主要负责连接楼层配线架系统与主配线架系统。

1000BASE-SX 所使用的光纤波长为 850nm，分为 62.5/125 微米多模光纤、50/125 微米多模光纤。其中使用 50/125 微米多模光纤的最大传输距离为 550 米。

参考答案

【问题 1】

（1）产生网络性能瓶颈　　　　（2）提高整个网络中 AP 的管理难度

（3）C　　　　　　　　　　　　（4）B

【问题 2】

（5）C　　　　（6）D　　　　（7）PoE 或 PoE 交换机　　　（8）室内

【问题 3】

（9）C　　　　（10）B

试题二（共 20 分）

阅读以下说明，回答问题 1 至问题 2，将解答填入答题纸对应的解答栏内。

【说明】

某企业内部局域网拓扑如图 2-1 所示，局域网内分为办公区和服务器区。

图 2-1 中，办公区域的业务网段为 10.1.1.0/24，服务器区网段为 10.2.1.0/24，所有业务网段的网关均部署在防火墙上，网关分别对应为 10.1.1.254、10.2.1.254；防火墙作为 DHCP 服务器，为办公区终端自动下发 IP 地址，并通过 NAT 实现用户访问互联网。防火墙外网出口 IP 地址为 100.1.1.2/28，运营商对端 IP 为 100.1.1.1/28，办公区用户出口 IP 地址池为 100.1.1.10~100.1.1.15。

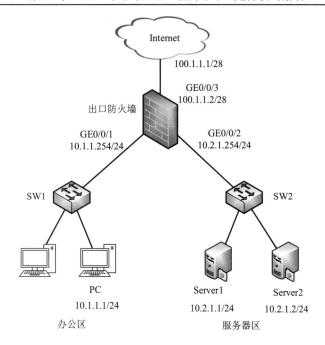

图 2-1

【问题 1】（6 分）

防火墙常用工作模式有透明模式、路由模式、混合模式，图 2-1 中的出口防火墙工作于___(1)___模式；防火墙为办公区用户动态分配 IP 地址，需在防火墙完成开启___(2)___功能；Server2 为 Web 服务器，服务端口为 tcp 443，外网用户通过 https://100.1.1.9:8443 访问，在防火墙上需要配置___(3)___。

（3）备选答案：

A. nat server policy_web protocol tcp global 100.1.1.9 8443 inside 10.2.1.2 443 unr-route

B. nat server policy_web protocol tcp global 10.2.1.2 8443 inside 100.1.1.9 443 unr-route

C. nat server policy_web protocol tcp global 100.1.1.9 443 inside 10.2.1.2 8443 unr-route

D. nat server policy_web protocol tcp global 10.2.1.2 inside 10.2.1.2 8443 unr-route

【问题 2】（14 分）

为了使局域网中 10.1.1.0/24 网段的用户可以正常访问 Internet，需要在防火墙上完成 NAT、安全策略等配置，请根据需求完善以下配置。

```
#将对应接口加入 trust 或者 untrust 区域。
[FW] firewall zone trust
[FW-zone-trust] add interface__(4)__
[FW-zone-trust] quit
[FW] firewall zone untrust
[FW-zone-untrust] add interface__(5)__
[FW-zone-untrust] quit
```

```
#配置安全策略，允许局域网指定网段与 Internet 进行报文交互。
[FW] security-policy
[FW-policy-security] rule name policy1
#将局域网作为源信任区域，将互联网作为非信任区域
[FW-policy-security-rule-policy1]source-zone （6）
[FW-policy-security-rule-policy1] destination-zone untrust
#指定局域网办公区域的用户访问互联网
[FW-policy-security-rule-policy1] source-address （7）
#指定安全策略为允许
[FW-policy-security-rule-policy1] action （8）
[FW-policy-security-rule-policy1] quit
[FW-policy-security] quit
配置 NAT 地址池，配置时开启允许端口地址转换，实现公网地址复用。
[FW] nat address-group addressgroup1
[FW-address-group-addressgroup1] mode pat
[FW-address-group-addressgroup1] section 0 （9）
配置源 NAT 策略，实现局域网指定网段访问 Internet 时自动进行源地址转换。
[FW] nat-policy
[FW-policy-nat] rule name policy_nat1
#指定具体哪些区域为信任和非信任区域
[FW-policy-nat-rule-policy_nat1] source-zone trust
[FW-policy-nat-rule-policy_nat1] destination-zone untrust
#指定局域网源 IP 地址
[FW-policy-nat-rule-policy_nat1] source-address 10.1.1.0 24
[FW-policy-nat-rule-policy_nat1] action source-nat address-group （10）
[FW-policy-nat-rule-policy_nat1] quit
[FW-policy-nat] quit
```

试题二分析

本题主要考查防火墙在企业网中的主要作用、工作模式以及基础配置。

此类考题要求考生掌握企业网络拓扑结构，明确配置目标。根据配置的关键步骤完成答题。

【问题 1】（6 分）

一般硬件防火墙有路由模式、透明模式、混合模式。路由模式连接不同网段，防火墙有实际的地址；网桥模式即透明模式，连接相同网段，防火墙没有地址，内网用户看不到防火墙的存在，隐蔽性较好；混合模式即在网络拓扑里同时用到了路由和网桥模式。

题目中内网地址访问外网需要做 NAT 且防火墙连接不同网段，所以该防火墙处于路由模式。内网主机为自动获取地址，所以需要开启 DHCP 功能。外网访问内网的 Web 服务器，需要做一个地址映射，即：nat server policy_web protocol tcp global 100.1.1.9 8443 inside 10.2.1.2 443 unr-route。

【问题 2】（14 分）

这是典型的配置类题目。考生主要完成以下配置步骤：

（1）设定 trust 和 untrust 区域，给每个区域指定相应的端口。

（2）将局域网作为源信任区域，将互联网作为非信任区域。将内网地址段指定为源信任区域，并将访问控制策略设置为 permit。

（3）配置 NAT，并分配地址池为 100.1.1.10～100.1.1.15。指定具体哪些区域为信任和非信任区域。

参考答案

【问题 1】

（1）路由　　　　　（2）DHCP　　　　　　　（3）　A

【问题 2】

（4）GigabitEthernet0/0/1　　　　　　（5）GigabitEthernet 0/0/3

（6）trust　　　　　　　　　　　　　（7）10.1.1.0 24

（8）permit　　　　　　　　　　　　（9）100.1.1.10　　100.1.1.15

（10）addressgroup1

试题三（共 20 分）

阅读下列说明，回答问题 1 至问题 3，将解答填入答题纸的对应栏内。

【说明】

某公司网络拓扑片段如图 3-1 所示，其中出口路由器 R2 连接 Internet。PC 所在网段为
10.1.1.0/24，服务器 IP 地址为 10.2.2.22/24，R2 连接的 Internet 出口网关地址为 110.125.0.1/28。
各路由器端口及所对应 IP 地址信息，如表 3-1 所示。假设各个路由器和主机均完成了各个接
口 IP 地址的配置。

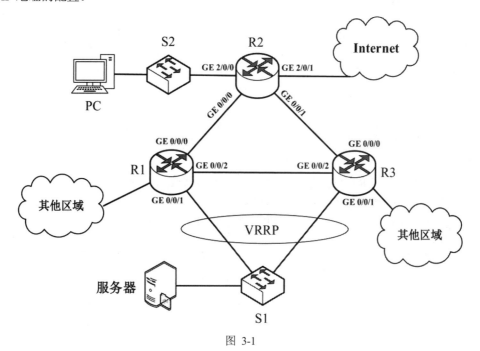

图 3-1

表 3-1

路由器	端口	IP 地址
R1	GigabitEthernet0/0/0	10.12.0.1/29
	GigabitEthernet0/0/1	10.2.2.1/24
	GigabitEthernet0/0/2	10.13.1.1/29
R2	GigabitEthernet0/0/0	10.12.0.2/29
	GigabitEthernet0/0/1	10.23.0.1/29
	GigabitEthernet2/0/0	10.1.1.1/24
	GigabitEthernet2/0/1	110.125.0.2/28
R3	GigabitEthernet0/0/0	10.23.0.3/29
	GigabitEthernet0/0/1	10.2.2.3/24
	GigabitEthernet0/0/2	10.13.1.3/29

【问题 1】（6 分）

通过静态路由配置使路由器 R1 经过路由器 R2 作为主链路连接 Internet，R1->R3->R2->Internet 作为备份链路；路由器 R3 经过路由器 R2 作为主链路连接 Internet，R3->R1->R2->Internet 作为备份链路。

请按要求补全命令或回答问题。

R1 上的配置片段：

```
[R1]ip route-static  0.0.0.0  0.0.0.0   (1)
[R1]ip route-static  0.0.0.0  0.0.0.0   (2)   preference 100
```

R2 上的配置片段：

```
[R2]ip route-static   (3)   110.125.0.1
```

以下两条命令的作用是   (4)   。

```
[R2]ip route-static 10.2.2.0  0.255.255.255  10.12.0.1
[R2]ip route-static 10.2.2.0  0.255.255.255  10.23.0.3  preference 100
```

【问题 2】（3 分）

通过在 R1、R2 和 R3 上配置双向转发检测（Bidirectional Forwarding Detection，BFD）实现链路故障快速检测和静态路由的自动切换。

以 R3 为例配置 R3 和 R2 之间的 BFD 会话，请补全下列命令：

```
[R3] (5)
[R3-bfd]quit
[R3]bfd 1 bind peer-ip  (6)  source-ip (7) auto
[R3-bfd-session-1]commit
[R3-bfd-session-1]quit
```

【问题 3】（6 分）

通过配置虚拟路由冗余协议（Virtual Router Redundancy Protocol，VRRP）使得服务器通

过交换机 S1 双归属到 R1 和 R3，从而保证链路发生故障时服务器的业务不中断。R1 为主路由，R3 为备份路由，且虚拟浮动 IP 为 10.2.2.10。

根据上述配置要求，服务器的网关地址应配置为　__(8)__　。

在 R1 上配置与 R3 的 VRRP 虚拟组相互备份：

```
[R1]int g0/0/1
//创建 VRRP 虚拟组
[R1-GigabitEthernet0/0/1]vrrp vrid 1 virtual-ip   (9)
//配置优先级为 120
[R1-GigabitEthernet0/0/1]vrrp vrid 1 priority 120
```

下面这条命令的作用是　　__(10)__　。

```
[R1-GigabitEthernet0/0/1]vrrp vrid 1 preempt-mode timer delay 2
//跟踪 GE0/0/0 端口，如果 GE0/0/0 端口 down，优先级自动减 30
[R1-GigabitEthernet0/0/1]vrrp vrid 1 track interface GE0/0/0  reduced 30
```

请问 R1 为什么要跟踪 GE0/0/0 端口？

答：　　__(11)__　。

【问题 4】（5 分）

通过配置 ACL 限制 PC 所在网段在 2021 年 11 月 6 日上午 9 点至下午 5 点之间不能访问服务器的 Web 服务（工作在 80 端口），对园区内其他网段无访问限制。

定义满足上述要求 ACL 的命令片段如下，请补全命令。

[XXX]　__(12)__　ftime　9:00 to 17:00　2021/11/6

[XXX]acl 3001

[XXX-acl-adv-3001]rule　__(13)__　tcp destination-port eq 80 source 10.1.1.0 0 destination 10.2.2.22　0.0.0.0 time-range　__(14)__

上述 ACL 最佳配置设备是　__(15)__　。

试题三分析

本题考查虚拟路由冗余协议 VRRP、双向转发检测 BFD、静态路由等路由配置的综合知识和能力。

此类题目要求考生认真阅读题目，对拓扑图描述的网络进行分析，结合考生掌握的上述路由相关协议的配置原理和命令分析作答，属于典型的命令配置类题目。

【问题 1】（6 分）

R1 上的配置片段：

```
[R1]ip route-static  0.0.0.0  0.0.0.0   (1)
[R1]ip route-static  0.0.0.0  0.0.0.0   (2)   preference 100
```

由于路由器 R1 经过路由器 R2 作为主链路连接 Internet，R1->R3->R2->Internet 作为备份链路，则 R1 上配置的静态路由下一跳接口中 R2 的接口优先级高，即（1）为 10.12.0.2，R3 的对端接口优先级低，则（2）为 10.13.1.3。

在 R2 上进行配置时，命令 ip route-static　__(3)__　110.125.0.1 的目的是配置通往 Internet

的缺省路由，因此（3）为 0.0.0.0 0.0.0.0。

```
[R2]ip route-static 10.2.2.0  0.255.255.255  10.12.0.1
[R2]ip route-static 10.2.2.0  0.255.255.255  10.23.0.3  preference 100
```

这两条命令的作用是在 R2 创建回指静态路由，并指定 R1 为主链路，R3 为备份。

【问题 2】

问题 2 的考点主要为配置 BFD 的相关功能。根据 BFD 的配置原理，下面是正确的配置片段：

```
[R3] bfd    //启用 BFD 功能
[R3-bfd]quit
[R3]bfd 1 bind peer-ip 10.23.0.1 source-ip 10.23.0.3 auto  //创建 BFD 会
话 1，并绑定相应的 ip 地址。
[R3-bfd-session-1]commit
[R3-bfd-session-1]quit
```

【问题 3】

问题 3 部分主要配置 VRRP 功能。由于虚拟浮动 IP 为 10.2.2.10，则服务器的网关地址应配置为 10.2.2.10。

在 R1 上配置与 R3 的 VRRP 虚拟组相互备份：

```
[R1]int g0/0/1
//创建 VRRP 虚拟组
[R1-GigabitEthernet0/0/1]vrrp vrid 1 virtual-ip 10.2.2.10
//配置优先级为 120
[R1-GigabitEthernet0/0/1]vrrp vrid 1 priority 120
```

下面这条命令的作用是在故障恢复后，延迟 2s 进行抢占回主设备。

```
[R1-GigabitEthernet0/0/1]vrrp vrid 1 preempt-mode timer delay 2
//跟踪 GE0/0/0 端口，如果 GE0/0/0 端口 down，优先级自动减 30
[R1-GigabitEthernet0/0/1]vrrp vrid 1 track interface GE0/0/0  reduced 30
```

R1 追踪 GE0/0/0 端口的主要原因是：如果 R1 的 GE0/0/0 端口 down 掉，会导致 R1 到 R2 的链路断开。为保证服务器业务不中断，VRRP 可以快速检测并切换到备份网关 R3。

【问题 4】

第（12）空是定义时间段的命令，应为 time-range。

根据 ACL 配置规则和题目要求，需要将 ftime 时间段符合题目要求的 tcp 流量进行拦截，因此空（13）为 deny，空（14）为定义的时间段名称 ftime。

根据题目要求判断，拦截流量的最佳位置为交换机 S1。

参考答案

【问题 1】

（1）10.12.0.2　　（2）10.13.1.3　　　　（3）0.0.0.0　0.0.0.0

（4）在 R2 创建回指静态路由，并指定 R1 为主链路，R3 为备份

【问题 2】

（5）bfd　　　　　　　（6）10.23.0.1　　　（7）10.23.0.3

【问题 3】

（8）10.2.2.10　　　　（9）10.2.2.10

（10）在故障恢复后，延迟 2s 进行抢占回主设备

（11）如果 R1 的 GE0/0/0 端口 down 掉，会导致 R1 到 R2 的链路断开。为保证服务器业务不中断，VRRP 可以快速检测并切换到备份网关 R3

【问题 4】

（12）time-range　　　（13）deny　　　　　　　（14）ftime

（15）交换机 S1 或者 S1

试题四（共 15 分）

阅读以下说明，回答问题 1 至问题 2，将解答填入答题纸对应的解答栏内。

【说明】

某公司办公网络拓扑结构如图 4-1 所示，其中，在交换机 SwitchA 上启用 DHCP 为客户端分配 IP 地址。公司内部网络采用基于子网的 VLAN 划分。

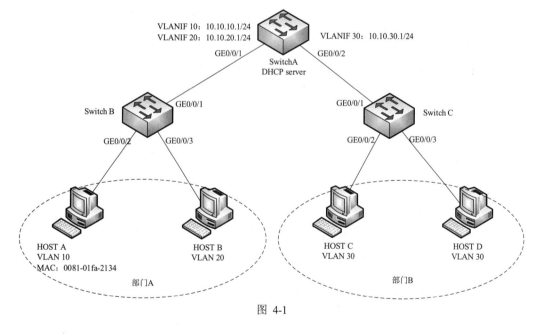

图 4-1

【问题 1】（5 分）

由于公司业务特点需要，大部分工作人员无固定工位。故公司内部网络采用基于子网划分 VLAN，并采用 DHCP 策略 VLAN 功能为客户端分配 IP 地址。请根据以上描述，填写下面的空白。

DHCP 策略 VLAN 功能可实现新加入网络主机和 DHCP 服务器之间 DHCP 报文的互通，

使新加入网络主机通过 DHCP 服务器获得合法 IP 地址及网络配置等参数。

在基于子网划分 VLAN 的网络中，如果设备收到的是 Untagged 帧，设备将根据报文中的 (1) ，确定用户主机添加的 VLAN ID。新加入网络的主机在申请到合法的 IP 地址前采用源 IP 地址 (2) 进行临时通信，此时，该主机无法加入任何 VLAN，设备会为该报文打上接口的缺省 VLAN ID (3) 。由于接口的缺省 VLAN ID 与 DHCP 服务器所在 VLAN ID 不同，因此主机不会收到 IP 地址及网络配置等参数配置信息。DHCP 策略 VLAN 功能可使设备修改收到的 DHCP 报文的 (4) VLAN Tag，将 VLAN ID 设置为 (5) 所在 VLAN ID，从而实现新加入网络主机与 DHCP 服务器之间 DHCP 报文的互通，获得合法的 IP 地址及网络配置参数。该主机发送的报文可以通过基于子网划分 VLAN 的方式加入对应的 VLAN。

（1）~（5）备选答案：

A．255.255.255.255　　B．内层　　　C．外层　　　　D．源 IP 地址

E．DHCP 服务器　　　F．1　　　　　G．0.0.0.0　　　H．源 MAC 地址

I．1023

【问题 2】（10 分）

根据业务要求，在部门 A 中，新加入的 MAC 地址为 0081-01fa-2134，主机 HOST A 需要加入 VLAN 10 并获取相应 IP 地址配置，连接在交换机 Switch B 的 GE0/0/3 接口上的主机需加入 VLAN 20 并获取相应 IP 地址配置。部门 B 中的所有主机应加入 VLAN 30 并获取相应 IP 地址配置。

请根据以上要求，将下面配置代码的空白部分补充完整。

1. 在 SwitchA 上配置 VLAN 30 的接口地址池功能

```
# 在 SwitchA 上创建 VLAN，并配置 VLANIF 接口的 IP 地址。
<HUAWEI> system-view
[HUAWEI] sysname SwitchA
[SwitchA] __(6)__ enable
[SwitchA] vlan batch 10 20 30
[SwitchA] interface vlanif 30
[SwitchA-Vlanif30] ip address __(7)__ 24
[SwitchA-Vlanif30] quit
[SwitchA] interface vlanif 30
[SwitchA-Vlanif30] dhcp select __(8)__        //使能 VLANIF 接口地址池
[SwitchA-Vlanif30] quit
[SwitchA] interface gigabitethernet 0/0/2      //配置接口加入相应 VLAN
[SwitchA-GigabitEthernet0/0/2] port link-type __(9)__
[SwitchA-GigabitEthernet0/0/2] port trunk allow-pass vlan 30
[SwitchA-GigabitEthernet0/0/2] quit

//VLAN 10 和 VLAN 20 的配置略
```

2. 在 Switch C 上与主机 Host C 和 Host D 相连的接口 GE0/0/2 配置基于子网划分 VLAN 功能，并配置接口为 Hybrid Untagged 类型。

```
<HUAWEI> system-view
[HUAWEI] sysname SwitchC
[SwitchC] dhcp enable
[SwitchC] vlan batch 30
[SwitchC] interface  (10)
[SwitchC-GigabitEthernet0/0/1] port link-type trunk
[SwitchC-GigabitEthernet0/0/1] port trunk allow-pass vlan 30
[SwitchC-GigabitEthernet0/0/1] quit
[SwitchC] interface gigabitethernet 0/0/2
[SwitchC-GigabitEthernet0/0/2]  (11) enable
[SwitchC-GigabitEthernet0/0/2] port  (12) untagged vlan 30
[SwitchC-GigabitEthernet0/0/2] quit
```

//Switch B 的基于子网划分 VLAN 配置略

3. 在 Switch B 上分别配置基于 MAC 地址和基于接口的 DHCP 策略 VLAN 功能

```
[SwitchB] vlan 10
[SwitchB-vlan10] ip-subnet-vlan ip 10.10.10.1 24
[SwitchB-vlan10] dhcp policy-vlan  (13) 0081-01fa-2134
[SwitchB-vlan10] quit
[SwitchB] vlan 20
[SwitchB-vlan20] ip-subnet-vlan ip 10.10.20.1 24
[SwitchB-vlan20] dhcp policy-vlan  (14) gigabitethernet 0/0/3
[SwitchB-vlan20] quit
```

4. 在 Switch C 上配置普通的 DHCP 策略 VLAN 功能

```
[SwitchC] vlan 30
[SwitchC-vlan30] ip-subnet-vlan ip 10.10.30.1 24
[SwitchC-vlan30] dhcp policy-vlan  (15)
[SwitchC-vlan30] quit
```

（6）～（15）备选答案：

A．port	B．dhcp	C．interface	D．mac-address
E．ip-subnet-vlan	F．generic	G．10.10.30.1	H．hybrid
I．trunk	J．gigabitethernet 0/0/1		

试题四解析

本题主要考查在局域网中的 DHCP 策略 VLAN 的基础知识，包括基于子网划分 VLAN 的基础知识和带 VLAN 标记的数据在网络中的传输过程，以及策略 VLAN 的基本配置方法。要求考生掌握 VLAN 对数据的基本操作过程和设备的配置过程。

【问题 1】

本问题主要考查 DHCP 策略 VLAN 的基本工作过程，基于子网划分 VLAN 的方法和带 VLAN 标记的数据在网络中的传输过程中，VLAN 标记的添加和在获取 IP 地址配置信息前的主机的通信方式。考查的内容较为系统和细节，要求考生对该过程有较为清晰的理解和掌握。

【问题 2】

本问题主要考查考生对于交换机 VLAN 配置的基本过程、基于子网划分 VLAN 的方法、配置逻辑、基本命令使用的熟练程度。

参考答案

【问题 1】

（1）D　　　（2）G　　　（3）F　　　（4）C　　　（5）E

【问题 2】

（6）B　　　（7）G　　　（8）C　　　（9）I　　　（10）J

（11）E　　　（12）H　　　（13）D　　　（14）A　　　（15）F

第 15 章   2022 上半年网络工程师上午试题分析与解答

试题（1）

计算机操作的最小时间单位是 ___(1)___ 。

（1）A．指令周期　　　　　　　　　　B．时钟周期

　　　C．总线周期　　　　　　　　　　D．CPU 周期

试题（1）分析

本题考查计算机系统基础知识。

指令周期是取出一条指令并执行完成的时间。一般由若干个机器周期组成，是从取指令、分析指令到执行完所需的全部时间。

时钟周期也称为振荡周期，定义为时钟频率的倒数。时钟周期是计算机中最基本的、最小的时间单位。

总线周期通常指的是通过总线完成一次内存读写操作或完成一次输入输出设备的读写操作所必需的时间，通常由若干个时钟周期组成。

CPU 周期一般指机器周期。通常将一条指令的执行过程划分为若干个阶段（如取指、译码、执行等），每一阶段完成一个基本操作。完成一个基本操作所需要的时间称为机器周期。

参考答案

（1）B

试题（2）

以下关于冯·诺依曼计算机的叙述中，不正确的是 ___(2)___ 。

（2）A．程序指令和数据都采用二进制表示

　　　B．程序指令总是存储在主存中，而数据则存储在高速缓存中

　　　C．程序的功能都由中央处理器（CPU）执行指令来实现

　　　D．程序的执行过程由指令进行自动控制

试题（2）分析

本题考查计算机系统基础知识。

现代电子数字计算机中，程序和数据都需要加载至内存后才能由 CPU 读取，执行指令并对数据进行处理。与内存储器相比较，高速缓存的工作速度要高得多，高速缓存存储内存信息的副本。

参考答案

（2）B

试题（3）

在风险管理中，降低风险危害的策略不包括 ___(3)___ 。

（3）A．回避风险　　　　　　　　　　B．转移风险

　　　　C．消除风险　　　　　　　　　　D．接受风险并控制损失

试题（3）分析

　　本题考查软件管理中风险管理的基础知识。

　　风险分析在软件项目管理中具有决定性作用，风险分析实际上是贯穿软件工程的一系列风险管理步骤，其中包括风险识别、风险估计、风险管理策略、风险解决和风险监测。降低风险危害的策略包括回避风险、转移风险和接受风险并控制损失，但是不能消除风险，因此本题选 C。

参考答案

　　（3）C

试题（4）

　　为了减少在线观看网络视频卡顿，经常采用流媒体技术。以下关于流媒体说法不正确的是___（4）___。

　　（4）A．流媒体需要缓存

　　　　　B．流媒体视频资源不能下载到本地

　　　　　C．流媒体技术可以用于观看视频、网络直播

　　　　　D．流媒体资源文件格式可以是 asf、rm 等

试题（4）分析

　　本题考查流媒体技术相关知识。

　　Internet 是以包传输为基础进行的异步传输，由于每个数据包可能选择不同的路由，所以这些数据包到达客户端（用户计算机）的时间延迟就会不同，因此在客户端就需要缓存系统来消减延迟和抖动的影响，以及保证接收到数据包的传输顺序的准确性。

　　与传统媒体需要下载整个视频后才能浏览的传输方式相比，在流媒体文件的播放过程中，由于不再需要把所有的文件都放入缓存系统，因此对缓存容量的要求是很低的。但同时用户也可以根据需要将视频资源完整下载到本地。

　　流媒体技术广泛用于多媒体新闻发布、网络广告、电子商务、视频点播、远程教育、远程医疗、网络电台、实时视频会议、网络直播等互联网信息服务。

　　常见的流媒体格式有 mov、asf、3gp、viv、swf、rt、rp、ra、rm 等。

参考答案

　　（4）B

试题（5）

　　以下选项中，不属于计算机操作系统主要功能的是___（5）___。

　　（5）A．管理计算机系统的软硬件资源　　　　B．充分发挥计算机资源的效率

　　　　　C．为其他软件提供良好的运行环境　　　　D．存储数据

试题（5）分析

　　本题考查计算机操作系统相关知识。

　　操作系统是管理计算机硬件与软件资源的计算机程序。操作系统需要处理如管理与配置内存、决定系统资源供需的优先次序、控制输入设备与输出设备、操作网络与管理文件系统

等基本事务。操作系统也提供一个应用软件运行的平台，提供可以让用户与系统交互的操作界面。操作系统主要包括以下几个方面的功能：

（1）进程管理，主要工作是进程调度，在单用户单任务的情况下，处理器仅为一个用户的一个任务所独占，进程管理的工作十分简单。但在多道程序或多用户的情况下，组织多个作业或任务时，就要解决处理器的调度、分配和回收等问题。

（2）存储管理，主要工作是存储分配、存储共享、存储保护、存储扩张等。

（3）设备管理，主要工作是设备分配、设备传输控制、设备独立性等。

（4）文件管理，主要工作是文件存储空间的管理、目录管理、文件操作管理、文件保护。

（5）作业管理，主要工作是处理用户提交的任何要求。

操作系统是软件，可以进行存储管理，但本身不能存储数据。

参考答案

（5）D

试题（6）

智能手机包含运行内存和机身内存，以下关于运行内存的说法中，不正确的是　(6)　。

（6）A．也称手机 RAM

　　　B．用于暂时存放处理器所需的运算数据

　　　C．能够永久保存数据

　　　D．手机运行内存越大，性能越好

试题（6）分析

本题考查计算机存储部件基础知识。

智能手机包括运行内存和机身内存，它们的区别如下：

从属性上来说，机身内存具有存储数据的作用，属于机身自带的存储设备，类似于计算机的硬盘。而运行内存也称 RAM，属于手机的虚拟内存，虚拟内存的数值越大，可进行运行的程序就越多，手机的反应速度也更快，类似于计算机的内存。

从性能上来说，运行内存的性能优点在于其读写速度，而机身内存的优势则在于这种内存的大小，在同等功能的不同手机中比较，运行内存越大，它的性能也就相应地越好。手机中的程序一般都安装在机身内存中，要运行的时候，读入运行内存，运行结束后，从运行内存中释放。

参考答案

（6）C

试题（7）

某电商平台根据用户消费记录分析用户消费偏好，预测未来消费倾向，这是　(7)　技术的典型应用。

（7）A．物联网　　　　　B．区块链　　　　　C．云计算　　　　　D．大数据

试题（7）分析

本题考查大数据应用方面的基础知识。

大数据是以容量大、类型多、存取速度快、应用价值高为主要特征的数据集合，正快速

发展为对数量巨大、来源分散、格式多样的数据进行采集、存储和关联分析，从中发现新知识、创造新价值、提升新能力的新一代信息技术和服务业态。坚持创新驱动发展，加快大数据部署，深化大数据应用，已成为稳增长、促改革、调结构、惠民生和推动数据治理能力现代化的内在需要和必然选择。大数据产业指以数据生产、采集、存储、加工、分析、服务为主的相关经济活动，包括数据资源建设、大数据软硬件产品的开发、销售和租赁活动，以及相关信息技术服务。消费金融对大数据的依赖是天然形成的。比如消费贷、工薪贷、学生贷，这些消费型的金融贷款很依赖对用户的了解。所以必须对用户画像进行分析提炼，通过相关模型展开风险评估，并根据模型及数据从多维度为用户描绘一个立体化的画像。

参考答案

（7）D

试题（8）

以下关于云计算的叙述中，不正确的是 __(8)__ 。

（8）A. 云计算将所有客户的计算都集中在一台大型计算机上进行

　　　B. 云计算是基于互联网的相关服务的增加、使用和交付模式

　　　C. 云计算支持用户在任意位置使用各种终端获取相应服务

　　　D. 云计算的基础是面向服务的架构和虚拟化的系统部署

试题（8）分析

本题考查信息技术基础知识。

云计算将部分计算工作放到云端进行处理，部分计算工作由本地计算机处理，部分计算由边缘设备处理。

参考答案

（8）A

试题（9）

SOA（面向服务的架构）是一种 __(9)__ 的服务架构。

（9）A. 细粒度、紧耦合　　　　　　　　B. 粗粒度、松耦合

　　　C. 粗粒度、紧耦合　　　　　　　　D. 细粒度、松耦合

试题（9）分析

本题考查信息技术基础知识。

SOA 架构是一种粗粒度、松耦合的服务架构，其服务之间通过简单、精确定义接口进行通信，不涉及底层编程接口和通信接口。具有以下特征：

（1）标准化接口：通过服务接口的标准化描述，使得服务可以在任何异构平台和任何接口用户中使用。

（2）自包含和模块化。

（3）粗粒度服务：能够提供高层业务逻辑的可用性服务，通过一组有效设计和组合的粗粒度服务，业务专家能够有效地组合出新的业务流程和应用程序。

（4）松散耦合：将服务的使用者和提供者在服务实现和客户如何使用服务方面隔离开来。

（5）互操作性、兼容和策略声明。

参考答案

（9）B

试题（10）

在需要保护的信息资产中，___（10）___是最重要的。

（10）A．软件　　　　　B．硬件　　　　　C．数据　　　　　D．环境

试题（10）分析

数据是有关业务长期积累的结果，若丢失有可能无法恢复，而硬件、软件和环境都可以重建。

参考答案

（10）C

试题（11）

以下频率中，属于微波波段的是___（11）___。

（11）A．30Hz　　　　B．30kHz　　　　C．30MHz　　　　D．30GHz

试题（11）分析

本题考查无线电频谱的基础知识。

无线电频谱中，微波信号的频率范围是 300MHz～3000GHz，答案中只有 D 选项的信号频率符合要求。

参考答案

（11）D

试题（12）

以下关于以太网交换机的说法中，错误的是___（12）___。

（12）A．以太网交换机工作在数据链路层

　　　　B．以太网交换机可以隔离冲突域

　　　　C．以太网交换机中存储转发交换方式比直接交换方式的延迟短

　　　　D．以太网交换机通过 MAC 地址表转发数据

试题（12）分析

本题考查网络设备交换机的基础知识。

交换机的交换方式中，直接交换是指交换机只要接收并检测到数据帧的目的地址字段就立刻转发该帧，而存储转发交换方式则是交换机首先需要将数据帧完整地接收下来，进行差错检测判断该帧是否正确，然后根据目的地址进行转发。显然，直接转发的延迟要比存储转发短，故选项 C 说法错误。

参考答案

（12）C

试题（13）

一台 16 口的全双工千兆交换机，至少需要___（13）___的背板带宽才能实现线速转发。

（13）A．1.488 Gb/s　　B．3.2 Gb/s　　　C．32 Gb/s　　　D．320 Gb/s

试题（13）分析

本题考查交换机的背板带宽计算的相关知识。

交换机的线速背板带宽计算公式为：端口数×相应端口速率×2。按照题干给出的条件可以得到：16×1000Mb/s×2=32Gb/s。选项中只有 C 符合要求。

参考答案

（13）C

试题（14）

模拟信号数字化的正确步骤是　（14）　。

（14）A. 采样、量化、编码　　　　　　　B. 编码、量化、采样

　　　 C. 采样、编码、量化　　　　　　　D. 编码、采样、量化

试题（14）分析

本题考查通信原理中关于模拟信号及其数字化的知识点。

将模拟信号进行数字化时，通常的步骤有三步，即采样、量化和编码。

参考答案

（14）A

试题（15）

5G 采用的正交振幅调制（Quadrature Amplitude Modulation，QAM）技术中，256QAM 的一个载波上可以调制　（15）　比特信息。

（15）A. 2　　　　　　　B. 4　　　　　　　C. 6　　　　　　　D. 8

试题（15）分析

本题考查关于 5G 中采用的调制技术 QAM 的相关知识。

QAM 是正交振幅调制，也就是数字信号分别对两个正交的载波进行 ASK 的调制，对应于正交的振幅，可以用平面的星座图来表示，也就是星座图上的每一个点都对应着两路正交载波振幅取值的组合。256QAM 是用 16 进制的数字信号进行正交调幅，星座图上为 16 乘 16 等于 256 个点，一个载波上可以调制 8 比特信息。

参考答案

（15）D

试题（16）

下面关于 Kerberos 认证协议的叙述中，正确的是　（16）　。

（16）A. 密钥分发中心包括认证服务器、票据授权服务器和客户机三个部分

　　　 B. 协议的交互采用公钥加密算法加密消息

　　　 C. 用户和服务器之间不需要共享长期密钥

　　　 D. 协议的目的是让用户获得访问应用服务器的服务许可票据

试题（16）分析

本题考查关于 Kerberos 认证协议的基础知识。

Kerberos 是一种网络认证协议，其设计目标是通过密钥系统为客户机/服务器应用程序提供强大的认证服务。该认证过程的实现不依赖于主机操作系统的认证，无须基于主机地址的

信任，不要求网络上所有主机的物理安全，并假定网络上传送的数据包可以被任意地读取、修改和插入数据。在以上情况下，Kerberos 作为一种可信任的第三方认证服务，通过传统的密码技术（如共享密钥）执行认证服务。

参考答案

（16）D

试题（17）

如下图所示，如果 PC 通过 Tracert 命令获取路由器 R3 的 IP 地址，PC 发出封装 ICMP 消息的 IP 报文应满足的特征是 　(17)　 。

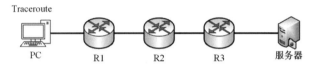

（17）A．ICMP 消息的 Type=11，Code=0；IP 报文的 TTL 字段为 3

　　　B．ICMP 消息的 Type=8，Code=0；IP 报文的 TTL 字段为 3

　　　C．ICMP 消息的 Type=11，Code=0；IP 报文的 TTL 字段为 128

　　　D．ICMP 消息的 Type=8，Code=0；IP 报文的 TTL 字段为 128

试题（17）分析

本题考查 ICMP 协议的基础知识及应用。

Tracert 为 Windows 系统下的路由跟踪程序，用于确定本地主机到目标主机经过哪些路由结点，在 Linux 操作系统中对应的命令为 Traceroute。Tracert 利用 ICMP 和 TTL 进行工作，首先 Tracert 会发出 TTL 值为 1 的 ICMP 数据报（包含 40 字节，包括源地址、目标地址和发出的时间标签，一般会连续发 3 个路由器包）。当到达路径上的第一个路由器时，路由器会将 TTL 值减 1，此时 TTL 值变成 0，该路由器会将此数据报丢弃，并返回一个超时回应数据报（包括数据报的源地址、内容和路由器的 IP 地址）。当 Tracert 收到该数据报时，它便获得了这个路径上的第一个路由器的地址。接着，Tracert 再发送另一个 TTL 为 2 的数据报，第一个路由器会将此数据报转发给第二个路由器，而第二个路由器收到数据报时，TTL 为 0。第二个路由器便会返回一个超时回应数据报，从而 Tracert 便获得了第二个路由器的地址，以此类推。

参考答案

（17）B

试题（18）

在光纤接入技术中，EPON 系统中的 ONU 向 OLT 发送数据采用 　(18)　 技术。

（18）A．TDM 　　　　　B．FDM 　　　　　C．TDMA 　　　　　D．广播

试题（18）分析

本题考查光网络的基础知识。

PON（Passive Optical Network，无源光纤网络）、OLT（Optical Line Termination，光线路终端）、ONU（Optical Network Unit，光网络单元）都是光传输网络连接设备。PON 是指

ODN（Optical Distribution Network，光配线网）中不含有任何电子器件及电子电源，ODN 全部由光分路器（Splitter）等无源器件组成，不需要贵重的有源电子设备。一个无源光网络包括一个安装于中心控制站的光线路终端（OLT），以及一批配套的安装于用户场所的光网络单元（ONUs）。在 OLT 与 ONU 之间的光配线网（ODN）包含了光纤以及无源分光器或者耦合器。下行方向从 OLT 到 ONU 采用广播方式；上行方向从各 ONU 至 OLT 采用时分多址技术。

参考答案

（18）C

试题（19）

在下图所示的双链路热备份无线接入网中，STA 通过 Portal 认证上线，AP 当前连接的主 AC 为 AC1，STA 通过 AP 在 AC1 上线，以下关于 AC2 的描述中，正确的是 __(19)__ 。

（19）A．AC2 上有 AP 的信息，且 AP 在 AC2 的状态为 standby
　　　 B．AC2 上有 AP 的信息，且 AP 在 AC2 的状态为 normal
　　　 C．AC2 上有 STA 的信息，且 STA 的状态为未认证
　　　 D．AC2 上有 STA 的信息，且 STA 的状态为已认证

试题（19）分析

本题考查无线局域网规划和设计的知识。

双链路热备份无线接入网中，STA 通过 Portal 认证上线，AP 当前连接的主 AC 为 AC1，STA 通过 AP 在 AC1 上线，AC2 上有 AP 的信息，且 AP 在 AC2 的状态为 standby。

参考答案

（19）A

试题（20）

在 TCP 协议的连接释放过程中，请求释放连接的一方（客户端）发送连接释放报文段，该报文段应该将 __(20)__ 。

（20）A．FIN 置 1　　　 B．FIN 置 0　　　 C．ACK 置 1　　　 D．ACK 置 0

试题（20）分析

本题考查 TCP/IP 协议中，TCP 报文段首部中控制字段的基础知识。

题目选项中涉及 ACK 和 FIN 两个字段，其中 ACK 为确认字段，FIN 为终止字段。根据题意，在 TCP 协议的连接释放过程中，请求方应该将 FIN 字段置 1 表明数据发送完毕，并要求释放连接。故选项 A 为正确答案。

参考答案

（20）A

试题（21）

以下关于 TCP 拥塞控制机制的说法中，错误的是　(21)　。

（21）A．慢启动阶段，将拥塞窗口值设置为 1

　　B．慢启动算法执行时拥塞窗口指数增长，直到拥塞窗口值达到慢启动门限值

　　C．在拥塞避免阶段，拥塞窗口线性增长

　　D．当网络出现拥塞时，慢启动门限值恢复为初始值

试题（21）分析

本题考查 TCP/IP 协议中拥塞控制机制的基础知识。

TCP 的拥塞控制机制中，执行慢启动算法时，首先将拥塞窗口值设置为 1，之后在慢启动执行阶段拥塞窗口指数规律增长，直到拥塞窗口值达到慢启动门限值后，改为执行拥塞避免算法，也就是拥塞窗口按照线性规则增长。当网络出现拥塞时，需要更新慢启动门限值为网络发生拥塞时拥塞窗口值的一半，并同时将拥塞窗口值置 1，并执行慢启动算法。本题的四个选项中，选项 D 中的慢启动门限值恢复为初始值的说法是错误的。

参考答案

（21）D

试题（22）

在 OSI 参考模型中，　(22)　在物理线路上提供可靠的数据传输服务。

（22）A．物理层　　　　　B．数据链路层　　　C．网络层　　　　　D．传输层

试题（22）分析

本题考查 OSI 参考模型中各层功能的基础知识。

OSI 参考模型的 7 个层次中，数据链路层的功能是在物理层提供服务的基础上，在通信实体间建立数据链路连接，以数据帧为单位传送数据。故选项 B 符合题意要求。

参考答案

（22）B

试题（23）

以下路由协议中，　(23)　属于有类路由协议。

（23）A．RIPv1　　　　　B．OSPF　　　　C．IS-IS　　　　D．BGP

试题（23）分析

本题考查常见路由协议的基础知识。

OSPF、IS-IS 和 BGP 路由协议都属于无类的路由协议，而 RIP 中，RIPv1 属于有类的路由协议，不支持 VLSM 和 CIDR，发展到 RIPv2 后，支持 VLSM 和 CIDR，属于无类路由协议。故选项 A 符合要求。

参考答案

（23）A

试题（24）

以下关于 RIPv1 和 RIPv2 路由选择协议的说法中，错误的是 __（24）__ 。

（24）A．都是基于 Bellman 算法的

B．都是基于跳数作为度量值的

C．都包含 Request 和 Response 两种分组，且分组是完全一致的

D．都是采用传输层的 UDP 协议承载

试题（24）分析

本题考查 RIP 路由协议中 v1 和 v2 版本的基础知识。

RIPv1 和 RIPv2 都是基于 Bellman 算法的，且采用跳数作为度量值，也都采用 UDP 协议进行承载，分组类型都包含 Request 和 Response 两种分组，但是两个版本的 RIP 报文格式有所不同。故选项 C 后半句说法是错误的。

参考答案

（24）C

试题（25）

一台运行 OSPF 路由选择协议的路由器，转发接口为 100Mb/s，其 cost 值应该是 __（25）__ 。

（25）A．1   B．10   C．100   D．1000

试题（25）分析

本题考查 OSPF 路由协议中 cost 值的计算方式。

OSPF 路由协议中，cost 度量值的计算方式为 10^8/带宽，带宽的单位为 bit，所以 100Mb/s 接口的 cost=100000000/100000000=1。故选项 A 符合要求。

参考答案

（25）A

试题（26）

在 BGP 路由选择协议中，__（26）__ 属性可以避免在 AS 之间产生环路。

（26）A．Origin   B．AS_PATH   C．Next Hop   D．Communtiy

试题（26）分析

本题考查 BGP 路由协议中常见属性的基础知识。

BGP 路由协议中，Origin 属性为起源属性，表示路由信息的来源；AS_PATH 为 AS 的路径属性，是路由经过的 AS 序列，可以防止形成路由环路；Next Hop 为下一跳属性；Communtiy 为团体属性，标识了一组有着相同特征的路由信息。故选项 B 符合要求。

参考答案

（26）B

试题（27）

以下关于 IS-IS 路由选择协议的说法中，错误的是 __（27）__ 。

（27）A．IS-IS 路由协议是一种基于链路状态的 IGP 路由协议

B. IS-IS 路由协议可将自治系统划分为骨干区域和非骨干区域

C. IS-IS 路由协议中的路由器的不同接口可以属于不同的区域

D. IS-IS 路由协议的地址结构由 IDP 和 DSP 两部分组成

试题（27）分析

本题考查 IS-IS 路由协议的基础知识。

IS-IS 路由协议是一种基于链路状态的内部网关协议,同时支持 OSI 和 TCP/IP 双重环境。为了支持大规模的路由网络,IS-IS 路由协议将自治系统划分为骨干区域和非骨干区域两级的分层结构,该协议与 OSPF 路由协议的区别在于,OSPF 路由协议中路由器的不同接口可以属于不同的区域,而 IS-IS 中每个路由器都只属于一个区域。IS-IS 路由协议的地址结构由 IDP 和 DSP 两部分组成,IDP 相当于 IP 中的主网络号,DSP 相当于 IP 中的子网络号和主机地址。从分析中可以看出,选项 C 的说法是错误的。

参考答案

（27）C

试题（28）

以下协议中,不属于安全的数据/文件传输协议的是　(28)　。

（28）A. HTTPS　　　　B. SSH　　　　　C. SFTP　　　　　D. Telnet

试题（28）分析

本题考查数据和文件传输协议的基础知识。

HTTPS 是以安全为目标的 HTTP 通道,在 HTTP 的基础上通过传输加密和身份认证保证了传输过程的安全性。

SSH 为 Secure Shell 的缩写,由 IETF 的网络小组制定,为建立在应用层基础上的安全协议。SSH 是可靠的,是专为远程登录会话和其他网络服务提供安全性的协议。

SFTP（SSH File Transfer Protocol,也称 Secret File Transfer Protocol）,是一种安全的文件传输协议,它确保使用私有和安全的数据流来安全地传输数据。

Telnet 协议是 TCP/IP 协议族中的一员,是 Internet 远程登录服务的标准协议和主要方式。Telnet 是一个明文传送协议,它将用户的所有内容,包括用户名和密码都以明文方式在互联网上传送,具有一定的安全隐患。

因此,Telnet 不属于安全的数据/文件传输协议。

参考答案

（28）D

试题（29）

在浏览器地址栏输入 ftp://ftp.tsinghua.edu.cn/进行访问时,下列操作中浏览器不会执行的是　(29)　。

（29）A. 域名解析　　　　　　　　　　B. 建立 TCP 连接

　　　　C. 发送 HTTP 请求报文　　　　　D. 发送 FTP 命令

试题（29）分析

本题考查浏览器访问的基础知识。

地址 ftp://ftp.tsinghua.edu.cn 是 FTP 服务器的域名地址，不是 Web 服务器的域名地址。在浏览器地址栏输入 ftp://ftp.tsinghua.edu.cn/进行访问时，首先进行域名解析，根据解析出的 IP 地址，向 IP 地址的 21 号端口发起 TCP 连接，然后发送 FTP 命令进行登录验证。由于域名是 FTP 服务器域名，因此不会发送 HTTP 请求报文。

参考答案

（29）C

试题（30）

下列端口号中，__（30）__是电子邮件发送协议默认的服务端口号。

（30）A．23　　　　　B．25　　　　　C．110　　　　　D．143

试题（30）分析

本题考查电子邮件协议的基础知识。

23 端口是 Telnet 的端口。25 端口为 SMTP 服务器所开放，用于发送邮件。110 端口是为 POP3 服务开放的，用于接收邮件。143 端口是为 IMAP（Internet Message Access Protocol，Internet 消息访问协议）服务开放的，用于接收邮件。

参考答案

（30）B

试题（31）

以下关于 IPv6 与 IPv4 比较的说法中，错误的是__（31）__。

（31）A．IPv4 的头部是变长的，IPv6 的头部是定长的

　　　　B．IPv6 与 IPv4 中均有头部校验和字段

　　　　C．IPv6 中的 HOP Limit 字段作用类似于 IPv4 中的 TTL 字段

　　　　D．IPv6 中的 Traffic Class 字段作用类似于 IPv4 中的 ToS 字段

试题（31）分析

本题考查 IP 协议的基础知识。

IPv6 相比于 IPv4 的区别主要表现在以下几个方面：

（1）扩展了路由和寻址的能力。IPv6 把 IP 地址由 32 位增加到 128 位，从而能够支持更大的地址空间。

（2）报头格式的简化。IPv4 报头格式中一些冗余的域或被丢弃或被列为扩展报头，从而降低了包处理和报头带宽的开销。

（3）对可选项更大的支持。IPv6 的可选项不放入报头，而是放在一个个独立的扩展头部。如果不指定路由器不会打开处理扩展头部，因此改善了路由性能。IPv6 放宽了对可选项长度的严格要求（IPv4 的可选项总长最多为 40 字节），并可根据需要随时引入新选项。IPv6 的很多新特点就是由选项来提供的，如对 IP 层安全（IPSec）的支持，对巨报（jumbogram）的支持以及对 IP 层漫游（Mobile-IP）的支持等。

（4）QoS 的功能。在 IPv6 的头部，有两个相应的优先权和流标识字段，允许把数据报指定为某一信息流的组成部分，并可对这些数据报进行流量控制。如对于实时通信，即使所有分组都丢失也要保持恒速，所以优先权最高，而一个新闻分组延迟几秒钟也没什么感觉，

所以其优先权较低。IPv6 指定这个两字段是每一 IPv6 节点都必须实现的。

（5）身份验证和保密。在 IPv6 中加入了关于身份验证、数据一致性和保密性的内容。

（6）安全机制 IPSec 是必选的。

IPv4 的是可选的或者是需要付费支持的。

（7）加强了对移动设备的支持。

IPv6 在设计之初就有支持移动设备的思想,允许移动终端在切换接入点时保留相同的 IP 地址。

（8）支持无状态自动地址配置,简化了地址配置过程。无须 DNS 服务器也可完成地址的配置,路由广播地址前缀,各主机根据自己的 MAC 地址和收到的地址前缀生成可聚合全球单播地址。这也方便了某一区域内的主机同时更换 IP 地址前缀。

参考答案

（31）B

试题（32）

在 DNS 服务器中,区域的邮件服务器及其优先级由　(32)　资源记录定义。

（32）A. SOA　　　　　　B. NS　　　　　　C. PTR　　　　　　D. MX

试题（32）分析

本题考查 DNS 服务器的基础知识。

DNS 资源记录有以下几种类型,其作用如下:

- A 记录：A 记录也称为主机记录,作用是域名到 IP 地址的映射。
- NS 记录：域名服务记录,一个区域解析库可以有多个 NS 记录,一个 NS 记录表示一台 DNS 服务器,其中一个为主的,其余的为辅的。
- SOA 记录：起始授权记录,一个区域解析库有且只能有一个 SOA 记录,且必须放在所有资源记录的第一条。
- MX 记录：邮件交换记录,用于标明域内邮件服务器的地址的记录,MX 记录可以有多个,MX 记录有优先级的概念,优先级 0~99,数字越小,优先级越高。
- Cname 记录：又叫别名记录。
- SRV 记录：SRV 记录是服务器资源记录的缩写。
- PTR 记录：PTR 记录也称为指针记录,PTR 记录是 A 记录的逆向记录,提供 IP 地址向域名的映射。

参考答案

（32）D

试题（33）

在 Linux 中,可以使用　(33)　命令创建一个文件目录。

（33）A. mkdir　　　　　　B. md　　　　　　C. chmod　　　　　　D. rmdir

试题（33）分析

本题考查 Linux 文件管理的基础知识。

mkdir 命令：mkdir [-p] DirName,作用是建立一个子目录。参数：-p 确保目录名称存在,如果目录不存在的就新创建一个。

md 命令：md[盘符：][路径名]子目录名，作用是创建子目录，但该命令为在 Windows 下创建目录的命令。

chmod 命令：chmod [who] [+ | - | =] [mode] 文件名，改变用户拥有指定文件的权限。

命令中各选项的含义为：

操作对象 who 可是下述字母中的任一个或者它们的组合：

u 表示"用户（user）"，即文件或目录的所有者。

g 表示"同组（group）用户"，即与文件属主有相同组 ID 的所有用户。

o 表示"其他（others）用户"。

a 表示"所有（all）用户"。它是系统默认值。

rmdir 命令：rmdir [选项] dirname，从一个目录中删除一个或多个子目录项。需要特别注意的是，一个目录被删除之前必须是空的。参数 -p 作用：递归地删除目录 dirname，当子目录删除后其父目录为空时，也一同被删除。如果整个路径被删除或者由于某种原因保留部分路径，则系统在标准输出上显示相应的信息。

参考答案

（33）A

试题（34）

在 Windows 中，DHCP 客户端手动更新租期时使用的命令是 　（34）　。

（34）A．ipconfig /release　　　　　　　　B．ipconfig /renew

　　　 C．ipconfig /showclassid　　　　　　 D．ipconfig /setclassid

试题（34）分析

本题考查 Windows 命令。

ipconfig 用于显示当前的 TCP/IP 配置的设置值。

ipconfig /release：DHCP 客户端手动释放 IP 地址。

ipconfig /renew：DHCP 客户端手动向服务器刷新请求。

ipconfig /showclassid：显示网络适配器的 DHCP 类别信息。

ipconfig /setclassid：设置网络适配器的 DHCP 类别。

参考答案

（34）B

试题（35）

Windows Server 2008 R2 上配置 　（35）　 服务器前需要先安装 IIS 服务。

（35）A．DHCP　　　　 B．DNS　　　　　 C．Web　　　　　 D．传真

试题（35）分析

本题考查 Windows Server 2008 R2 方面的基础知识。

DHCP 服务、DNS 服务、传真服务是与 Web 服务器（IIS）并列的服务，IIS 中包含 Web 和 FTP 服务，配置 Web 服务器前需要先安装 IIS 服务。

参考答案

（35）C

试题（36）、（37）

客户端用于向 DHCP 服务器请求 IP 地址配置信息的报文是　（36）　，当客户端接收服务器的 IP 地址配置信息，需向服务器发送　（37）　报文以确定。

（36）A．Dhcpdiscover　　　　　　　　B．Dhcpoffer

　　　C．Dhcpack　　　　　　　　　　　D．Dhcpnak

（37）A．Dhcpdiscover　　　　　　　　B．Dhcpoffer

　　　C．Dhcpack　　　　　　　　　　　D．Dhcpnak

试题（36）、（37）分析

本题考查 DHCP 服务器的基础知识。

网络上的主机首次向 DHCP 服务器请求 IP 地址配置信息时，以广播的形式发送 DHCP discover 报文，当客户端接收服务器分配的 IP 地址时，需向服务器发送 Dhcpack 信息以确认。

参考答案

（36）A　　（37）C

试题（38）

服务器提供 Web 服务，本地默认监听　（38）　端口。

（38）A．8008　　　　B．8080　　　　C．8800　　　　D．80

试题（38）分析

本题考查 Web 服务器的基础知识。

Web 服务器为客户提供网页访问服务，使用 TCP 默认端口 80，在服务器运行期间，需持续监听该端口。

参考答案

（38）D

试题（39）

用户在 PC 上安装使用邮件客户端，希望同步客户端和服务器上的操作，需使用的协议是　（39）　。

（39）A．POP3　　　　B．IMAP　　　　C．HTTPS　　　　D．SMTP

试题（39）分析

本题考查邮件服务器的基础知识。

邮件服务是互联网的传统服务之一，使用 SMTP 协议和 POP3 协议分别提供邮件的发送和邮件的接收服务，使用邮件客户端时，客户端上的邮件和服务器上的邮件列表通过 IMAP 协议同步。

参考答案

（39）B

试题（40）

　（40）　命令不能获得主机域名（abc.com）对应的 IP 地址。

（40）A．ping abc.com　　　　　　　B．nslookup qt=a abc.com
　　　　C．tracert abc.com　　　　　　D．route abc.com

试题（40）分析

本题考查 DNS 服务器的基础知识。

在 Windows 命令中，部分命令的输出结果中包含主机的域名和其对应的 IP 地址，只有在 route 命令中，仅有到达目的网站的节点信息，而无主机域名和其对应的 IP 地址。

参考答案

（40）D

试题（41）

通过在出口防火墙上配置 __（41）__ 功能，可以阻止外部未授权用户访问内部网络。

（41）A．ACL　　　　B．SNAT　　　　C．入侵检测　　　　D．防病毒

试题（41）分析

本题考查防火墙配置的相关知识。

防火墙使用包过滤技术，读取数据包的源地址、源端口、目标地址、目标端口、协议等 3 层和 4 层的信息，与已配置的 ACL（访问控制列表）匹配，决定哪些数据包放行、哪些数据包拒绝，从而达到访问控制的目的。故选 A。

参考答案

（41）A

试题（42）

以下 Linux 命令中，__（42）__ 可以实现允许 IP 为 10.0.0.2 的客户端访问本机 tcp 22 端口。

（42）A．iptables - I INPUT - d 10.0.0.2 - p tcp --sport 22 -j DROP
　　　　B．iptables - I INPUT - s 10.0.0.2 - p tcp --dport 22 -j DROP
　　　　C．iptables - I INPUT - d 10.0.0.2 - p tcp --sport 22 -j ACCEPT
　　　　D．iptables - I INPUT - s 10.0.0.2 - p tcp --dport 22 -j ACCEPT

试题（42）分析

本题考查 Linux 操作系统防火墙配置的相关知识。

通过 iptables 命令配置 Linux 防火墙时，-s 表示源地址，-d 表示目标地址，-p 表示协议，--dport 表示目标端口，--sport 表示源端口，ACCEPT 表示接受，DROP 表示丢弃。根据题干描述需求，需要配置接收源地址为 10.0.0.2、协议为 tcp、目标端口为 22 的数据包，选择 D 的配置命令符合要求。故选 D。

参考答案

（42）D

试题（43）

A 从证书颁发机构 X1 获得证书，B 从证书颁发机构 X2 获得证书。A 可以使用证书链来获取 B 的公钥。假设使用的是 X.509 证书，X2《X1》表示 X2 签署的 X1 的证书，则该链的正确顺序是 __（43）__ 。

（43）A．X2《X1》X1《B》　　　　　　B．X2《X1》X2《A》

　　　C．X1《X2》X2《B》　　　　　　　D．X1《X2》X2《A》

试题（43）分析

本题考查数字证书的基础知识。

A 通过证书链获取 B 的公钥可以先通过 X1 签署的 X2 的证书获得 X2 的公钥，然后通过 X2 签署的 B 的证书获得 B 的公钥。

参考答案

（43）C

试题（44）

在我国自主研发的商用密码标准算法中，用于分组加密的是___（44）___。

（44）A．SM2　　　　B．SM3　　　　C．SM4　　　　D．SM9

试题（44）分析

本题考查国产加密算法的基础知识。

国产密码算法中，SM2 椭圆曲线公钥密码算法是我国自主设计的公钥密码算法，是一种基于 ECC 算法的非对称密钥算法，其加密强度为 256 位，其安全性与目前使用的 RSA1024 相比具有明显的优势。SM3 杂凑算法是我国自主设计的密码杂凑算法，属于哈希（摘要）算法的一种，杂凑值为 256 位，安全性要远高于 MD5 算法和 SHA-1 算法。SM4 分组密码算法是我国自主设计的分组对称密码算法，SM4 算法与 AES 算法具有相同的密钥长度和分组长度，都是 128 比特，因此在安全性上高于 3DES 算法。

参考答案

（44）C

试题（45）

SQL 注入是常见的 Web 攻击，以下不能够有效防御 SQL 注入的手段是___（45）___。

（45）A．对用户输入做关键字过滤　　B．部署 Web 应用防火墙进行防护

　　　C．部署入侵检测系统阻断攻击　　D．定期扫描系统漏洞并及时修复

试题（45）分析

本题考查网络安全中关于 Web 安全的基础知识。

SQL 注入的防御措施有：①使用参数化筛选语句；②避免使用解释程序；③使用专业的漏洞扫描工具；④企业在 Web 应用程序开发过程的所有阶段执行代码安全检查。

参考答案

（45）C

试题（46）

SNMP 管理的网络关键组件不包括___（46）___。

（46）A．网络管理系统　　　　　　　B．被管理的设备

　　　C．代理者　　　　　　　　　　D．系统管理员

试题（46）分析

本题考查 SNMP 协议的基本概念。

SNMP 基本组件包括网络管理系统（Network Management System，NMS）、代理进程

（Agent）、被管对象（Managed Object）和管理信息库（Management Information Base，MIB）。

参考答案

（46）D

试题（47）

在 Windows 系统中通过 __(47)__ 查看本地 DNS 缓存。

（47）A．ipconfig/all　　　　　　　　B．ipconfig/renew

　　　 C．ipconfig/flushdns　　　　　　D．ipconfig/displaydns

试题（47）分析

本题考查 Windows 系统中网络维护常用的命令。

ipconfig 命令是用来查看主机 TCP/IP 协议地址的值，通常用来校验 IP 地址配置是否正确。当使用 all 选项时，显示本机 TCP/IP 配置的所有详细信息；当使用 renew 选项时，DHCP 客户端主动向服务器发送 IP 地址刷新请求；当使用 flushdns 选项时，清除本地 DNS 缓存内容；当使用 displaydns 选项时，显示本地 DNS 的相关配置内容。

参考答案

（47）D

试题（48）

下面说法中，能够导致 BGP 邻居关系无法建立的是 __(48)__ 。

（48）A．邻居的 AS 号配置错误

　　　 B．IBGP 邻居没有进行物理直连

　　　 C．在全互联的 IBGP 邻居关系中开启了 BGP 同步

　　　 D．两个 BGP 邻居之间的更新时间不一致

试题（48）分析

本题考查 BGP 邻居关系的建立过程。

BGP 邻居关系分为 IBGP（Internal BGP）和 EBGP（External BGP）两种，当处于同一 AS 号内时邻居关系为 IBGP，当不处于同一 AS 号内时邻居关系为 EBGP。其中 IBGP 邻居关系通常采用 Loopback 来建立。在 BGP 同步打开的情况下，一个 BGP 路由器不会把那些通过 IBGP 邻居学到的 BGP 路由通告给自己的 EBGP 邻居，这并不影响邻居关系的建立。BGP 邻居建立过程与邻居更新时间无关。

参考答案

（48）A

试题（49）

缺省状态下，SNMP 协议代理进程使用 __(49)__ 端口向 NMS 发送告警信息。

（49）A．161　　　B．162　　　　C．163　　　　D．164

试题（49）分析

SNMP 协议代理进程使用的端口是 162。

参考答案

（49）B

试题（50）

网络设备发生故障时，会向网络管理系统发送　(50)　类型的 SNMP 报文。

（50）A．trap　　　　B．get-response　　　C．set-request　　　D．get-request

试题（50）分析

SNMP 有三种工作方式，SNMP 提供 get 操作向设备获取数据；SNMP 提供 set 操作向设备执行一些设置；SNMP 还提供了 trap 操作，主要用在设备发生一些重要故障或变化的时候，向管理员发送通知。

参考答案

（50）A

试题（51）

能够容纳 200 台客户机的 IP 地址段，其网络位最长是　(51)　位。

（51）A．21　　　　B．22　　　　　C．23　　　　　D．24

试题（51）分析

本题考查 IP 地址的基础知识。

在 IPv4 地址中，32 位二进制中的一部分表示网络部分，另一部分表示主机部分，可容纳的主机数量可以使用 $m=2^n-2$ 的公式计算。将客户机数量带入以上公式，可得：

$2^n-2 \geqslant 200$

求对数并取整之后 n 为 8。

因此主机位数为 8 位，而其网络位为 32－8＝24。

参考答案

（51）D

试题（52）、（53）

网管员对 192.168.27.0/24 网段使用 27 位掩码进行了子网划分，下列地址中与 IP 地址 192.168.27.45 处于同一个网络的是　(52)　，其网络号是　(53)　。

（52）A．192.168.27.16　　　　　　　B．192.168.27.35

　　　　C．192.168.27.30　　　　　　　D．192.168.27.65

（53）A．192.168.27.0　　　　　　　　B．192.168.27.32

　　　　C．192.168.27.64　　　　　　　D．192.168.27.128

试题（52）、（53）分析

本题考查 IP 地址划分的基础知识。

IP 地址网段 192.168.27.0/24 使用 27 位掩码进行子网划分，其子网掩码为 255.255.255.224，将 IP 地址 192.168.27.45 与其子网掩码进行相与运算后得到其网络号。

192.168.27.45：　　　11000000.10101000.00011011.00101101

255.255.255.224：　　11111111.11111111.11111111.11100000

192.168.27.32　　　　11000000.10101000.00011011.00100000

参考答案

（52）B　　　　（53）B

试题（54）

下列 IP 地址中属于私有地址的是　（54）　。

（54）A．10．10.1.10　　　　　　　　B．172.0.16.248

　　　C．172.15.32.4　　　　　　　　D．192.186.2.254

试题（54）分析

本题考查 IP 地址划分的基础知识。

在 IPv4 地址中，可以用于主机地址的 A、B、C 三类 IP 地址，其中私有地址为：

A 类：10.0.0.0～10.255.255.255；

B 类：172.16.0.0～172.31.255.255；

C 类：192.168.0.0～192.168.255.255。

参考答案

（54）A

试题（55）

某公司要为 900 个终端分配 IP 地址，下面的地址分配方案中，在便于管理的前提下，最节省网络资源的方案是　（55）　。

（55）A．使用 B 类地址段 172.16.0.0/16

　　　B．任意分配 4 个 C 类地址段

　　　C．将 192.168.1.0、192.168.2.0、192.168.3.0、192.168.4.0 进行聚合

　　　D．将 192.168.32.0、192.168.33.0、192.168.34.0、192.168.35.0 进行聚合

试题（55）分析

本题考查 IP 地址超网的基础知识。

根据题干描述，要为 900 个终端分配 IP 地址，使用公式 $2^n-2 \geqslant 900$ 计算得到 n 最小为 10。为了最大限度地节省地址资源，可以使用 4 个 C 类 IP 地址段进行聚合形成超网。进行地址聚合的最佳方案是使用 4 个连续的 C 类地址段，并以 2^n 为地址段开始，这样可以避免地址的跨段，以便最大限度地节省 IP 地址。

在四个备选项中，D 选项最为符合要求。

参考答案

（55）D

试题（56）

关于以下命令片段的说法中，正确的是　（56）　。

```
<HUAWEI> system-view

[HUAWEI] interface gigabitethernet 1/0/1

[HUAWEI-GigabitEthernet1/0/1] undo negotiation auto
```

（56）A．配置接口默认为全双工模式

　　　B．配置接口速率默认为 1000kb/s

　　　C．配置接口速率自协商

　　　D．配置接口在非自协商模式下为半双工模式

试题（56）分析

本题考查交换机的常用命令。

negotiation auto 命令用来配置以太网接口工作在自协商模式,缺省值是全双工模式。undo negotiation auto 命令是关闭自协商模式，缺省值是半双工模式。

参考答案

（56）D

试题（47）

以下命令片段中，描述路由优先级的字段是　__（57）__　。

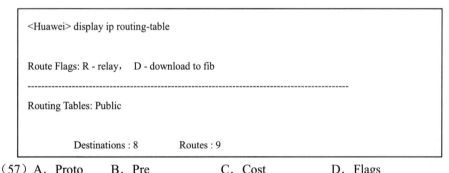

```
<Huawei> display ip routing-table

Route Flags: R - relay，   D - download to fib
-----------------------------------------------------------------------------------
Routing Tables: Public

            Destinations : 8        Routes : 9
```

（57）A．Proto　　　　B．Pre　　　　　　C．Cost　　　　　　D．Flags

试题（57）分析

本题考查路由表的相关命令。

该命令相关字段的含义分别是：Destination/Mask（目的网络的主机地址/掩码长度）、Proto（学习路由的协议）、Pre（优先级）、Cost（开销）、Flags（路由标记）、NextHop（下一跳）、Interface（下一跳接口）。

参考答案

（57）B

试题（58）

显示 OSPF 邻居信息的命令是　__（58）__　。

（58）A．display　ospf　interface　　　B．display　ospf　routing

　　　C．display　ospf　peer　　　　　　D．display　ospf　lsdb

试题（58）

本题考查 OSPF 命令的基础知识。

OSPF 是网络中较为常用的动态路由协议，掌握和查看其在网络中的配置是相关技术人员必备的网络运维知识。

题目选项分别对应查看 OSPF 配置中的接口信息（interface）、路由表信息（routing）、邻

居信息（peer）以及链路状态数据库信息（lsdb）。

参考答案

（58）C

试题（59）

以下关于 VLAN 的描述中，不正确的是___（59）___。

（59）A．VLAN 的主要作用是隔离广播域

      B．不同 VLAN 间须跨三层互通

      C．VLAN ID 可以使用范围为 1～4095

      D．VLAN 1 不用创建且不能删除

试题（59）分析

本题考查 VLAN 的基础知识。

一个 VLAN 就是一个广播域，不同 VLAN 之间的通信是通过第 3 层的路由来完成的。VLAN ID 可以使用范围为 1～4094。

交换机默认 VLAN 是 VLAN 1，在配置中不能被删除。

参考答案

（59）C

试题（60）

使用命令"vlan batch 30 40"和"vlan batch 30 to 40"分别创建的 VLAN 数量是（60）。

（60）A．11 和 2   B．2 和 2   C．11 和 11   D．2 和 11

试题（60）分析

本题考查 VLAN 的基础知识。

VLAN ID 可以连续创建，也可以逐个指定 ID 进行批量创建。vlan batch 30 to 40 的含义是连续创建 11 个 VLAN ID。

参考答案

（60）D

试题（61）

下列命令片段中划分 VLAN 的方式是___（61）___。

```
<HUAWEI> system-view

[HUAWEI] vlan 2

[HUAWEI-vlan2] policy-vlan mac-address 0-1-1 ip 10.1.1.1 priority 7
```

（61）A．基于策略划分   B．基于 MAC 划分

      C．基于 IP 子网划分   D．基于网络层协议划分

试题（61）分析

本题考查 VLAN 的基础知识。

基于策略划分 VLAN 也可称为 Policy VLAN，是根据一定的策略来进行 VLAN 划分，

可实现用户终端的即插即用功能，同时可为终端用户提供安全的数据隔离。这里的策略主要包括"基于 MAC 地址+IP 地址"组合策略和"基于 MAC 地址+IP 地址+端口"组合策略两种。

本题中 priority 是可选参数，指定策略所对应的 VLAN 的 802.1p 优先级，取值范围为 0～7 的整数，值越大优先级越高，缺省值是 0。

参考答案

（61）A

试题（62）

存储转发式交换机中运行生成树协议（STP）可以___（62）___。

（62）A．向端口连接的各个站点发送请求以便获取其 MAC 地址

　　　 B．阻塞一部分端口，避免形成环路

　　　 C．找不到目的地址时广播数据帧

　　　 D．通过选举产生多个没有环路的生成树

试题（62）分析

本题考查交换机生成树协议（STP）的基础知识。

存储转发式交换机中运行生成树协议的目的是在拓扑中形成生成树，阻塞一部分端口，避免形成环路。

参考答案

（62）B

试题（63）

在 5G 关键技术中，将传统互联网控制平面与数据平面分离，使网络的灵活性、可管理性和可扩展性大幅提升的是___（63）___。

（63）A．软件定义网络（SDN）

　　　 B．大规模多输入多输出（MIMO）

　　　 C．网络功能虚拟化（NFV）

　　　 D．长期演进（LTE）

试题（63）分析

本题考查 5G 关键技术基础知识。

在 5G 关键技术中，SDN 将传统互联网控制平面与数据平面分离，使网络的灵活性、可管理性和可扩展性大幅提升。

参考答案

（63）A

试题（64）

以下关于二进制指数退避算法的描述中，正确的是___（64）___。

（64）A．每次站点等待的时间是固定的，即上次的 2 倍

　　　 B．后一次退避时间一定比前一次长

　　　 C．发生冲突不一定是站点发生了资源抢占

D．通过扩大退避窗口杜绝了再次冲突

试题（64）分析

本题考查以太网中二进制指数退避算法的基础知识。

在二进制指数退避算法中，每次站点等待的时间是随机的，但这个随机数的范围是上次的 2 倍，后一次退避时间不一定比前一次长；发生冲突可能是站点发生了资源抢占，也有可能是故障；通过扩大退避窗口减少了冲突的概率，但无法杜绝冲突。

参考答案

（64）C

试题（65）

下列 IEEE 802.11 系列标准中，支持 2.4GHz 和 5GHz 两个工作频段的是　（65）　。

（65）A．802.11a　　　　B．802.11ac　　　　C．802.11b　　　　D．802.11g

试题（65）分析

本题考查 IEEE 802.11 系列标准的相关知识。

IEEE 802.11 系列标准中，802.11a 工作在 5GHz；802.11b 和 802.11g 工作在 2.4GHz；802.11ac 是在 802.11 n 上发展的，支持 2.4GHz 和 5GHz 双频模式。

参考答案

（65）B

试题（66）

某无线路由器，在 2.4GHz 频道上配置了 2 个信道，使用　（66）　信道间干扰最小。

（66）A．1 和 3　　　　B．4 和 7　　　　C．6 和 10　　　　D．7 和 12

试题（66）分析

本题考查 2.4GHz 的相关知识。

我国使用的 2.4GHz 频道的 13 个信道中，每个信道的带宽是 22MHz，相邻信道中心频率间隔为 5MHz，由此可知，要使信道间干扰少，信道间隔至少 5 才不会重叠。

参考答案

（66）D

试题（67）

以下关于层次化网络设计模型的描述中，不正确的是　（67）　。

（67）A．终端用户网关通常部署在核心层，实现不同区域间的数据高速转发

　　　B．流量负载和 VLAN 间路由在汇聚层实现

　　　C．MAC 地址过滤、路由发现在接入层实现

　　　D．接入层连接无线 AP 等终端设备

试题（67）分析

本题考查层次化网络设计的相关知识。

层次化网络设计模型中，终端用户网关通常部署在汇聚层，而核心层仅实现不同区域间的数据高速转发，A 选项说法错误。

参考答案

（67）A

试题（68）

某存储系统规划配置 25 块 8TB 磁盘，创建 2 个 RAID6 组，配置 1 块热备盘，则该存储系统实际存储容量是 __(68)__ 。

（68）A．200TB　　　　　B．192TB　　　　　C．176TB　　　　　D．160TB

试题（68）分析

本题考查存储系统规划的相关知识。

该存储系统要求 1 块热备盘，故实际用于 RAID 组的磁盘数为 24 块，RAID6 可用磁盘为 $N-2$，2 个 RAID6 组实际可用磁盘数为 24–4=20 块，20 块×8TB=160TB。

参考答案

（68）D

试题（69）

《中华人民共和国数据安全法》由中华人民共和国第十三届全国人民代表大会常务委员会第二十九次会议审议通过，自 __(69)__ 年 9 月 1 日起施行。

（69）A．2019　　　　　B．2020　　　　　C．2021　　　　　D．2022

试题（69）分析

本题考查法律法规的相关知识。

2021 年 6 月 10 日第十三届全国人民代表大会常务委员会第二十九次会议通过《中华人民共和国数据安全法》，该法第五十五条明确本法自 2021 年 9 月 1 日起施行。

参考答案

（69）C

试题（70）

以下关于信息化项目成本估算的描述中，不正确的是 __(70)__ 。

（70）A．项目成本估算指设备采购、劳务支出等直接用于项目建设的经费估算

　　　B．项目成本估算需考虑项目工期要求的影响，工期要求越短成本越高

　　　C．项目成本估算需考虑项目质量要求的影响，质量要求越高成本越高

　　　D．项目成本估算过粗或过细都会影响项目成本

试题（70）分析

本题考查项目管理的相关知识。

项目成本估算指完成项目各个活动所需的成本，除设备采购、劳务支出等直接用于项目建设的成本外，还有管理成本、税金、保险、福利等间接成本，选项 A 的说法不正确。故选 A

参考答案

（70）A

试题（71）～（75）

A network attack is an attempt to gain __(71)__ access to an organization's network, with the objective of stealing data or performing other malicious activities. A   （72）   -of-service (DoS) attack is a cyber-attack in which the attacker seeks to make a machine or network resource unavailable to its intended users by temporarily or indefinitely disrupting services of a host connected to a network. In the case of a simple attack, a   （73）   could have a simple rule added to deny all incoming traffic from the attackers, based on protocols, ports, or the originating IP addresses. In a   （74）   DoS (DDoS) attack, the incoming traffic flooding the victim originates from   （75）   different sources. This effectively makes it impossible to stop the attack simply by blocking a single source.

（71）A．unauthorized　　B．authorized　　C．normal　　D．frequent
（72）A．defense　　B．denial　　C．detection　　D．decision
（73）A．firewall　　B．router　　C．gateway　　D．switch
（74）A．damaged　　B．Descriptive　　C．distributed　　D．demanding
（75）A．two　　B．many　　C．much　　D．ten

参考译文

网络攻击是对一个组织的网络获取未授权访问的一种尝试，以窃取数据或执行其他恶意行为为目的。拒绝服务攻击是一个网络攻击，攻击方通过临时地或永久地打断连接到网络上的某台主机的服务，使得潜在用户无法获取一台机器或网络的资源。针对一个简单的攻击，防火墙可以设置一个简单的规则，基于协议、端口或源 IP 地址，拒绝来自攻击方的所有涌入网络流。在分布式拒绝服务攻击中，淹没受害者的涌入网络流来自很多不同的源。这使得不可能仅仅通过阻止单个源来阻止这类攻击。

参考答案

（71）A　　（72）B　　（73）A　　（74）C　　（75）B

第 16 章　2022 上半年网络工程师下午试题分析与解答

试题一（共 20 分）

阅读以下说明，回答问题 1 至问题 4，将解答填入答题纸对应的解答栏内。

【说明】

某分支机构网络拓扑如图 1-1 所示。该网络通过 BGP 接收总部网络路由。设备 1 与设备 2 作为该网络的网关设备，且运行 VRRP（虚拟网关冗余协议），与出口设备运行 OSPF。

该网络规划两个网段 10.11.229.0/24 和 10.11.230.0/24，其中 10.11.229.0 网段只能访问总部网络，10.11.230.0 网段只能访问互联网。

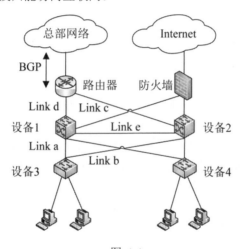

图 1-1

【问题 1】（4 分）

分支机构有营销部、市场部、生产部、人事部四个部门，每个部门需要访问互联网的主机数量如表 1-1 所示，现计划对网段 10.11.230.0/24 进行子网划分，为以上四个部门规划 IP 地址，请补充表 1-1 中的空（1）～（4）。

表 1-1

部门	主机数量	网络号	子网掩码
营销部	110	（1）	255.255.255.128
市场部	50	10.11.230.128	（2）
生产部	25	（3）	255.255.255.224
人事部	10	10.11.230.208	（4）

【问题 2】（8 分）

在该网络中为避免环路，应该在交换机上配置　(5)　；生成 BGP 路由有 Network 与 Import 两种方式，以下描述正确的是　(6)　、　(7)　、　(8)　。

空（6）～（8）备选答案：

A．Network 方式逐条精确匹配路由

B．Network 方式优先级高

C．Import 方式按协议类型引入路由

D．Import 方式逐条精确匹配路由

E．Network 方式按协议类型引入路由

F．Import 方式优先级高

【问题 3】（4 分）

若设备 1 处于活动状态（Master），设备 2 的状态在哪条链路出现故障时会发生改变？请说明状态改变的原因。

【问题 4】（4 分）

如果路由器与总部网络的线路中断，在保证数据安全的前提下，分支机构可以在客户端采用什么方式访问总部网络？在防火墙上采用什么方式访问总部网络？

试题一分析

本题考查网络规划涉及的网络地址分配、动态路由配置以及链路冗余的策略等理论与实践结合的内容。

此类题目要求考生首先明确网络规划中涉及的基本方法、基本概念，再结合实际网络环境对基本方法与基本概念加以灵活运用，以考查考生解决工作中实际问题的能力。

【问题 1】

本问题考查可变长子网划分的基本方法。根据题意，将一个 C 类 IP 地址段 10.11.230.0 划分子网，其主机数量的需求分别为 110、50、25、10。按照主机数量 $m=2^n-2$ 的公式可得其主机位数。

第（1）空，其给出子网掩码为 255.255.255.128，根据市场部的网络号是 10.11.230.128，可知（1）空应为 10.11.230.0。

第（2）空，根据其主机数量计算出主机位数应为 6 位，网络位数则为 32−6=26，故其子网掩码应为 255.255.255.192。

第（3）空，根据其主机数量计算出主机位数应为 5 位，再根据其子网掩码，可得其网络号为 10.11.230.192。

第（4）空，根据其主机数量计算出主机位数应为 4 位，网络位数则为 32−4=28，故其子网掩码应为 255.255.255.240。

【问题 2】

要避免网络环路通常采用的方法是配置生成树协议，即通过在交换机之间传递网桥协议数据单元，通过采用生成树算法选举根桥、根端口和指定端口的方式，最终将网络形成一个树形结构的网络，其中，根端口、指定端口都处于转发状态，其他端口处于禁用状态。

其解决了核心层网络需要冗余链路的网络健壮性要求，又解决了因为冗余链路形成的物理环路导致的"广播风暴"问题。

本题中"生成 BGP 路由有 Network 与 Import 两种方式"考查的是 BGP 路由的基本概念，包括相关定义与 BGP 路由选路原则等内容。Network 是逐条将 IP 路由表中已存在的路由引入 BGP 路由表中；Import 通过运行的路由协议（RIP、OSPF、IS-IS 等）将路由引入 BGP 路由表中。本地通过 Network 命令引入的路由的优先级高于本地通过 Import-route 命令引入的路由。

【问题 3】

在网络实践中，对于设备 1 与设备 2，在配置时应配置对设备 1 上行链路的检测以及设备 1 与设备 2 相互的检测，当检测到中断时，主备设备即发生切换。

【问题 4】

IPSec VPN 和 SSL VPN 是目前远程用户访问内网的两种主要 VPN 隧道加密技术。但是二者加密的位置却不一样。IPSec 工作在网络层，即把原始数据包网络层及以上的内容进行封装，一般用于"网到网"的连接方式；SSL VPN 工作在传输层，封装的是应用信息，通过浏览器即可实现。

参考答案

【问题 1】

（1）10.11.230.0

（2）255.255.255.192

（3）10.11.230.192

（4）255.255.255.240

【问题 2】

（5）STP/MSTP/RSTP/生成树协议

（6）A

（7）B

（8）C　　　注：（6）～（8）答案顺序可以互换

【问题 3】

Link d（链路 d）故障，通过 VRRP 监视到链路故障，主备状态切换，设备 2 切换为 Master 状态。

Link e（链路 e）故障，心跳中断，主备设备无法进行心跳通信，造成网络故障。

【问题 4】

用户端部署 SSL VPN 到总部网络；防火墙部署 IPSec VPN 到总部网络。

试题二（共 20 分）

阅读以下说明，回答问题 1 至问题 4，将解答填入答题纸对应的解答栏内。

【说明】

如图 2-1 为某公司的网络拓扑图。

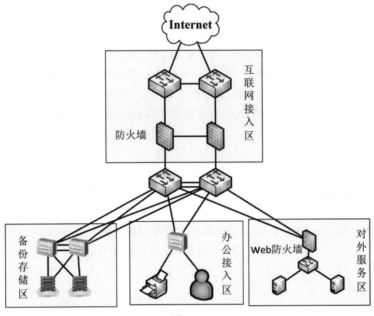

图 2-1

【问题 1】（6 分）

某日，网站管理员李工报告网站访问慢，他查看了互联网接入区防火墙的日志。日志如图 2-2 所示。

日志生成时间	严重级别	攻击类型	动作类型
2022-02-27 09:48:24	error	ACK flood	logging
2022-02-27 09:48:08	error	ACK flood	logging
2022-02-27 09:47:02	error	ACK flood	logging
2022-02-27 09:45:37	error	ACK flood	logging
2022-02-27 09:45:32	error	ACK flood	logging

图 2-2

根据日志显示，初步判断该公司服务器遭到__（1）__攻击。该种攻击最常见的攻击方式有__（2）__、__（3）__等，李工立即开启防火墙相关防护功能，几分钟后，服务器恢复了正常使用。

空（1）～（3）备选答案：

A. ARP
B. 蜜罐
C. DDoS
D. SQL 注入
E. IP 地址欺骗
F. ICMP Flood
G. UDP Flood

【问题 2】（8 分）

某日，10 层区域用户反映，上网时断时续，网络管理员李工经过现场勘察，发现该用户通过 DHCP 获取到 192.168.1.0/24 网段的地址，而公司给该楼层分配的地址应该为 10.10.10.1/24，故判断该网段有用户私接路由器，于是李工在楼层的接入交换机上开启交换

机　(4)　功能后，用户上网正常。同时开启　(5)　功能后，可防止公司内部计算机感染病毒，伪造 MAC 攻击网关。

空 (4) ～ (5) 备选答案：

A. ARP Detection　　　B. DHCP　　　　C. DHCP Relay　　　D. DHCP Snooping

为加强终端接入管理，李工对接入交换机配置限制每个端口只能学习 1 个终端设备的 MAC 地址。具体如下：

```
interface gigabitethernet 0/0/1
port-security  (6)
port-securitmax-mac-num max-number  (7)
```

【问题 3】(4 分)

随着业务发展，公司需对存储系统升级，当前需要存储的数据主要为数据库、ERP、图片、视频、文档等。其中，数据库、ERP 采用 SSD 硬盘存储，使用 RAID5 冗余技术，该冗余技术通过　(8)　方式来实现数据冗余保护，每个 RAID 组至少应配备　(9)　块磁盘。

【问题 4】(2 分)

要求存储系统在不中断业务的基础上，快速获得一个 LUN 在某个时刻的完整数据拷贝进行业务分析，可以使用　(10)　功能实现。

空 (10) 备选答案：

A. 快照　　　　　　B. 镜像　　　　　　C. 远程复制　　　　　D. LUN 拷贝

试题二分析

本题考查网络管理员在网络日常管理维护过程中常遇到的问题以及解决思路。

此类题目要求考生熟悉网络拓扑结构，熟练掌握网络基础原理。根据现象，分析故障原因，找到解决方案。

【问题 1】

本问题考查了常见的网络攻击类型。DDoS 攻击是分布式拒绝服务攻击，是指处于不同位置的多个攻击者同时向一个或数个目标发动攻击。洪水攻击是常见的 DDoS 攻击，常见的有：ICMP Flood、UDP Flood、ACK Flood 等。这类攻击傀儡机向受害者系统发送大量的数据流以充塞受害者系统的带宽，影响小的则降低受害者提供的服务，影响大的则使整个网络带宽持续饱和，以至于网络服务瘫痪。

蜜罐技术本质上是一种对攻击方进行欺骗的技术，通过布置一些作为诱饵的主机、网络服务或者信息，诱使攻击方对它们实施攻击，从而可以对攻击行为进行捕获和分析。

SQL 注入是一种对数据库的非法入侵，往往是指应用程序对用户输入数据的合法性没有判断或过滤不严，攻击者可以在应用程序中事先定义好的查询语句的结尾添加额外的 SQL 语句，在管理员不知情的情况下实现非法操作。

IP 地址欺骗，顾名思义，是指通过伪造 IP 报文中源 IP 地址，来仿冒他人身份，访问目标服务器。

【问题 2】

本题考查考生对常见网络故障的处理能力。网段内自动获取到了其他非法地址，说明发生了 DHCP Server 的抢夺，即同网段内存在其他 DHCP Server。当它收到了 DHCP 请求时，抢先给了用户回应。这里考查了 DHCP Snooping 的应用，它是 DHCP 的一种安全特性，作用是屏蔽接入网络中的非法的 DHCP 服务器，即开启 DHCP Snooping 功能后，网络中的客户端只能从管理员指定的 DHCP 服务器获取 IP 地址。

在网络中常见的攻击还有"网关欺骗"，即利用 ARP 协议，冒充网关的 MAC 地址在局域网内进行攻击。ARP Detection 功能主要应用于接入设备上，对于合法用户的 ARP 报文进行正常转发，否则直接丢弃，从而防止仿冒用户、仿冒网关的攻击。

另外，在接入交换机上，网管员也通常会做一些端口安全配置，如限制每端口的 MAC 学习数量。

【问题 3】

本问题主要考查存储中 RAID 的各种技术方案。其中 RAID 5 是一种存储性能、数据安全和存储成本兼顾的存储解决方案。RAID 5 具有和 RAID 0 相近的数据读取速度，只是多了一个奇偶校验信息。RAID 5 不对数据进行备份，而是把数据和与其相对应的奇偶校验信息存储到组成 RAID 5 的各个磁盘上，并且奇偶校验信息和相对应的数据分别存储于不同的磁盘上。当 RAID 5 的一个磁盘数据损坏后，利用剩下的数据和相应的奇偶校验信息去恢复被损坏的数据。应至少使用 3 块硬盘组建 RAID 5 磁盘阵列。

【问题 4】

本问题主要考查存储中备份常用的技术。对数据保护的方法有很多，比如远程文件复制、远程磁盘镜像、快照等。

快照技术，顾名思义，就像按照相机快门一样，它能够抓取某一时间点磁盘上的所有数据。快照可以是基于文件系统的，也可以基于磁盘的物理卷。

参考答案

【问题 1】

（1）C

（2）F

（3）G　　　注：（2）和（3）的答案顺序可以互唤

【问题 2】

（4）D

（5）A

（6）enable

（7）1

【问题 3】

（8）奇偶校验

（9）3

【问题 4】

（10）A

试题三（共 20 分）

阅读以下说明，回答问题 1 至问题 3，将解答填入答题纸对应的解答栏内。

【说明】

图 3-1 为某公司的总部和分公司网络拓扑，分公司和总部数据中心通过 ISP1 的网络和 ISP2 的网络互连，并且连接 5G 出口作为应急链路。分公司和总部数据中心交互的业务有语音、视频、FTP 和 HTTP 四种，要求通过配置策略路由实现分公司访问业务分流，配置网络质量分析（NQA）与静态路由联动实现链路冗余。其中，语音和视频以 ISP1 为主链路、ISP2 为备份；FTP 和 HTTP 以 ISP2 为主链路、ISP1 为备份。

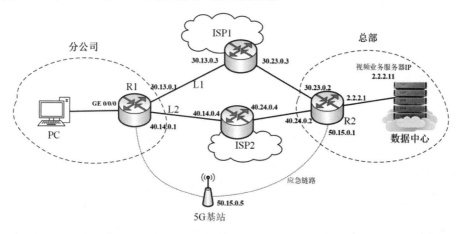

图 3-1

【问题 1】（4 分）

通过在 R1 上配置策略路由，以实现分公司访问总部的流量可根据业务类型分担到 L1 和 L2 两条链路并形成主备关系。首先完成 ACL 相关配置。

配置 R1 上的 ACL 来定义流：

首先定义视频业务流 ACL 2000：

```
[R1]acl 2000
[R1-acl-basic-2000] rule 1 permit destination　(1)　0.0.255.255
[R1-acl-basic-2000] quit
```

定义 Web 业务流 ACL 3000：

```
 [R1]acl 3000
 [R1-acl-adv-3000] rule 1 permit destination any destination-port　(2)　0.
0.255.255
 [R1-acl-adv-3000] quit
```

【问题 2】（8 分）

完成 R1 策略路由剩余相关配置：

1. 创建流分类，匹配相关 ACL 定义的流

```
[R1]traffic classifier video
[R1-classifier-video]if-match acl 2000
[R1-classifier-video]quit
[R1]traffic classifier web
[R1-classifier-web]if-match acl 3000
[R1-classifier-web]quit
```

2. 创建流行为并配置重定向

```
[R1]traffic behavior b1
[R1-behavior-b1]redirect ip-nexthop   (3)
[R1-behavior-b1]quit
[R1]traffic behavior b2
[R1-behavior-b2]redirect ip-nexthop  (4)
[R1-behavior-b2]quit
```

3. 创建流策略，并在接口上应用

```
[R1]traffic policy p1
[R1-trafficpolicy-p1]classifier video behavior b1
[R1-trafficpolicy-p1]classifier web behavior  (5)
[R1-trafficpolicy-p1]quit
[R1]interGigabitEthernet 0/0/0
[R1-GigabitEthernet0/0/0]traffic-policy 1  (6)
[R1-GigabitEthernet0/0/0]quit
```

【问题 3】（8 分）

在总部网络，通过配置静态路由与 NQA 联动，实现 R2 对主链路的 ICMP 监控，如果发现主链路断开，自动切换到备份链路。

在 R2 上完成如下配置：

1. 开启 NQA，配置 ICMP 类型的 NQA 测试例，检测 R2 到 ISP1 和 ISP2 网关的链路连通状态

ISP1 链路探测：

```
[R2]nqa test-instance admin isp1//配置名为 admin isp1 的 NQA 测试例
……其他配置省略
```

IPS2 链路探测：

```
[R2]nqa test-instance admin isp2
[R2-nqa-admin-isp2]test-type icmp
[R2-nqa-admin-isp2]destination-address ipv4   (7)  //配置 NQA 测试目的地址
[R2-nqa-admin-isp2]frequency 10  //配置 NQA 两次测试之间间隔 10 秒
[R2-nqa-admin-isp2]probe-count 2  //配置 NQA 测试探针数目为 2
[R2-nqa-admin-isp2]start now
```

2. 配置静态路由

```
[R2]ip route-static 30.0.0.0 255.0.0.0  (8)  track nqa admin isp1
```

```
[R2]ip route-static  40.0.0.0  255.0.0.0  40.24.0.4  track nqa admin isp2
[R2]ip route-static  0.0.0.0  0.0.0.0  40.24.0.4  preference 100  track
nqa admin isp2
[R2]ip route-static  0.0.0.0  0.0.0.0  (9)  preference 110  track nqa
admin isp1
[R2]ip route-static  0.0.0.0  0.0.0.0  (10)  preference 120  //配置应急
链路缺省路由
```

试题三分析

本题考查策略路由、配置网络质量分析（NQA）与静态路由联动实现链路冗余、ACL 等路由配置综合知识和能力。

此类题目要求考生认真阅读题目，对拓扑图描述的网络进行分析，结合考生掌握的上述路由相关协议的配置原理和命令分析作答，属于典型的根据场景分析网络配置需求，并根据要求完成命令配置的题目。

问题 1 和问题 2 是标准的策略路由配置流程。问题 3 主要考查静态路由与 NQA 联动。

【问题 1】

配置 R1 上的 ACL 来定义流：

```
[R1-acl-basic-2000] rule 1 permit destination  (1)  0.0.255.255
```

通过描述目的 IP 地址定义基本 ACL 2000，用于描述视频业务流。根据题目的描述，如图所示视频业务服务器的 IP 地址为 2.2.2.11，即为第（1）空答案。

定义 Web 业务流 ACL 3000：

```
[R1-acl-adv-3000] rule 1 permit destination any destination-port (2) 0.
0.255.255
```

通过描述目的端口号定义高级 ACL 3000，用于描述 Web 业务流。因此，第（2）空答案为 80。

【问题 2】

2．创建流行为并配置重定向

```
[R1]traffic behavior b1
[R1-behavior-b1]redirect ip-nexthop  (3)  //定义通往 L1 链路的下一跳地址。
```
需要特别注意的是，在第 3 步已经明确指出 video 定义的视频流去向应为 L1 链路。
```
[R1-behavior-b1]quit
[R1]traffic behavior b2
[R1-behavior-b2]redirect ip-nexthop  (4)  //定义通往 L2 链路的下一跳地址
[R1-behavior-b2]quit
```

3．创建流策略，并在接口上应用

```
[R1]traffic policy p1
[R1-trafficpolicy-p1]classifier video behavior b1
[R1-trafficpolicy-p1]classifier web behavior  (5)  //Web 流分类定义标识
为 web，应绑定流行为 b2
[R1-trafficpolicy-p1]quit
[R1]interGigabitEthernet 0/0/0
[R1-GigabitEthernet0/0/0]traffic-policy 1  (6)  //应用策略路由到 GE0/0/0
的 inbound 方向
```

```
[R1-GigabitEthernet0/0/0]quit
```

【问题 3】

```
[R2-nqa-admin-isp2]destination-address ipv4  (7)  //配置 NQA 测试目的地址,
```
即为 L2 链路的对端地址
```
[R2]ip route-static 30.0.0.0 255.0.0.0  (8) track nqa admin isp1//当 L2
```
链路故障时，切换到 isp1 的对端地址，即 30.23.0.3
```
[R2]ip route-static 0.0.0.0 0.0.0.0  (9)  preference 110  track nqa
admin isp1//配置缺省路由在 L2 链路故障时切换到 L1 链路，其中优先级 110 低于上一条缺省路
```
由的 100
```
[R2]ip route-static 0.0.0.0 0.0.0.0  (10)  preference 120  //配置应急
```
链路缺省路由，应急链路的对端地址为 50.15.0.5。

参考答案

【问题 1】

　　（1）2.2.2.11

　　（2）80

【问题 2】

　　（3）30.13.0.3

　　（4）40.14.0.4

　　（5）b2

　　（6）inbound

【问题 3】

　　（7）40.24.0.4

　　（8）30.23.0.3

　　（9）30.23.0.3

　　（10）50.15.0.5

试题四（共 15 分）

阅读以下说明，回答问题 1 至问题 2，将解答填入答题纸对应的解答栏内。

【说明】

某公司两个机构之间的通信示意图如图 4-1 所示，为保证通信的可靠性，在正常情况下，RA 通过 GE/1/0/1 接口与 RB 通信，GE1/0/2 和 GE1/0/3 接口作为备份接口。当接口故障或者带宽不足时，快速切换到备份接口，由备份接口来承担业务流量或者负载分担。

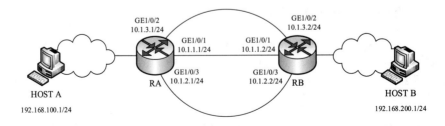

图 4-1

【问题 1】(8 分)

评价系统可靠性通常采用 MTBF（Mean Time Between Failures，平均故障间隔时间）和 MTTR（Mean Time to Repair，平均修复时间）这两个技术指标。其中 MTBF 是指一个系统无故障运行的平均时间，通常以　(1)　为单位。MTBF 越　(2)　，可靠性也就越高；在实际的网络中，故障难以避免，保障可靠性的技术从两个方面实现，故障检测技术和关键链路冗余，其中常见的关键链路冗余有接口备份、　(3)　、　(4)　和双机热备份技术。

【问题 2】(7 分)

路由器 RA 和 RB 的 GE1/0/1 接口为主接口，GE1/0/2 和 GE1/0/3 接口分别为备份接口，其优先级分别为 30 和 20，切换延时均为 10s。

1. 配置各接口 IP 地址及 Host A 与 Host B 之间的静态路由

\# 配置 RA 各接口的 IP 地址，RB 的配置略。

```
<Huawei> (5)
[Huawei] (6) RA
[RA] interface gigabitethernet 1/0/1
[RA-GigabitEthernet1/0/1] (7) 10.1.1.1 255.255.255.0
[RA-GigabitEthernet1/0/1] quit
......
```

\# 在 RA 上配置去往 Host B 所在网段的静态路由。

```
[RA] (8) 192.168.100.0 24 10.1.1.2
......
```

2. 在 RA 上配置主备接口

```
[RA] interface gigabitethernet 1/0/1
[RA-GigabitEthernet1/0/1] (9) interface gigabitethernet 1/0/2 (10)
[RA-GigabitEthernet1/0/1] standby interface gigabitethernet 1/0/3 20
[RA-GigabitEthernet1/0/1] standby (11) 10 10
[RA-GigabitEthernet1/0/1] quit
```

空（5）～（11）备选答案：

A. sysname / sysn　　B. timer delay　　　C. standby　　　D. 30

E. ip address　　　　F. system-view / sys　　G. ip route-static

试题四分析

本题目考查策略路由的配置，要求考生熟练掌握网络的可用性和策略路由的知识。

【问题 1】

本问题考查网络可靠性的基础理论知识。要求掌握系统可靠性评价的技术指标以及保障系统可靠性的相关技术。

【问题 2】

本问题考查路由器的基本配置，要求考生熟练掌握路由器的配置命令、静态路由的配置命令和命令的配置逻辑。

参考答案

【问题 1】

（1）小时

（2）大或高

（3）～（4）不分先后顺序，填以下任意 2 个即可：

NSR / 不间断路由 / VRRP / 虚拟路由冗余协议 / 链路聚合 / 端口聚合

【问题 2】

（5）F

（6）A

（7）E

（8）G

（9）C

（10）D

（11）B

第17章 2022下半年网络工程师上午试题分析与解答

试题（1）

下列存储介质中，读写速度最快的是 ___(1)___ 。

（1）A．光盘　　　　　B．硬盘　　　　　C．内存　　　　　D．Cache

试题（1）分析

本题考查计算机系统存储器方面的基础知识。

对于通用计算机而言，存储层次分为四层：CPU寄存器、高速缓存、主存和辅存。Cache位于CPU寄存器和主存储器之间，规模较小，但速度很高。Cache和主存储器之间信息的调度和传送是由硬件自动进行的，所以其读写速度最快。内存速度次之；硬盘是有机械装置的存储方式，比较慢；光盘最慢。

因此，上述四种介质中，读写速度最快的是Cache。

参考答案

（1）D

试题（2）

使用DMA不可以实现数据 ___(2)___ 。

（2）A．从内存到外存的传输　　　　　　B．从硬盘到光盘的传输

　　　C．从内存到I/O接口的传输　　　　D．从I/O接口到内存的传输

试题（2）分析

本题考查DMA方面的基础知识。

DMA（Direct Memory Access），即直接存储器访问。DMA传输将数据从一个地址空间复制到另一个地址空间，提供在外设和存储器之间或者存储器和存储器之间的高速数据传输。

硬盘和光盘都属于外部存储器，DMA不能实现硬盘和光盘之间数据的直接传输。

参考答案

（2）B

试题（3）

下列I/O接口类型中，采用并行总线的是 ___(3)___ 。

（3）A．USB　　　　　B．UART　　　　　C．PCI　　　　　D．I2C

试题（3）分析

本题考查计算机总线方面的基础知识。

USB（Universal Serial Bus，通用串行总线）是一个外部总线标准，用于规范计算机与外部设备的连接和通信。

UART（Universal Asynchronous Receiver/Transmitter，通用异步收发传输器）是一种通用

串行数据总线，用于异步通信。该总线双向通信，可以实现全双工传输和接收。

PCI（Peripheral Component Interconnect）是由英特尔公司于 1991 年推出的用于定义局部总线的标准。PCI 总线结构简单、成本低、设计简单，是并行总线，无法连接太多设备，总线扩展性比较差。

I2C（Inter-Integrated Circuit）总线是由飞利浦公司开发的一种简单的、双向二线制同步串行总线。它只需要两根线即可在连接于总线上的器件之间传送信息。

参考答案

（3）C

试题（4）

以下关于进程和线程的描述中，错误的是__(4)__。

（4）A．进程是执行中的程序　　　　　　B．一个进程可以包含多个线程

　　　　C．一个线程可以属于多个进程　　　D．线程的开销比进程的小

试题（4）分析

本题考查进程和线程方面的基础知识。

进程是一个具有一定独立功能的程序在一个数据集合上依次动态执行的过程。进程是一个正在执行的程序的实例。线程被设计成进程的一个执行路径，同一个进程中的线程共享进程的资源。进程是操作系统资源分配的基本单位，而线程是处理器任务调度和执行的基本单位。一个进程至少有一个线程，线程是进程的一部分。每个进程都有独立的地址空间，进程之间的切换会有较大的开销；线程可以看作轻量级的进程，同一个进程内的线程共享进程的地址空间，每个线程都有自己独立的运行栈和程序计数器，线程之间切换的开销小。

因此，一个线程可以属于多个进程的描述是错误的。

参考答案

（4）C

试题（5）

下列操作系统中，__(5)__与另外三种操作系统的内核种类不同。

（5）A．Windows 10　　B．Ubuntu 14.04　　C．CentOS 7.0　　D．中标麒麟 6.0

试题（5）分析

本题考查操作系统方面的基础知识。

Windows 10 的内核是 NT，Ubuntu 14.04、CentOS 7.0 和中标麒麟 6.0 的内核都是 Linux。

因此，本题答案是 A。

参考答案

（5）A

试题（6）

下列功能模块中，不属于操作系统内核功能模块的是__(6)__。

（6）A．存储管理　　B．设备管理　　C．文件管理　　D．版本管理

试题（6）分析

本题考查操作系统方面的基础知识。

操作系统的五大功能是处理器管理、存储器管理、设备管理、文件管理和作业管理。处理器管理最基本的功能是处理中断事件，配置了操作系统后，就可对各种事件进行处理。存储器管理主要是指针对内存储器的管理。设备管理是指负责管理各类外围设备，包括分配、启动和故障处理等。文件管理是指操作系统对信息资源的管理。每个用户请求计算机系统完成的一个独立的操作称为作业。作业管理包括作业的输入和输出，作业的调度与控制，这是根据用户的需要来控制作业运行的。

因此，操作系统内核功能模块不包含版本管理。

参考答案

（6）D

试题（7）

在网络工程项目全流程中，项目测试的测试目标来自于　(7)　阶段。

（7）A．需求分析　　　B．网络设计　　　C．实施　　　　　D．运维

试题（7）分析

本题考查网络工程开发流程方面的基础知识。

测试目标包括功能、性能、易用性、兼容性、安全性、可用性/可靠性、可维护性、可扩展性等。这些测试目标来源于需求分析阶段，需求分析报告中详细定义了项目对功能、性能、易用性、兼容性、安全性、可用性/可靠性、可维护性、可扩展性等方面的需求。

参考答案

（7）A

试题（8）

网络建设完成后需要进行日常维护，维护的内容不包括　(8)　。

（8）A．网络设备管理　　　　　　　　B．操作系统维护

　　　C．网络安全管理　　　　　　　　D．网络规划设计

试题（8）分析

本题考查网络运维方面的基础知识。

网络建设完成后需要进行日常维护，维护的内容包括网络设备管理、操作系统维护、网络安全管理等。网络规划设计是网络建设的前期阶段，根据系统需求规格说明书，完成逻辑结构设计、物理结构设计，选用适宜的网络设备，按照标准规范编写系统设计文档及项目开发计划。

因此，网络维护的内容不包括网络规划设计。

参考答案

（8）D

试题（9）

下列描述中，违反《中华人民共和国网络安全法》的是　(9)　。

（9）A．网络运营者应当对其收集的用户信息严格保密

　　　B．网络运营者不得篡改、毁损其收集的个人信息

　　　C．网络运营者使用收集的个人信息可以不经被收集者同意

D．网络运营者应当建立网络信息安全投诉、举报制度

试题（9）分析

本题考查网络安全法方面的基础知识。

《中华人民共和国网络安全法》节选：

第四十条：网络运营者应当对其收集的用户信息严格保密，并建立健全用户信息保护制度。

第四十一条：网络运营者收集、使用个人信息，应当遵循合法、正当、必要的原则，公开收集、使用规则，明示收集、使用信息的目的、方式和范围，并经被收集者同意。

第四十二条：网络运营者不得泄露、篡改、毁损其收集的个人信息；未经被收集者同意，不得向他人提供个人信息。

第四十九条：网络运营者应当建立网络信息安全投诉、举报制度，公布投诉、举报方式等信息，及时受理并处理有关网络信息安全的投诉和举报。

因此，网络运营者不经被收集者同意而使用收集的个人信息是违法的。

参考答案

（9）C

试题（10）

五类、六类网线的标准是由 （10） 制定的。

（10）A．ISO/IEC JTC1 SC25 委员会　　　B．中国国家标准化管理委员会

　　　C．中国标准化协会　　　　　　　　D．美国国家标准协会

试题（10）分析

本题考查网络标准方面的基础知识。

网线的五类、六类、八类等都是由国际标准 ISO/IEC 11801 所规定的。制定这个标准的是"国际标准化组织 ISO/IEC JTC1 SC25 委员会"。

参考答案

（10）A

试题（11）

若 8 进制信号的信号速率是 4800 Baud，则信道的数据速率为 （11） kb/s。

（11）A．9.6　　　　　B．14.4　　　　　C．19.2　　　　　D．38.4

试题（11）分析

本题考查数据通信信号编码方面的基础知识。

采用 8 进制信号，即每个信号元素承载 3 个比特，故数据速率为 3×4800=14.4kb/s。

参考答案

（11）B

试题（12）

下列传输方式中属于基带传输的是 （12） 。

（12）A．PSK 编码传输　　　　　　　　B．PCM 编码传输

　　　C．QAM 编码传输　　　　　　　　D．SSB 传输

试题（12）分析

本题考查数据通信信号调制方面的基础知识。

PSK 编码传输是把数字数据调制到模拟信号上进行传输；PCM 编码传输将模拟数据进行采样、量化、编码，采用基带信号进行传输；QAM 编码传输采用 PSK 和 ASK 相结合，将基带信号调制后进行传输；SSB，即同步信号和 PBCH 块（Synchronization Signal and PBCH Block，SSB），由主同步信号（Primary Synchronization Signals，PSS）、辅同步信号（Secondary Synchronization Signals，SSS）、PBCH 三部分共同组成，也是把基带信号调制后进行传输的一种技术。

参考答案

（12）B

试题（13）

依据《数据中心设计规范》，在设计数据中心时，成行排列的机柜，其长度大于__（13）__米时，两端应设有通道。

（13）A．5　　　　　　B．6　　　　　　C．7　　　　　　D．8

试题（13）分析

本题考查数据中心设计规范方面的基础知识。

《数据中心设计规范》是为规范数据中心的设计，确保电子信息系统安全、稳定、可靠地运行，做到技术先进、经济合理、安全适用、节能环保而制定的规范。其中规定在设计数据中心时，成行排列的机柜，其长度大于 6m 时，两端应设有通道；当两个通道之间的距离大于 15m 时，在两个通道之间还应增加通道。通道的宽度不宜小于 1m，局部可为 0.8m。

参考答案

（13）B

试题（14）

假设一个 10Mb/s 的适配器使用曼彻斯特编码向链路发送全为 1 的比特流，从适配器发出的信号将有__（14）__个跳变。

（14）A．每秒 1000 万　　　　　　　B．每秒 500 万

　　　　C．每秒 2000 万　　　　　　　D．没有跳变

试题（14）分析

本题考查通信原理中关于曼彻斯特编码的知识点。

曼彻斯特编码每秒跳变 2 次，因此发送全 1 比特流的速率为 10Mb/s 时，每秒有 20M 个跳变，即 2000 万个。

参考答案

（14）C

试题（15）

5G 无线通信采用的载波调制技术是__（15）__。

（15）A．OFDM　　　　B．F-OFDM　　　　C．QPSK　　　　D．256QAM

试题（15）分析

本题考查关于 5G 载波调制技术的相关知识点。

5G 无线通信采用的载波调制技术是 F-OFDM。F-OFDM 允许不同的子载波具有不同物理带宽（同时对应不同的符号长度、保护间隔/CP 长度），从而满足不同业务需求。

参考答案

（15）B

试题（16）

下列认证方式中，安全性较低的是　(16)　。

（16）A．生物认证　　　　　　　　　B．多因子认证

　　　 C．口令认证　　　　　　　　　D．U 盾认证

试题（16）分析

本题考查关于认证的基础知识。

此题属于基本知识题，选项中安全性最低的显然是口令认证。

参考答案

（16）C

试题（17）

Windows 平台网络命令 ping 和 tracert 的实现依赖于　(17)　。

（17）A．TCP 套接字　　　　　　　　B．UDP 套接字

　　　 C．原始套接字　　　　　　　　D．IP 套接字

试题（17）分析

本题考查 Internet 协议中关于套接字的基础知识。

套接字分为基于 TCP 的流式套接字、基于 UDP 的数据报套接字和原始套接字。其中，原始套接字实现对 IP 或 ICMP 等低层协议的直接访问，题目强调了 Windows 平台，所以在 Windows 平台中 ping 和 tracert 的实现都是基于 ICMP 协议的，依赖于原始套接字。

参考答案

（17）C

试题（18）

SONET 采用的成帧方法是　(18)　。

（18）A．码分复用　　　　　　　　　B．空分复用

　　　 C．时分复用　　　　　　　　　D．频分复用

试题（18）分析

本题考查光网络中关于 SONET 的基础知识。

SONET 采用的成帧方法是时分复用技术，采用 125 微秒的帧长或 8000Hz 的帧速率。每个帧有 9 行×90 列的八位组或字节，形成的每个帧总共 810B。

参考答案

（18）C

试题（19）

下列关于 IEEE 802.11a 的描述中，不正确的是　（19）　。

（19）A．工作在 2.4GHz 频率　　　　　　B．使用 OFDM 调制技术

C．数据速率最高可达 54Mb/s　　　　D．可支持语音、数据、图像业务

试题（19）分析

本题考查无线局域网的基础知识。

IEEE 802.11a 工作在 5GHz，A 选项说法不正确。

参考答案

（19）A

试题（20）

一个 IP 报文经过路由器处理后,若 TTL 字段值变为 0,则路由器会进行的操作是（20）。

（20）A．向 IP 报文的源地址发送一个出错信息，并继续转发该报文

B．向 IP 报文的源地址发送一个出错信息，并丢弃该报文

C．继续转发报文，在报文中做出标记

D．直接丢弃该 IP 报文，既不转发，也不发送错误信息

试题（20）分析

本题考查 IP 协议 IP 报文格式方面的基础知识。

IP 数据包报文中 IP 首部有一个字段 TTL，其作用是避免报文在网络中无限制转发。当一个 IP 报文经过路由器处理后，若 TTL 字段值变为 0，则路由器会进行的操作是向 IP 报文的源地址发送一个出错信息，并丢弃该报文。

参考答案

（20）B

试题（21）

当 IP 报文从一个网络转发到另一个网络时,（21）。

（21）A．IP 地址和 MAC 地址均发生改变

B．IP 地址改变，但 MAC 地址不变

C．MAC 地址改变，但 IP 地址不变

D．MAC 地址、IP 地址都不变

试题（21）分析

本题考查 IP 报文转发规则方面的基础知识。

当 IP 报文从一个网络转发到另一个网络时，MAC 地址改变，但 IP 地址不变。

参考答案

（21）C

试题（22）

以下网络控制参数中，不随报文传送到对端实体的是　（22）　。

（22）A．接收进程　　　　　　　　　　B．上层协议

C．接收缓存大小　　　　　　　　D．拥塞窗口大小

试题（22）分析

本题考查 TCP 协议的基础知识。

接收进程、上层协议、接收缓存大小和拥塞窗口大小都是 TCP 中的控制字段。其中接收进程的标识由 TCP 首部中目的端口号字段来表示；上层协议由协议字段来表示；接收缓存大小由窗口字段来表示；拥塞窗口大小是存在本地缓存、用以控制发往网络中的数据量的字段。

参考答案

（22）D

试题（23）、（24）

RIP 路由协议是一种基于 __（23）__ 来度量的路由协议，其中 RIPv1 使用广播方式来进行路由更新，RIPv2 使用组播方式来进行路由更新，其组播地址是 __（24）__ 。

（23）A．跳数　　　　B．带宽　　　　C．负载　　　　D．延迟

（24）A．224.0.0.5　　B．224.0.0.6　　C．224.0.0.9　　D．224.0.0.10

试题（23）、（24）分析

本题考查 RIP 路由协议的基础知识。

RIP 路由协议是一种距离矢量路由协议，其距离基于跳数来度量。RIPv2 使用组播方式来进行路由更新，其组播地址是 224.0.0.9。

参考答案

（23）A　　（24）C

试题（25）

在下图的拓扑结构中，RouterA 和 RouterB 均运行 RIPv1 协议，在 RouterA 上使用 __（25）__ 命令即可完成路由信息的宣告。

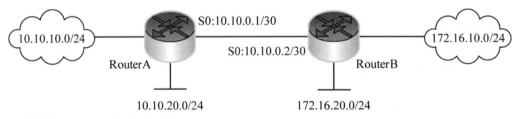

（25）A．network 10.10.0.0
　　　　network 10.10.10.0
　　　　network 10.10.20.0

　　　B．network 10.10.0.0 255.255.255.0
　　　　network 10.10.10.0 255.255.255.0
　　　　network 10.10.20.0 255.255.255.0

　　　C．network 10.10.0.0 255.255.0.0

　　　D．network 10.0.0.0

试题（25）分析

本题考查 RIP 路由协议的基础知识

RIP 路由协议中使用 network 进行路由宣告，且宣告的网段必须是不包含子网的有类网络地址，本题中，在 RouterA 上需要宣告的是 10.10.10.0/24 和 10.10.20.0/24 网段，因为这 2 个网段是 A 类网络地址，所以宣告时只能使用 network 10.0.0.0 进行路由宣告。

参考答案

（25）D

试题（26）、（27）

在 MA 网络中运行 OSPF 路由协议，路由协议会根据路由器的配置信息来确定 Router-ID，管理员依次配置了下面接口，当前的 Router-ID 是　（26）　，如管理员执行 reset ospf process 命令使 OSPF 协议收敛后，Route-ID 是　（27）　。

序号	接口	IP 地址	子网掩码
1	Gigabitenthernet0/0/0	10.0.1.254	255.255.255.0
2	Gigabitenthernet0/0/1	10.1.12.10	255.255.255.0
3	Loopback0	12.1.1.2	255.255.255.255
4	Loopback1	12.1.1.1	255.255.255.255

（26）A．10.0.1.254　　　B．10.1.12.10　　　C．12.1.1.2　　　D．12.1.1.1

（27）A．10.0.1.254　　　B．10.1.12.10　　　C．12.1.1.2　　　D．12.1.1.1

试题（26）、（27）分析

本题考查 OSPF 路由协议的基础知识。

OSPF 路由协议在配置时如果未指定 Router-ID，则会使用第一个 UP 的接口 IP 地址作为 Router-ID，故会选择 10.0.1.254 作为 Router-ID；当 reset ospf process 重启 OSPF 进程后，会选择环回接口中 IP 地址最大的作为 Router-ID，故会选择 12.1.1.2 作为 Router-ID。在实际配置 OSPF 路由协议时，建议手动指定 Router-ID。

参考答案

（26）A　　　（27）C

试题（28）

Telnet 协议是一种　（28）　的远程登录协议。

（28）A．安全　　　　　B．B/S 模式　　　　C．基于 TCP　　　　D．分布式

试题（28）分析

本题考查 Telnet 方面的基础知识。

Telnet 协议是 TCP/IP 协议族中的一员，是 Internet 远程登录服务的标准协议和主要方式，为用户提供了在本地计算机上完成远程主机工作的能力。Telnet 是一个明文传送协议，它将用户的所有内容（包括用户名和密码）都在互联网上明文传送，具有一定的安全隐患。Telnet 服务属于客户机/服务器模型的服务。Telnet 远程登录服务过程中本地与远程主机建立连接，实际上是建立一个 TCP 连接，用户必须知道远程主机的 IP 地址或域名。

因此，Telnet 协议是一种基于 TCP 的远程登录协议。

参考答案

（28）C

试题（29）

下列关于 HTTPS 和 HTTP 协议的描述中，错误的是　(29)　。

(29) A. HTTPS 协议使用加密传输

　　　 B. HTTPS 协议默认服务端口号是 443

　　　 C. HTTP 协议默认服务端口号是 80

　　　 D. 电子支付类网站应使用 HTTP 协议

试题（29）分析

本题考查 HTTP 方面的基础知识。

HTTP（Hyper Text Transfer Protocol，超文本传输协议）是一个简单的请求-响应协议，它通常运行在 TCP 之上。HTTP 的默认端口是 80 端口，是网页服务器的访问端口，用于网页浏览。

HTTPS（Hypertext Transfer Protocol Secure）是以安全为目标的 HTTP 通道，在 HTTP 的基础上通过传输加密和身份认证保证了传输过程的安全性。HTTPS 的默认端口号是 443。

电子支付类网站应使用 HTTPS 协议，以保证支付的安全性。

参考答案

(29) D

试题（30）、（31）

电子邮件客户端通过发起对　(30)　服务器的　(31)　端口的 TCP 连接来进行邮件发送。

(30) A. POP3　　　　 B. SMTP　　　　 C. HTTP　　　　 D. IMAP

(31) A. 23　　　　　 B. 25　　　　　 C. 110　　　　　 D. 143

试题（30）、（31）分析

本题考查电子邮件协议方面的基础知识。

电子邮件协议有 SMTP、POP3、IMAP4，它们都隶属于 TCP/IP 协议族。HTTP 是一个简单的请求-响应协议，它通常运行在 TCP 之上。HTTP 的默认端口是 80 端口，是网页服务器的访问端口，用于网页浏览。

23 端口是 Telnet 的端口。Telnet 协议是 TCP/IP 协议族中的一员，是 Internet 远程登录服务的标准协议和主要方式。

25 端口为 SMTP（Simple Mail Transfer Protocol，简单邮件传输协议）服务器所开放，用于发送邮件。

110 端口是为 POP3（Post Office Protocol Version 3，邮局协议 3）服务开放的，用于接收邮件。

143 端口是为 IMAP（Internet Message Access Protocol，Internet 消息访问协议）服务开放的，用于接收邮件。

因此，电子邮件客户端通过发起对 SMTP 服务器的 25 端口的 TCP 连接来进行邮件发送。

参考答案

(30) B　　　　 (31) B

试题（32）

以下关于 IPv6 与 IPv4 报文头比较的说法中，错误的是 ___（32）___ 。

（32）A．IPv4 的头部是变长的，IPv6 的头部是定长的

　　　B．IPv6 与 IPv4 中均有 "校验和" 字段

　　　C．IPv6 中的 HOP Limit 字段作用类似于 IPv4 中的 TTL 字段

　　　D．IPv6 中的 Traffic Class 字段作用类似于 IPv4 中的 ToS 字段

试题（32）分析

本题考查 IPv4 和 IPv6 的基础知识。

IPv4 的报头格式如下所示。

Version（4b）	Header Length（4b）	Type of Service（8b）		Total Length（16b）
Identifier（16b）		Flags（3b）	Framented Offset（13b）	
Time to Live（8b）	Protocol（8b）	Header Checksum（16b）		
Source Address（32b）				
Destination Address（32b）				
Options（Length variable）			Padding	

IPv6 的基本报头格式如下所示。

Version（4b）	Traffic Class（8b）	Flow Label（20b）	
Payload Length（16b）		Next header（8b）	HOP Limit（8b）
Source Address（128b）			
Destination Address（128b）			

从上面 IPv4 和 IPv6 基本报头的格式中可以看到，IPv4 的报头长度由于存在 "Options" 的可变长度的字段，因此其为可变长的报头长度，而 IPv6 的报头中字段均为定长字段，因此是定长的报头。IPv6 中的 "HOP Limit" 字段用于限制 IP 报文在网络中的传输跳数，与 IPv4 报头中的 "Time to Live" 字段作用相同；IPv6 中的 "Traffic Class" 字段用于区分报文的类型，与 IPv4 报头中的 "Type of Service" 字段作用相同。

参考答案

（32）B

试题（33）

在 DNS 服务器中，区域的邮件服务器及其优先级由 ___（33）___ 资源记录定义。

（33）A．SOA　　　　　B．NS　　　　　C．PTR　　　D．MX

试题（33）分析

本题考查 DNS 服务器的基础知识。

DNS 服务器通过主机域名解析 IP 地址或者通过 IP 地址解析主机域名均需要通过资源记

录来进行，常用的资源类型有 A、AAAA、SOA、NS、PTR、CNAME 和 MX 等。

SOA 记录：起始授权记录，在一个域解析库中有且只有一个 SOA 记录，并且必须出现在第一条中。其指示出当前域的名称。

NS（Name Server）记录：该记录存储该域内的 DNS 服务器相关信息，即 NS 记录标识 DNS 服务器，在一个域内，可以有多条 NS 记录，即可以存在多台 DNS 服务器。

A（Address）记录：该记录存储域内主机名所对应的 IP 地址。

PTR（Pointer）记录：该记录存储 IP 地址对应的主机名。

CNAME（Canonical Name）记录：别名记录。

MX（Mail Exchanger）记录：邮件交换记录，存储当前域内邮件交换器的主机名，记录分配给每个邮件交换服务器的优先级编号。

参考答案

（33）D

试题（34）

安装 Linux 时必须创建的分区是 ___（34）___ 。

（34）A．/root　　　　　B．/home　　　　　C．/bin　　　　　D．/

试题（34）分析

本题考查 Linux 方面的基础知识。

安装 Linux 时必须创建的分区有：/boot 分区、swap 分区、/根分区。

参考答案

（34）D

试题（35）

在 Windows 中，使用 ___（35）___ 令来清除本地 DNS 缓存。

（35）A．ipconfig /flushdns　　　　　　B．ipconfig /displaydns

　　　　C．ipconfig /registerdns　　　　　D．ipconfig /renew

试题（35）分析

本题考查 Windows 命令方面的基础知识。

ipconfig /flushdns——清除 DNS 解析程序缓存。

ipconfig /displaydns——显示 DNS 解析程序缓存的内容。

ipconfig /registerdns——刷新所有 DHCP 租用并重新注册 DNS 名称。

ipconfig /renew——更新指定适配器的 IPv4 地址。

因此，在 Windows 中，使用 ipconfig /flushdns 命令来清除本地 DNS 缓存。

参考答案

（35）A

试题（36）～（38）

某主机的 MAC 地址为 00-FF-12-CD-10-22，其 IP 地址配置选项设置为"自动配置"，该主机可通过发送 ___（36）___ 报文以查找 DHCP 服务器，并请求 IP 地址配置信息，报文的源 MAC 地址是 ___（37）___ ，源 IP 地址是 ___（38）___ 。

（36）A．DHCPdiscover　　　　　　　　　B．DHCPrequest
　　　C．DHCPrenew　　　　　　　　　　　D．DHCPack
（37）A．0:0:0:0:0:0:0:0　　　　　　　　B．FF:FF:FF:FF:FF:FF:FF:FF
　　　C．00-FF-12-CD-10-22　　　　　　　D．00-FF-12-CD-FF-FF
（38）A．127.0.0.1　　　　　　　　　　　B．255.255.255.255
　　　C．0.0.0.0　　　　　　　　　　　　D．169.254.18.254

试题（36）～（38）分析

本题考查 DHCP 服务器的工作过程。

在网络中，IP 地址配置选项设置为"自动配置"的主机，需要通过网络中的 DHCP 服务器来为其分配 IP 地址配置信息。在主机未接收到地址配置信息前，该主机需要在网络中查找 DHCP 服务器，通过发送 DHCPdiscover 的广播消息来查找网络中的 DHCP 服务器，这时，该报文的源 MAC 地址为该主机的 MAC 地址，由于该主机尚未有地址配置信息，因此该报文的源 IP 地址为 0.0.0.0。

参考答案

（36）A　　（37）C　　（38）C

试题（39）

以下关于 HTML 方法的描述中，错误的是　(39)　。

（39）A．GET 方法用于向服务器请求页面，该请求可被收藏为标签
　　　B．GET 请求没有长度限制
　　　C．POST 方法用于将数据发送到服务器以创建或者修改数据
　　　D．POST 请求不会被保留在浏览器的历史记录中

试题（39）分析

本题考查 HTML 中方法的基础知识。

在 HTML 中常用方法有 GET 方法、POST 方法等，其中 GET 方法用于向服务器请求页面，可以被用户添加到收藏夹中，但是有长度限制；POST 方法用于将数据发送到服务器以创建或者修改数据，不能被保存在浏览器的历史记录中。

参考答案

（39）B

试题（40）

在 Windows 平台上，要为某主机手动添加一条 ARP 地址映射，下面的命令正确的是　(40)　。

（40）A．arp -a 157.55.85.212　　00-aa-00-62-c6-09
　　　B．arp -g 157.55.85.212　　00-aa-00-62-c6-09
　　　C．arp -v 157.55.85.212　　00-aa-00-62-c6-09
　　　D．arp -s 157.55.85.212　　00-aa-00-62-c6-09

试题（40）分析

本题考查 ARP 命令的基本用法。

ARP 命令是 Windows 平台下的一条基本命令，可以查看、修改、绑定本地的 ARP 信息。

使用不同的参数，可以实现不同的功能。

-a：通过询问当前协议数据，显示当前 ARP 项。如果指定 inet_addr，则只显示指定计算机的 IP 地址和物理地址。如果不止一个网络接口使用 ARP，则显示每个 ARP 表的项。

-g：与 -a 相同。

-v：在详细模式下显示当前 ARP 项。所有无效项和环回接口上的项都将显示。

inet_addr：指定 Internet 地址。

-N if_addr：显示 if_addr 指定的网络接口的 ARP 项。

-d：删除 inet_addr 指定的主机。inet_addr 可以是通配符*，以删除所有主机。

-s：添加主机并且将 Internet 地址 inet_addr 与物理地址 eth_addr 相关联。物理地址是用连字符分隔的 6 个十六进制字节。该项是永久的。

eth_addr：指定物理地址。

if_addr：如果存在，此项指定地址转换表应修改的接口的 Internet 地址。如果不存在，则使用第一个适用的接口。

参考答案

（40）D

试题（41）、（42）

某信息系统内网 IP 为 10.0.10.2，域名解析的公网 IP 为 113.201.123.14，现需要在出口防火墙配置 NAT，使得外部用户能正常访问该系统。其中：NAT 模式应配置为 ___（41）___，源地址应配置为 ___（42）___。

（41）A．源 NAT　　　　　　　　　　B．一对一源 NAT

　　　C．一对一目的 NAT　　　　　　D．不做转换

（42）A．任意　　　B．10.0.10.2　　　C．192.168.0.1　　　D．113.201.123.14

试题（41）、（42）分析

本题考查 NAT 地址转换的相关知识。

在防火墙设备上配置 NAT 时，一般有源 NAT 和目的 NAT 等多种模式。源 NAT 用于内部网络需要访问外部网络时，对 IP 报文头中的源地址进行转换,将内部地址转换为公网地址；目的 NAT 用于外部网络需要访问内部网络时，对 IP 报文头中的目的地址进行转换，将公网地址转换为内部主机地址。根据题干描述，要实现外部用户对内部网络系统的访问，应该配置目的 NAT 实现，故（41）选 C。题干中并未要求限制特定用户对该信息系统的访问，表明任意地址均可访问，所有在配置 NAT 时，源地址应配置为任意。

参考答案

（41）C　　　（42）A

试题（43）、（44）

X.509 数字证书标准推荐使用的密码算法是 ___（43）___，而国密 SM2 数字证书采用的公钥密码算法是 ___（44）___。

（43）A．RSA　　　　　B．DES　　　　　C．AES　　　　　D．ECC

（44）A．RSA　　　　　B．DES　　　　　C．AES　　　　　D．ECC

试题（43）、（44）分析

本题考查数字证书以及国家商用密码的基础知识。

X.509 数字证书标准推荐使用的密码算法是 RSA。而国密 SM2 数字证书采用的公钥密码算法是 ECC。

参考答案

（43）A　　　　　（44）D

试题（45）

网络管理员在安全防护系统看到如下日志，说明该信息系统受到__（45）__攻击。

> 来自 221.216.117.84 对 aa.xx.com/bb/cc.jsp?id=1 UNION SELECT password as id from HrmResourecManager 的访问被拦截

（45）A. SQL 注入　　　B. DDoS　　　　C. XSS　　　　D. HTTP 头

试题（45）分析

本题考查 Web 攻击的相关知识。

日志所示访问记录中攻击者在正常访问的 URL 地址中拼凑非法的 sql 查询语句，企图欺骗数据库服务器执行非授权的查询，从而窃取相应的数据信息，该访问为典型的 SQL 注入攻击。

参考答案

（45）A

试题（46）

在 SNMP 协议中 TRAP 上报是通过 UDP 协议的__（46）__端口。

（46）A. 161　　　　B. 162　　　　C. 163　　　　D. 164

试题（46）分析

本题考 SNMP 协议的基础知识。

SNMP 协议中 TRAP 报文传输是通过 UDP 协议的 162 端口。

参考答案

（46）B

试题（47）

在 OSPF 的广播网络中，有 4 台路由器 Router A、Router B、Router C 和 Router D，其优先级分别为 2、1、1 和 0，Router ID 分别为 192.168.1.1、192.168.2.1、192.168.3.1 和 192.168.4.1。若在此 4 台路由器上同时启用 OSPF 协议，OSPF 选出的 BDR 为__（47）__。

（47）A. Router A　　　B. Router B　　　C. Router C　　　D. Router D

试题（47）分析

本题考查的是 OSPF 协议中 DR 和 BDR 的选举规则。

在 DR 和 BDR 的选举过程中首先要比较接口优先级，优先级大的优，优先级相同时则比较 Router-ID，Router-ID 大的优。本题中，Router A 的接口优先级最大，会被选为 BDR，由于当前没有 DR，则 Router A 从 BDR 升为 DR，并重新选举 BDR，此时，剩余的 3 个路由器中，Router D 的接口优先级为 0，表示不参与选举，而 RouterB 和 RouterC 的优先级相同，但 Router C 的 Router ID 大，则 Router C 被选举为 BDR。

参考答案

（47）C

试题（48）

在生成快速转发表的过程中，五元组是指 （48） 。

（48）A．源 MAC 地址、目的 MAC 地址、协议号、源 IP 地址、目的 IP 地址

B．物理接口、MAC 地址、IP 地址、端口号、协议号

C．源 IP 地址、目的 IP 地址、源端口号、目的端口号、协议号

D．物理接口、源 IP 地址、目的 IP 地址、源端口号、目的端口号

试题（48）分析

本题考查 TCP/IP 五元组的基础知识。

五元组包括：源 IP、目的 IP、源端口号、目的端口号和协议号。

参考答案

（48）C

试题（49）

可以发出 SNMP GetRequest 的网络实体是 （49） 。

（49）A．Agent   B．Manager   C．Client   D．Server

试题（49）分析

本题考查 SNMP 协议工作的基本原理。

在 SNMP 实例中，由 Manager 向 Agent 发出 Get/SetRequest。

参考答案

（49）B

试题（50）

SNMP 报文中不包括 （50） 。

（50）A．版本号   B．协议数据单元   C．团体名   D．优先级

试题（50）分析

本题考查 SNMP 报文的格式。

在 SNMP 报文中没有优先级。

参考答案

（50）D

试题（51）

在 IPv4 地址 192.168.1.0/24 中，表示主机的二进制位数是 （51） 位。

（51）A．8   B．16   C．24   D．32

试题（51）分析

本题考查 IPv4 地址的基础知识。

在 IPv4 地址中，由 32 位二进制组成，从左往右，一部分二进制位表示网络，一部分二

进制位表示主机，如为有类地址，通常情况下，A、B、C 类地址表示网络的二进制位数分别为 8 位、16 位、24 位，严格区分的话需要分别去掉区分主类地址的二进制位，表示主机的分别为 24 位、16 位、8 位。当使用如题干的后缀形式来表示时，"/"后面的数字表示当前 IP 地址中表示网络的二进制位数，可使用 $32-x$ 计算表示主机的二进制位数。

参考答案

（51）A

试题（52）～（54）

某公司部门 1 到部门 4 的主机数量需求分别是 4、10、12、15，网工小李要对这 4 个部门的 IP 地址进行规划。以下选项中，__（52）__可作为网络号使用，其对应的子网掩码是__（53）__，该网络号和子网掩码可用于__（54）__的地址部署。

（52）A．192.168.28.10　　　　　　　B．192.168.28.20

　　　 C．192.168.27.30　　　　　　　D．192.168.27.40

（53）A．255.255.255.192　　　　　　B．255.255.255.224

　　　 C．255.255.255.240　　　　　　D．255.255.255.248

（54）A．部门 1　　　B．部门 2　　　C．部门 3　　　D．部门 4

试题（52）～（54）分析

本题考查 IPv4 地址规划的方法。

IPv4 协议规定，表示网络地址的 IP 地址的二进制形式的主机部分需为 0，将备选答案中第 4 字节全部以二进制形式显示，分别为：00001010，00010100，00011110 和 00101000。从题干要求的主机数量看，只有 D 选项最多有 3 位为主机位，其可容纳的主机数量为 $2^3-2=6$，符合题目要求，可分配给部门 1 作为网络地址。

当使用试题（52）中 D 选项的 192.168.27.40 作为网络地址时，其主机位数为 3 位，网络位数为 32-3=29 位，因此，其子网掩码应为 255.255.255.248。

由于该网络中最多可以容纳 6 台主机，因此可作为部门 1 的地址部署。

参考答案

（52）D　　　　　（53）D　　　　　（54）A

试题（55）

将地址段 172.16.32.0/24、172.16.33.0/24、172.16.34.0/24、172.16.35.0/24 进行聚合后得到的地址是__（55）__。

（55）A．172.16.32.0/24　　　　　　B．172.16.32.0/23

　　　 C．172.16.32.0/22　　　　　　D．172.16.32.0/21

试题（55）分析

本题考查 IPv4 地址聚合的基础知识。

该题目题干所给的 4 个地址段中，将第 3 个字节分别用二进制形式显示，如下：

32：00100000

33：00100001

34：00100010

35：00100011

根据地址聚合的基本方法，二进制中从右往左第一个相同的二进制位开始向右全部用归 0，即为聚合后的地址。该题目中聚合后的地址的二进制形式为 00100000，使用十进制形式表示为 32，即聚合后完整的地址为 172.16.32.0/22。

参考答案

（55）C

试题（56）

下列命令片段显示的内容不包括___（56）___。

```
<HUAWEI> display snmp-agent usm-user
    User name: myuser
        Engine ID: 800007DB03360102101100 active
        Authentication Protocol: sha
        Privacy Protocol: aes256
        Group name: mygroup
```

（56）A．SNMPv3 用户状态   B．认证方式

      C．SNMPv3 设备的引擎 ID   D．MIB 节点的统计信息

试题（56）分析

display snmp-agent usm-user 命令用来显示 SNMPv3 用户的信息。其中 Engine ID 显示本地 SNMP 实体的引擎 ID，Authentication Protocol 显示该 SNMPv3 用户采用的认证协议，Privacy Protocol 显示该 SNMPv3 用户采用的加密算法。Group name 显示该 SNMPv3 用户所属的用户组。

参考答案

（56）D

试题（57）

使用___（57）___命令可以查看 IS-IS 协议的概要信息。

（57）A．display isis interface   B．display isis spf-log

      C．display isis brief   D．display isis peer

试题（57）分析

本题考查的是查看 IS-IS 相关信息的命令。

display isis interface 命令查看的是 IS-IS 接口信息，display isis peer 命令用来查看 IS-IS 的邻居信息，display isis spf-log 命令用来查看 IS-IS 的 SPF 计算日志信息，display isis brief 查看的是 IS-IS 协议的概要信息。

参考答案

（57）C

试题（58）

下列路由表信息中显示的区域内部网络总数是___（58）___。

```
<Huawei> display ospf routing
            OSPF Process 1 with Router ID 10.2.2.9
                    Routing Tables
    Routing for Network
    Destination      Cost   Type      NextHop        AdvRouter     Area
    10.12.12.0/24    1      Transit   10.12.12.10    10.2.2.9      0.0.0.1
    10.13.13.0/24    1      Stub      10.13.13.1     10.2.2.9      0.0.0.0
    10.11.11.0/24    2      Transit   10.12.12.11    10.0.0.1      0.0.0.1
    Routing for ASEs
    Destination      Cost   Type      Tag      NextHop          AdvRouter
    10.0.0.0/8       1      Type2     1        10.12.12.11      10.0.0.1
    Total Nets: 4
    Intra Area: 3   Inter Area: 0   ASE: 1   NSSA: 0
```

（58）A．0　　　　　　　B．3　　　　　　　C．4　　　　　　　D．1

试题（58）分析

本题考查 display ospf routing 命令，该命令用来显示 OSPF 路由表的信息。其中 Total Nets 的含义是区域内部、区域间、ASE 和 NSSA 区域的网络总数，Intra Area 的含义是区域内部网络总数。

参考答案

（58）B

试题（59）

GVRP 可以实现跨交换机进行动态注册和删除，以下关于 GVRP 协议的描述中，错误的是　(59)　。

（59）A．GVRP 是 GARP 的一种应用，由 IEEE 制定

　　　B．交换机之间的协议报文交互必须在 VLAN Trunk 链路上进行

　　　C．GVRP 协议所支持的 VLAN ID 范围为 1～1001

　　　D．GVRP 配置时需要在每一台交换机上建立 VLAN

试题（59）分析

本题考查 GVRP 的基本概念。

GVRP 是通用 VLAN 注册协议，是一种公有协议，由 IEEE 制定，主要用于在交换机之间自动同步 VLAN 信息，为确保交换机上 VLAN 信息数据库的一致。GVRP 协议所支持的 VLAN ID 范围为 1～4094。

参考答案

（59）C

试题（60）、（61）

VLAN 配置命令 port-isolate enable 的含义是　(60)　，配置命令 port trunk allow-pass vlan

10 to 30 的含义是　(61)　。

（60）A．不同 VLAN 二层互通　　　　B．同一 VLAN 下二层隔离

　　　　C．同一 VLAN 下三层隔离　　　　D．不同 VLAN 三层互通

（61）A．配置接口属于 VLAN10～VLAN30

　　　　B．配置接口属于 VLAN10、VLAN30

　　　　C．配置接口不属于 VLAN10～VLAN30

　　　　D．配置接口不属于 VLAN10、VLAN30

试题（60）、（61）分析

port-isolate enable 命令用来使能端口隔离功能。为了实现端口间的二层隔离，可以将不同的端口加入不同的 VLAN，但 VLAN 资源有限。采用端口隔离特性，用户只需要将端口加入到隔离组中，就可以实现隔离组内端口之间二层隔离，而不关心这些端口所属 VLAN，从而节省 VLAN 资源。隔离组内的端口与未加入隔离组的端口之间二层流量双向互通。

Trunk 类型端口可以允许多个 VLAN 通过，可以接收和发送多个 VLAN 报文，一般用于交换机与交换机相关的接口。若想让一个或多个 VLAN 的报文通过 Trunk 接口，需要使用 port trunk allow-pass vlan 命令将 Trunk 类型接口加入这些 VLAN。

参考答案

（60）B　　　　　（61）A

试题（62）

由 IEEE 制定的最早的 STP 标准是　(62)　。

（62）A．IEEE 802.1D　　　　　　　B．IEEE 802.1Q

　　　　C．IEEE 802.1W　　　　　　　D．IEEE 802.1S

试题（62）分析

本题考查 STP 协议的基础知识。

为了提高网络的稳定性，避免回路的产生，工程师们开发了生成树协议 STP，并由 IEEE 制定了相关的 IEEE 802.1D 标准。

参考答案

（62）A

试题（63）

5G 网络采用　(63)　可将 5G 网络分割成多张虚拟网络，每个虚拟网络的接入、传输和核心网是逻辑独立的，任何一个虚拟网络发生故障都不会影响到其他虚拟网络。

（63）A．网络切片技术　　　　　　　B．边缘计算技术

　　　　C．网络隔离技术　　　　　　　D．软件定义网络技术

试题（63）分析

本题考查 5G 的基础知识。

网络切片技术将 5G 网络分割成多张虚拟网络，每个虚拟网络的接入、传输和核心网是逻辑独立的，任何一个虚拟网络发生故障都不会影响到其他虚拟网络。

参考答案

（63）A

试题（64）

IEEE 802.3Z 是　（64）　标准。

（64）A．标准以太网　　　　　　　　B．快速以太网

　　　　C．千兆以太网　　　　　　　　D．万兆以太网

试题（64）分析

本题考查千兆以太网的基础知识。

IEEE 802.3Z 是千兆以太网标准。

参考答案

（64）C

试题（65）

某写字楼无线网络采用相邻两间办公室共用 1 个无线 AP 的设计方案，该方案可能会造成无线信号衰减，造成信号衰减的主要原因是　（65）　。

（65）A．传输距离太长　　　　　　　　B．障碍物阻挡

　　　　C．天线太少　　　　　　　　　　D．信道间互相干扰

试题（65）分析

本题考查无线网络规划的相关知识。

在无线网络中，障碍物阻挡是操作信号衰减的重要因素，根据题干描述可知，造成信号衰减的主要原因是障碍物阻挡，故选 B。

参考答案

（65）B

试题（66）

下列 Wi-Fi 认证方式中，　（66）　使用了 AES 加密算法，安全性更高。

（66）A．开放式　　　　B．WPA　　　　C．WPA2　　　　D．WEP

试题（66）分析

本题考查无线安全的相关知识。

WPA2 是 WPA 的第二个版本，改进了所采用的加密算法，从 WPA 的 TKIP 改为 AES，而 WEP 使用的加密算法是 RC4，故选 C。

参考答案

（66）C

试题（67）

　（67）　存储方式常使用多副本技术实现数据冗余。

（67）A．DAS　　　　　B．NAS　　　　　C．SAN　　　　D．分布式

试题（67）分析

本题考查存储安全的相关知识。

DAS、NAS、SAN 一般都是基于磁盘阵列，磁盘阵列主要采用 RAID 技术实现数据冗余；

分布式存储至少由三个以上存储节点组成，通过数据多副本存储实现数据冗余，故选 D。

参考答案

（67）D

试题（68）

结构化布线系统中，实现各楼层设备间子系统互连的是 （68） 。

（68）A．管理子系统   B．干线子系统

         C．工作区子系统   D．建筑群子系统

试题（68）分析

本题考查结构化布线的相关知识。

在结构化布线系统中，管理子系统设置在楼层的接线间内，由各种交连设备（双绞线跳线架、光纤跳线架）以及集线器和交换机等交换设备组成；干线子系统是建筑物的主干线缆，实现各楼层设备间子系统之间的互连；工作区子系统是由终端设备到信息插座的整个区域；建筑群子系统也叫园区子系统，它是连接各个建筑物的通信系统。

参考答案

（68）B

试题（69）

以下关于网络需求分析的说法中，错误的是 （69） 。

（69）A．应收集不同用户的业务需求

         B．根据不同类型应用的业务特性，归纳和梳理出各自的网络需求

         C．应撰写输出网络系统规划与设计报告

         D．应充分考虑数据备份的网络需求

试题（69）分析

本题考查网络分析和设计的相关知识。

网络需求分析阶段应输出的是一份需求说明书，是清楚而细致地总结单位和个人需求的规范文档，而非网络系统规划与设计报告，故 C 选项的说法错误。

参考答案

（69）C

试题（70）

下列属于网络安全等级保护第三级且是在上一级基础上增加的安全要求是 （70） 。

（70）A．应对登录的用户分配账号和设置权限

         B．应在关键网络节点处监视网络攻击行为

         C．应具有登录失败处理功能限制非法登录次数

         D．应对关键设备实施电磁屏蔽

试题（70）分析

本题考查网络安全等级保护的相关知识。

网络安全等级保护第二级中包含应对登录的用户分配账号和设置权限、应在关键网络节点处监测网络攻击行为、应具有登录失败处理功能限制非法登录次数等要求。此外，还包括

接地、电源线和通信线路防止电磁干扰的措施。网络安全等级保护第三级在此基础上进一步增加了应对关键设备和磁介质实施电磁屏蔽的要求，这是第三级相对于第二级新增的安全措施，旨在提供更高级别的物理安全保护。

参考答案

（70）D

试题（71）～（75）

Network firewalls are security devices used to stop or mitigate　（71）　access to private networks connected to the Internet，especially intranets. The only traffic allowed on the network is defined via firewall　（72）—— any other traffic attempting to access the network is blocked. Network firewalls sit at the　（73）　line of a network，acting as a communications liaison between internal and external devices. When properly configured，a firewall allows users to access any of the resources they need while simultaneously keeping out unwanted accesses. In addition to limiting access to a protected computer and network，a firewall can　（74）　all traffic coming into or leaving a network，and manage remote access to a private network through secure authentication certificates and logins.　（75）　firewalls examine every packet that passes through the network and then accept or deny it as defined by rules set by the user.

（71）A. unauthorized　　　B. authorized　　　C. normal　　　D. frequent

（72）A. ports　　　　　　B. policies　　　　C. commands　　D. status

（73）A. front　　　　　　B. back　　　　　C. second　　　D. last

（74）A. reply　　　　　　B. block　　　　　C. log　　　　D. encrypt

（75）A. Application-layer　B. Packet filtering　C. Circuit-level　D. Proxy server

参考译文

网络防火墙是一种安全设备，用于阻止或减轻对连接到 Internet 的专用网络（尤其是内部网）的未授权的访问。网络上唯一允许的流量是通过防火墙策略定义的，任何试图访问网络的其他流量都被阻止。网络防火墙位于网络的前端，充当内部和外部设备之间的通信联络人。当正确配置时，防火墙允许用户访问他们需要的任何资源，同时防止不必要的访问。除了限制对受保护的计算机和网络的访问外，防火墙还可以记录进入或离开网络的所有流量，并通过安全的身份验证证书和登录名，管理对私有网络的远程访问。包过滤防火墙检查通过网络的每个包，然后根据用户设置的规则接受或拒绝它。

参考答案

（71）A　　　　（72）B　　　　（73）A　　　　（74）C　　　　（75）B

第18章 2022下半年网络工程师下午试题分析与解答

试题一（共20分）

阅读以下说明，回答问题1至问题4，将解答填入答题纸对应的解答栏内。

【说明】

某仓储企业网络拓扑结构如图1-1所示，该企业占地500亩（3.33×10^5平方米）。有五层办公楼1栋，大型仓库10栋。每栋仓库内、外部配置视频监控16台，共计安装视频监控160台，Switch A、服务器、防火墙、管理机、Router A等设备部署在企业办公楼一层的数据机房中，Switch B部署在办公楼一层配线间作为一层的接入设备，Switch C和Switch D分别部署在仓库1和仓库2，各仓库的交换机与Switch A相连。

办公楼的其他楼层的交换机以及其他仓库的交换机的网络接入方式与图1-1中Switch B、Switch C、Switch D接入方式相同，不再单独在图1-1上标示。

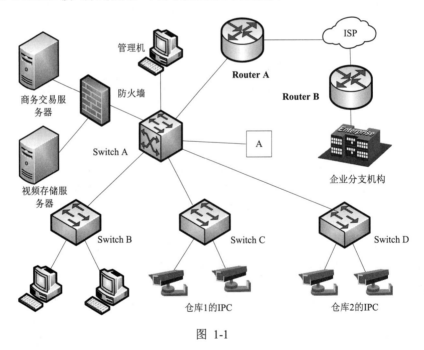

图 1-1

【问题1】（4分）

该企业办公网络采用172.16.1.0/24地址段，部门终端数量如表1-1所示，请将网络地址规划补充完整。

表 1-1

部门	终端数量	IP 地址范围	子网掩码
行政部	28	172.16.1.1～172.16.1.30	（1）
市场部	42	（2）	255.255.255.192
财务部	20	（3）	255.255.255.224
业务部	120	172.16.1.129～172.16.1.254	（4）

【问题 2】（6 分）

仓库到办公楼的布线系统属于什么子系统？应采用什么传输介质？该线缆与交换机连接需要用到哪些部件？

【问题 3】（4 分）

若接入的 IPC 采用 1080P 的图像传输质量传输数据，Switch C、Switch A 选用百兆交换机是否满足带宽要求，请说明理由。

【问题 4】（6 分）

（1）在位置 A 增加一台交换机 Switch E 做接入层到核心层的链路冗余，请以 Switch C 为例简述接入层与核心层的配置变化。

（2）简要说明在 Router A 与 Router B 之间建立 IPSec VPN 隧道的配置要点。

试题一分析

本题考查网络规划涉及的网络地址分配、综合布线、链路冗余以及 VPN 隧道等理论与实践结合的内容。

此类题目要求考生首先明确网络规划中涉及的基本方法、基本概念，再结合实际网络环境对基本方法与基本概念加以灵活运用，以考查考生解决工作中实际问题的能力。

【问题 1】

该问题考查可变长子网划分的基本方法。根据题意，将一个 C 类 IP 地址段 172.16.1.0 划分子网，其主机数量的需求分别为 28、42、20、120。

第（1）空，将子网中的主机数量转为 2 进制，28 台主机数量为 5 位的二进制，然后将全是 1 的地址上最右边 5 位转换为 0，即可获得子网掩码，即子网掩码为 11111111 11111111 11111111 11100000，等价于 255.255.255.224。

第（2）空，根据子网掩码，可知该网段可能是 172.16.1.0/26、172.16.1.64/26、172.16.1.128/26 和 172.16.1.192/26 其中之一。由于第（1）空和第（4）空的 IP 地址范围已知，为防止发生冲突，可知该网段应为 172.16.1.64/26，因此其地址范围应为 172.16.1.65～172.16.1.126。

第（3）空，该部门的子网掩码与行政部的子网掩码相同，考虑其他空的地址使用情况，该 IP 地址范围应为：172.16.1.33～172.16.1.62。

第（4）空，方法同第（1）空。

【问题 2】

综合布线是一种模块化的、灵活性极高的建筑物内或建筑群之间的信息传输通道，根据节点之间的距离远近可以分别采用光缆、电缆、双绞线等多种介质进行传输。综合布线子系统通常划分为配线（水平）子系统、干线（垂直）子系统、建筑群子系统、工作区子系统、配线间子系统和管理子系统等。建筑物之间的布线系统称为建筑群子系统，采用光缆连接。各子系统进行互连时，除了需要传输介质之外，还包括相关连接硬件（如配线架、连接器、插座、插头、适配器）以及电气保护设备等。

【问题 3】

1080P 的具体含义是显示横向像素 1920，纵向像素 1080，视频的清晰度用纵向像素 1080 这个指标；P 是 Progressive Scanning，逐行扫描，按每秒 30 帧视频计算。在未经压缩时的带宽是 1920×1080×3×8×30=1 492 992 000bit。其中"×3"表示每个像素用红、绿、蓝三个颜色合成，"×8"表示每种颜色用 8bit 表示。压缩后的视频可以节约超过 99%的带宽，通常 1080P 需要带宽 4Mb/s。

带宽计算公式是通道×码率，Switch C 交换机的上行端口带宽为 16×4Mb/s，小于交换机接口速率，可以满足监控数据传输的要求。Switch A 上行接口需要转发所有视频数据，带宽需求为 10×64 Mb/s，大于交换机端口速率，不能满足业务需求。

【问题 4】

（1）加入交换机 Switch E，设备可以作为核心设备的备份，该网络拓扑升级成为双核心网络。从接入设备到核心需要增加光纤链路，并且为了避免路由环路，需要在接入设备与核心设备上配置生成树协议，在主备核心设备上启用路由冗余机制。

（2）IPSec VPN 是利用公共网络建立一条专用的通道来实现私有网络的连接，利用 IPSec 协议框架实现对 VPN 通道的加密保护。IPSec 工作在网络层，它能在 IP 层上对数据提供加密、数据完整性、起源认证和反重放保护等功能。

IPSec 的建立要经过两个阶段，第一个阶段主要是认证对等体，并协商策略。如确定建立 IPSec 隧道所需用到的安全参数，主要有加密的算法、对等体的认证、保证消息完整性的散列算法和密钥交换的算法，在协商成功后建立一条安全通道。第二个阶段主要是协商 IPSec 的参数和 IPSec 变换集，如确定使用 AH 还是 ESP 协议，使用传输模式还是隧道模式。协商成功后建立 IPSec SA（安全关联），保护 IPSec 隧道的安全。

参考答案

【问题 1】

（1）255.255.255.224

（2）172.16.1.65～172.16.1.126

（3）172.16.1.33～172.16.1.62

（4）255.255.255.128

【问题 2】

仓库到办公楼的布线系统属于建筑群子系统，应采用光纤传输介质，该线缆与交换机连接需要用到终端盒、尾纤、跳线、光纤收发器（光纤模块）等部件。

【问题 3】

Switch C 采用百兆交换机满足带宽要求。带宽计算公式是通道×码率，1080P 带宽要求为 4Mb/s，Switch C 上连端口带宽上行至少达到 16×4Mb/s=64Mb/s。

Switch A 采用百兆交换机不能满足带宽要求。Switch A 上行端口传输视频数据至少需要带宽 10×64 Mb/s =640Mb/s。

【问题 4】

（1）通过光缆连接 Switch C 到 Switch E；Switch E 与 Switch A、Switch C 上配置生成树协议；Switch A、Switch E 之间配置 VRRP 或者虚拟化。

（2）需要配置对端地址，使路由可达；通过 ACL 定义数据流；配置 IKE，创建安全提议，创建安全策略，配置认证方式以及预共享密钥或 RSA 签名等参数；应用安全策略。

试题二（共 20 分）

阅读以下说明，回答问题 1 至问题 3，将解答填入答题纸对应的解答栏内。

【说明】

图 2-1 为某大学校园网络拓扑图。

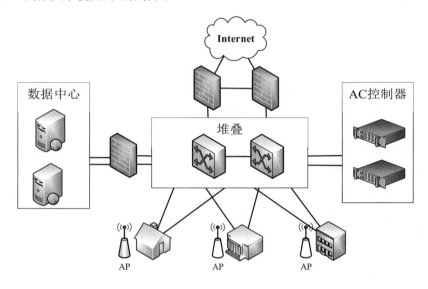

图 2-1

【问题 1】（6 分）

根据网络安全的需要，无线校园网要求全网认证接入，其中：台式计算机、笔记本、手机等智能终端，从兼容性角度考虑应优先选用　（1）　认证方式；打印机、门禁等非智能终端应该选用　（2）　认证方式。

图 2-1 中，数据业务流量通过 AC 与 AP 建立的隧道进行转发时，该转发模式为　（3）　；不经过 AC 转发，由 AP 经接入交换机到核心交换机传输至上层网络时，该转发模式为　（4）　。

学校的新一代无线网络采用 Wi-fi 6 技术，要求兼容仍工作在 2.4GHz 的老旧终端。Wi-fi 6 AP 的部署密度较大，为减少无线 AP 在 2.4GHz 模式下信道之间的干扰，信道之间至少应间隔　（5）　个信道。

无线网络实施后，校园网络在线用户数大幅增长。原楼宇汇聚为千兆上联，高峰时期上行链路负载已经 100%，经常有丢包现象。在不更换设备的前提下，可以通过 __(6)__ 解决。

【问题 2】（8 分）

网络管理员某天在防火墙上发现了大量图 2-2 所示的日志，由此可判断校园网站遭受到了什么攻击？请给出至少三种应对措施。

No. .	Time	Source	Destination	Protocol	Info
217265	2.263668	159.198.69.176	222.28.136.171	TCP	28977 > http [SYN] Seq=0 Win=150
217266	2.263672	49.76.201.195	222.28.136.171	TCP	55256 > http [SYN] Seq=0 Win=150
217267	2.263677	185.180.183.64	222.28.136.171	TCP	58383 > http [SYN] Seq=0 Win=150
217268	2.263681	115.176.183.73	222.28.136.171	TCP	iax > http [SYN] Seq=0 Win=1500
217269	2.263685	189.243.170.169	222.28.136.171	TCP	51412 > http [SYN] Seq=0 Win=150
217270	2.263689	32.78.199.78	222.28.136.171	TCP	64273 > http [SYN] Seq=0 Win=150
217271	2.263694	63.129.240.147	222.28.136.171	TCP	10980 > http [SYN] Seq=0 Win=150
217272	2.263698	235.41.145.41	222.28.136.171	TCP	36135 > http [SYN] Seq=0 Win=150
217273	2.263702	93.74.130.10	222.28.136.171	TCP	42012 > http [SYN] Seq=0 Win=150
217274	2.263707	184.177.76.6	222.28.136.171	TCP	35120 > http [SYN] Seq=0 Win=150
217275	2.263749	61.212.79.216	222.28.136.171	TCP	57892 > http [SYN] Seq=0 Win=150
217276	2.263754	207.64.133.181	222.28.136.171	TCP	34024 > http [SYN] Seq=0 Win=150
217277	2.263758	195.40.40.76	222.28.136.171	TCP	22042 > http [SYN] Seq=0 Win=150

图 2-2

【问题 3】（6 分）

（1）校园网采用大二层组网结构，信息中心计划对核心交换机采用堆叠技术，请简述堆叠技术的优点和缺点。

（2）网络试运行一段时间后，在二层网络中发现了大量的广播报文，影响网络的性能。网络管理员在接入层交换机做了如下配置，问题得以解决。

```
[SW] interface gigabitethernet 0/0/3
[SW-GigabitEthernet0/0/3] broadcast-suppression 80
[SW-GigabitEthernet0/0/3]quit
```

请简述以上配置的功能。

试题二分析

本题主要考查在园区网络维护过程中常见的各类问题以及解决方案。

【问题 1】

本题考查校园无线网络部署的解决方案。

校园无线网络认证主要有 Web 认证、MAC 认证以及 802.1X 认证。其中 Web 认证的兼容性较高，只要终端有浏览器即可。根据题目中描述，台式计算机、笔记本电脑、手机等智能终端设备都有不同的操作系统，但统一的都有 Web 浏览器，因此第（1）空选择 Web 认证或 Portal 认证比较合适。第（2）空中的打印机、门禁等非智能终端没有浏览器，不支持 Web 认证，也无法安装 802.1X 客户端，所以选用 MAC 认证。MAC 认证主要用于"无感知认证"和非智能联网设备的认证。

校园无线网络的部署方式主要有集中式转发和本地转发两种模式。其中集中式转发是指在 WLAN 网络中，AC 通过控制协议管理控制下联的 AP，在 AC 和 AP 之间建立通信隧道，无线用户所有流量都需要经过隧道通过 AC 才能进行转发，故第（3）空应为集中式转发；而本地转发用户的数据流量则不需要经过隧道，直接由本地网络转发，所以第（4）空应为本地转发。

为减少无线 AP 在 2.4G 模式下信道之间的干扰，通常用 1/6/11 信道将相邻的 AP 隔开，即信道之间至少间隔 4 个信道。

根据题目显示，无线网络实施后，由于上联链路拥塞而导致丢包。在不升级设备的情况下，可以考虑使用链路聚合来扩大上联链路的带宽。

【问题 2】

本题考查 DDoS 攻击的基本知识以及解决方案。

根据图表显示，校园网站遭受到了 SYN Flood 攻击，它属于常见的 DDoS 攻击。这种情况下可以考虑向运营商购买流量清洗服务；可以在防火墙上开启防 DDoS 功能或者部署其他防 DDoS 设备；可以打开防火墙的流量统计功能，对该类型流量设置阈值；在防火墙上开启源探测等。

【问题 3】

该问题主要考查交换机堆叠技术的知识。

堆叠技术增加了端口密度，提升了转发性能，同时也降低了管理复杂度。但是该项技术却要求设备是同一品牌，线缆也是专用线缆，并且该技术非即插即用。

网络试运行一段时间后，在二层网络中发现了大量的广播报文。题目中给出的配置是按照百分比对广播报文进行了抑制。

参考答案

【问题 1】

（1）Web 或 Portal　　　（2）MAC 或 IP　　（3）集中式转发　　（4）本地转发

（5）4　　　　　　　　　（6）链路聚合或端口聚合

【问题 2】

（1）网络遭受了 DDoS 或者 SYN Flood 攻击。

（2）措施：

- 在防火墙上开启流量统计，对该类型流量设置阈值；
- 在防火墙上开启源探测；
- 在防火墙上开启首报丢弃；
- 在防火墙上开启 DDoS 防护功能；
- 部署防 DDoS 攻击设备；
- 购买运营商"流量清洗"服务。

【问题 3】

（1）优点：①增加了端口密度；②提升了转发性能；③逻辑上虚拟为一台设备，简化网络拓扑。

缺点：①堆叠交换机必须使用专用线缆；②设备必须是同一品牌；③非即插即用，需要配置。

（2）配置广播流量抑制，按百分比抑制，百分比值为 80%。

试题三（共 20 分）

阅读以下说明，回答问题 1 至问题 3，将解答填入答题纸对应的解答栏内。

【说明】

图 3-1 为某公司网络拓扑片段，公司总部路由器之间运行 OSPF 协议生成路由，分公司路由器运行 RIP 协议生成路由。分公司技术部门和外包部门通过路由器 R1 接入，分公司网络与公司总部网络通过路由器 R2 互联。公司总部通过路由器 R3 接入。所有网段网络地址信息如图所示，假设各路由器已经完成各个接口 IP 等基本信息配置。

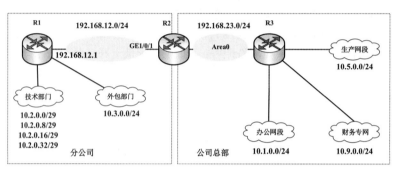

图 3-1

【问题 1】（4 分）

从算法原理、适用范围、功能特性三个方面简述 RIP 和 OSPF 的区别。

【问题 2】（10 分）

要求：分公司路由器 R1 和 R2 之间运行 RIP 协议生成路由，路由器 R1 将直连路由导入 RIP，通过配置直连路由引入策略，过滤外包部门网段，使外包部门网段不能访问公司总部。

补全下列命令，填写空（1）～（3）处的内容，完成 R1 过滤外包部门所要求的相关配置。

```
# 定义一个 acl2000，用于匹配需要放行和阻断的路由
[R1] acl 2000
[R1-acl-basic-2000] rule deny source  (1)  0
[R1-acl-basic-2000] rule permit
[R1-acl-basic-2000] quit
[R1] route-policy rip_rp permit node 10
[R1-route-policy]  (2)  acl 2000
[R1-route-policy] quit
[R1] rip
[R1-rip-1] version 2
[R1-rip-1] network 192.168.12.0
[R1-rip-1] import-route  (3)  route-policy rip_rp
```

在 R2 上导入 R1 的直连路由条目后，RIP 路由条目如下所示，请简要说明 10.0.0.0/8 这条路由条目是如何产生的，将解答填入答题纸的空（4）处。

```
[R2] rip 1
[R2-rip-1] version 2
```

```
[R2-rip-1] network 192.168.12.0
[R2] display ip routing-table protocol rip
  Destination/Mask Proto Pre Cost Flags NextHop    Interface
  10.0.0.0/8      RIP  100 1    D    192.168.12.1 GigabitEthernet 1/0/1
```

在 R2 执行 undo summary 命令后，请写出当前的 RIP 路由条目，将解答填入答题纸的空（5）处。路由条目示例如下所示：

```
  Destination/Mask Proto Pre Cost Flags NextHop Interface
  1.1.1.1/24      RIP  100 1    D    2.2.2.1 GigabitEthernet 1/0/1
```

【问题 3】（6 分）

要求：通过配置 R3 的 OSPF 路由发布策略，仅发布生产网段和办公网段，不发布财务专网，以防止公司总部其他网段或分公司对财务专网的访问。

```
#配置地址前缀列表 3to2
[R3] ip ip-prefix 3to2 index 10 permit 10.1.0.0 24
[R3] ip ip-prefix 3to2 index 20 permit  (6)  24
#配置发布策略，引用地址前缀列表 3to2 进行过滤
[R3]ospf
[R3-ospf-1] area 0
[R3-ospf-1-area-0.0.0.0] network 192.168.23.0 0.0.0.255
[R3-ospf-1] filter-policy ip-prefix  (7)  export static
#将 RIP 路由导入公司总部
[R2] ospf
[R2-ospf-1] area 0
[R2-ospf-1-area-0.0.0.0] network 192.168.23.0 0.0.0.255
[R2-ospf-1]  (8)  rip
#将 OSPF 路由导入分公司
[R2] rip
[R2-rip-1] import-route ospf 1
```

试题三分析

本题考查直连路由、静态路由、RIP 协议、OSPF 协议、RIP 路由引入、OSPF 路由发布策略、路由引入策略等路由配置综合知识和能力。

此类题目要求考生认真阅读题目，对拓扑图描述的网络进行分析，结合考生掌握的上述路由相关协议的配置原理和命令分析作答，属于典型的根据场景分析网络配置需求，并根据要求完成命令配置的题目。

问题 1 结合本题场景，考查 RIP 和 OSPF 协议的基础知识。问题 2 主要考查 RIP 协议的配置、RIP 引入直连路由策略的配置，以及分析路由问题的能力。问题 3 主要考查 OSPF 及路由发布策略的配置命令。

【问题 1】

本问题考查 RIP 和 OSPF 的基础知识。从算法原理角度来讲，RIP（路由信息协议）是典型的距离向量路由算法，其核心原理是采用 Bellman-Ford 等式进行最近距离优化；而 OSPF（开放最短路径优先协议）是典型的链路状态路由算法，其核心原理是路由器各自以自己为源点采用 Dijkstra 算法计算到其他所有路由器的最短路径，从而得到路由表。从适用范围角

度来讲，RIP 设置 15 跳为最大值，超过 15 跳认为无穷大，因此它仅适用于网络直径小于 16 的中小型网络；而 OSPF 支持多区域层次路由，适用大、中、小各种类型网络。从功能特性角度来讲，RIP 早期版本不支持安全特性，存在无穷计数问题；OSPF 功能更加强大，可能存在路由振荡问题。

【问题 2】

   （1）<u>10.3.0.0 0</u> #此处填写阻断的源地址段

   （2）<u>if-match</u> acl 2000 #匹配 ACL 的命令关键字

   （3）<u>direct</u> route-policy rip_rp #指示引入直连路由的关键字为 direct

（4）由于 R2 在执行 RIP 命令后，没有执行 undo summary，所以关于 10.0.0.0/8 的路由条目是汇总技术部门 4 个子网的结果（10.2.0.0/29、10.2.0.8/29、10.2.0.16/29、10.2.0.32/29）。此题考查 RIP 开启后，未执行 undo summary 时的状态。

（5）如果执行 undo summary，R2 将分别引入上述 4 个子网的路由，将逐条显示未聚合路由信息。详见参考答案。

【问题 3】

   （6）<u>10.5.0.0 24</u> #此处应该填写生产网段

   （7）<u>3to2</u> export static #引用此前定义的地址前缀列表名称 3to2

   （8）<u>import-route rip</u> #考查路由引入的基本命令

参考答案

【问题 1】

   从算法原理角度来讲：

   ① RIP（路由信息协议）是典型的距离向量路由算法，其核心原理是采用 Bellman-Ford 等式进行最近距离优化。

   ② OSPF（开放最短路径优先协议）是典型的链路状态路由算法，其核心原理是路由器各自以自己为源点采用 Dijkstra 算法计算到其他所有路由器的最短路径，从而得到路由表。

   从适用范围角度来讲：

   ① RIP 设置 15 跳为最大值，超过 15 跳认为无穷大，因此它仅适用于网络直径小于 16 的中小型网络。

   ② OSPF 支持多区域层次路由，适用大、中、小各种类型网络。

   从功能特性角度来讲：

   ① RIP 早期版本不支持安全特性，存在无穷计数问题。

   ② OSPF 功能更加强大，可能存在路由振荡问题。

【问题 2】

   （1）10.3.0.0

   （2）if-match

   （3）direct

（4）由于 R2 在执行 RIP 命令后，没有执行 undo summary，所以关于 10.0.0.0/8 的路由条目是汇总技术部门 4 个子网的结果（10.2.0.0/29、10.2.0.8/29、10.2.0.16/29、10.2.0.32/29）。

（5）如果执行 undo summary，R2 将分别引入上述 4 个子网的路由，路由信息将如下：

```
Destination/Mask   Proto   Pre   Cost   Flags   NextHop        Interface
10.2.0.0/29        RIP     100   1      D       192.168.12.1   GigabitEthernet 1/0/1
10.2.0.8/29        RIP     100   1      D       192.168.12.1   GigabitEthernet 1/0/1
10.2.0.16/29       RIP     100   1      D       192.168.12.1   GigabitEthernet 1/0/1
10.2.0.32/29       RIP     100   1      D       192.168.12.1   GigabitEthernet 1/0/1
```

【问题 3】

（6）10.5.0.0

（7）3to2

（8）import-route

试题四（共 15 分）

阅读以下说明，回答问题 1 和问题 2，将解答填入答题纸对应的解答栏内。

【说明】

某公司网络的拓扑结构示意图如图 4-1 所示。

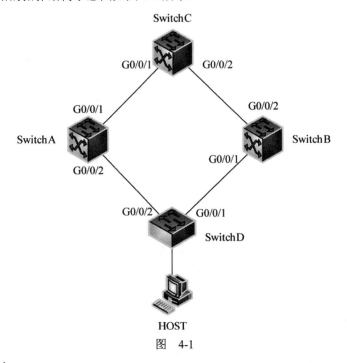

图　4-1

【问题 1】（6 分）

STP（Spanning Tree Protocol）用来发现和消除网络中的环路。运行该协议的设备通过相互之间发送　(1)　报文，在交换网络中选举根桥，通过依次比较该报文中包含的各自的　(2)　、MAC 地址信息，来确定根桥，优先级值越　(3)　，优先级越高，MAC 地址亦然，交换机默认的优先级值为　(4)　。RSTP（Rapid Spanning Tree Protocol）在 STP

基础上进行了改进，实现了网络拓扑 __(5)__ 。但它们均是通过阻塞某个端口来实现环路消除的，存在浪费带宽的缺点。MSTP 在 STP 和 RSTP 的基础上进行了改进，既可以快速收敛，又提供了数据转发的多个冗余路径，在数据转发过程中实现 VLAN 数据的 __(6)__ 。

【问题 2】（9 分）

管理员计划为交换机配置 VRRP，以提高网络的可靠性。通过调整优先级使 SwitchA 作为 Master 设备承担流量转发，同时为了防止震荡，设置 20s 抢占延时；SwitchB 为默认优先级，作为 Backup 设备，实现网关冗余备份。接口 IP 地址配置如表 4-1 所示。请将下面的配置代码补充完整。

表 4-1

设备	接口	IP 地址	子网掩码
SwitchA	VLANIF200	192.168.1.2	255.255.255.0
	VLANIF100	10.1.1.1	255.255.255.0
SwitchB	VLANIF100	10.1.1.2	255.255.255.0
	VLANIF300	192.168.2.2	255.255.255.0
SwitchC	VLANIF200	192.168.1.1	255.255.255.0
	VLANIF300	192.168.2.1	255.255.255.0
SwitchD	G0/0/1	-	-
	G0/0/2	-	-

1. 配置 SwitchA 接口转发方式、IP 地址和 VRRP

```
<HUAWEI>  (7)
[HUAWEI]  (8)  SwitchA
[SwitchA] vlan  (9)  100 200
[SwitchA] interface gigabitethernet 0/0/1
[SwitchA-GigabitEthernet0/0/1] port link-type  (10)
[SwitchA-GigabitEthernet0/0/1] port hybrid  (11)  vlan 200
[SwitchA-GigabitEthernet0/0/1] port hybrid untagged vlan 200
[SwitchA-GigabitEthernet0/0/1] quit
……
[SwitchA] interface vlanif 100
[SwitchA-Vlanif100] ip address 10.1.1.1 24
[SwitchA-Vlanif100] quit
[SwitchA] interface vlanif 200
[SwitchA-Vlanif200] ip address  (12)  24
[SwitchA-Vlanif200] quit
[SwitchA] interface vlanif 100
[SwitchA-Vlanif100]  (13)  vrid 1 virtual-ip 10.1.1.111
[SwitchA-Vlanif100] vrrp vrid 1 priority 120
[SwitchA-Vlanif100] vrrp vrid 1 preempt-mode timer delay  (14)
[SwitchA-Vlanif100] quit
```

2. 在 SwitchB 上创建 VRRP 备份组 1

```
[SwitchB] interface vlanif 100
[SwitchB-Vlanif100] vrrp vrid 1 virtual-ip   (15)
[SwitchB-Vlanif100] quit
```

试题四分析

本题目考查交换机生成树协议和 VRRP 的配置方法。要求考生认真阅读题目的拓扑结构和题目要求，理解命题的要求和考点，根据题意解答题目。

【问题 1】

该题目考查生成树协议（STP）、快速生成树协议（RSTP）和多生成树协议（MSTP）的根桥选举和工作原理。运行生成树协议的设备相互之间会通过 BPDU 报文来交换消息，根据报文中所包含的交换机优先级、MAC 地址来确定根桥，优先级值越小，其优先级越高，MAC 地址值越小，其优先级越高，交换机默认的优先级为 32768。快速生成树协议（RSTP）在 STP 的基础上进行了改进，实现了网络拓扑结构发生变化时的快速收敛。MSTP 是在 STP 和 RSTP 基础上的进一步改进，既可以实现快速收敛，又可以提高数据转发的多条冗余路径，实现了 VLAN 数据转发的负载均衡。

【问题 2】

该问题考查交换机上配置 VRRP 的方法。根据本问题的描述，配置目的是通过调整 SwitchA 的优先级来确定 Master，以承担主要的流量转发，当网络拓扑结构发生变化时，为了防止网络的震荡，Master 的角色抢占时间延时 20s。而 SwitchB 作为备份设备。可根据配置代码的上下文以及题干中和表中所给出的相应信息来完成配置代码的填写。

参考答案

【问题 1】

（1）BPDU 或 网桥协议数据单元

（2）优先级

（3）小

（4）32768

（5）快速收敛

（6）负载均衡

【问题 2】

（7）system-view / sys

（8）sysname / sysn

（9）batch

（10）hybrid

（11）pvid

（12）192.168.1.2

（13）vrrp

（14）20

（15）10.1.1.111